단독
전원주택
설계집
HOUSE DESIGN
FOR LIVING

A1

Prologue

다음 설계집에 당신의 집이 수록되기를

단독주택이나 전원주택을 지은, 흔히 '건축주'로 표현되는 이들에게 계기를 묻다 보면 다양한 사연을 접하게 된다. 아이들이 아파트에서 까치발을 들고 다니는 게 싫어서, 연로하신 부모님에게 노후의 편안함을 드리기 위해, 너무나 익숙한 공동주택에서 벗어나 가족만의 울타리가 절실해서, 지친 자신을 자연 속에서 회복하고 싶어서, 건축가의 상상력이 가미된 공간이 주는 매력을 만끽하기 위해 등등.

그런데, 막상 완공된 집의 문을 열기까지 지난했던 과정에 이르러선 하소연도 심심치 않게 들린다. 그도 그럴 것이 내가 어떤 집에 살고 싶은지, 스타일이나 디자인은 어떻게 할지, 원하는 규모나 공간은 어떻게 설정해야 할지 당장에 시급한 큰 그림이나 절차조차 막막하기 마련이다. 더구나 '설계사나 시공사에 맡기면 알아서 해주겠지'라고 생각하면 애초 의도와 달라질 수도 있다. 그래서 건축주들은 이구동성으로 잘 지어진 주택 사례를 앞서 더 많이 경험하고 참고하지 못했다는 아쉬움을 토로한다.

이번에 '전원속의 내집'이 <단독·전원주택 설계집 A1, A2>를 엮어서 두 권의 단행본으로 내놓았다. 독자들의 발품을 확실하게 덜어줄 많은 주택의 설계안과 시공 사례를 세심하게 선정하였다. 최소한의 규모부터 대가족이 어울려 사는 집, 합리적인 비용의 집에서 고급스러운 집, 에너지에 더욱 신경 쓴 집부터 공간의 미학적인 매력을 녹여낸 집까지 성공적인 집짓기의 다양한 사례를 담았기에 집짓기를 꿈꾸는 이들에게 적지 않은 참고가 되리라 확신한다.

독자께서 찾고자 하는 집에 대한 많은 힌트를 본 도서에서 얻어갈 수 있기를, 그리고 다음에 출간하게 될 설계집에는 당신이 고대하던 미래의 집이 수록될 수 있기를 바라며, 앞으로 펼쳐질 당신의 집짓기 여정에 힘찬 응원을 보낸다.

Contents

Contents

똑똑하게 지은 저에너지 도시주택
전주 혁신도시 홍·당·무[紅黨廡]

지하부터 2층까지
어디서나 크고 작은 마당을
만날 수 있는 곳.
가족의 공간이 서로 바라보고,
모여 이야기하는 집으로의
짧은 여정은 언제나
따듯하고 보드랍다.

사람의 이동이 뜸해지고, 서로 간 거리가 멀어졌다. 사람끼리 가까이하는 게 위험한 시대가 됐다. 그렇게 코로나19는 많은 이들의 일상을 바꿔놓았다. 건축주 김원일, 한은정 씨 가족도 예외는 아니었다. 캠핑을 즐겨 자주 자연으로 떠나 힐링해왔지만, 코로나는 온 가족의 발을 묶었다. 1년 간은 아파트 놀이터조차 마음 편히 나가지 못했고, 한창 뛰어놀 두 아이와 부부는 점점 지쳐갔다.

❶ 안마당에서는 한참 뛰어오는 아이들과 여러가지 놀이를 즐길 수 있다.

❷ 지금은 비어 있지만, 나중에 주택이 지어질 것을 생각해 서측으로는 채광 이상으로 큰 창을 두지 않았다.

❸ 많은 주택들이 주택단지 규정을 짐작해 담장을 설치하지 않았지만, 면밀히 검토한 결과 설치가 가능해 큰 길가로 설치했다.

❹ 차고는 현관과 바로 이어져 외출과 귀가에 편의를 더했다.

대지위치
전라북도 전주시

대지면적
277.4㎡(83.91평)

건물규모
지상 2층 + 다락

거주인원
4명(부부 + 자녀 2)

건축면적
110.74㎡(33.49평)

연면적
193.52㎡(58.53평)

건폐율
39.92%

용적률
61.56%

주차대수
1대

최고높이
10.16m

구조
기초 - 철근콘크리트 매트기초 / 지상 - 외벽 : 2×6, 지붕 : 2×12 구조목

단열재
외벽 - 미트하임 투습형 타공 단열재 150T / 내벽 - 셀룰로우스 단열재 140㎜, 285㎜(지붕)

외부마감재
벽 - 두라스택 S시리즈(탱고레드) / 지붕 - 알루미늄징크

창호재
살라만더 82㎜ pvc 독일식 시스템창호(U=0.8W/㎡k), 47㎜ 삼중유리(로이코팅)

철물하드웨어
심슨스트롱타이

열회수환기장치
독일 시스템에어 SaveVTR_3000L

에너지원
도시가스

조경
건축주 직영

전기·기계
예지전기

설비
명제설비

TECH POINT 홍당무에 적용된 패시브 디테일

1 기초 및 철물

기초와 목구조를 결합하는 스테인리스 스틸 앵커는 타설 전 미리 기초 철근과 용접했다. 이때 토대목과 기초는 기밀에 불리한 쐐기목을 쓰지 않게끔 처음부터 정밀하게 타설해 기초면과 토대목이 밀착할 수 있게 했다.

2 벽체 기밀작업

높은 기밀 성능을 끌어내기 위해 기초 콘크리트와 외벽 결합구간도, 각종 설비 및 전기 기밀 작업도 각각의 전용 테이프를 빈틈없이 사용했다. 내부도 골조 작업 시 시공된 투습방습지에 연결해 끊임없는 기밀층을 형성했다.

3 단열재 충진

중단열로는 셀룰로오스를 고밀도 충진해줬다. 셀룰로오스는 종이를 재활용해 난연액을 섞어 만드는 친환경적인 단열재로 꼽힌다. 스터드 사이 부직포를 대고, 그 안에 전용 기계로 셀룰로오스를 불어넣는다.

4 열회수환기장치

각 층, 구간별 환기량을 미리 계산해 도면에 맞춰 환기 배관을 시공했다. 열회수환기장치로는 독일산 장치를 적용했다. 장치 내에도 필터가 있지만, 필터를 추가로 장착해 관리를 수월하게 하고 미세먼지 환경에 대응했다.

내부마감재
벽 - 던에드워드 친환경 수성 페인트 / 바닥 - 테카 원목마루, 윤현상재 이탈리아 포세린 타일

욕실 및 주방 타일
윤현상재 포세린 타일, 모자이크 타일

수전 등 욕실기기
독일 한스그로헤

거실·아이방 가구
건축주 직영

조명
동명전기, 필립스, 해외직구

계단재·난간
오크 솔리드 천연 원목

현관문
살라만더 현관문

중문
위드지스 중문

방문
원목패널 특수 제작

담장재
두라스택 S시리즈 와이드 벽돌(탱고레드)

데크재
고흥석 버너 가공

구조설계(내진)
엠구조설계

사진
변종석

감리
세성건축사사무소

설계·감리
필로디자인건축
www.design-philo.com

방을 걷어내고 주방과 거실, 손님 화장실만을 담아낸 1층. 덕분에 주방은 아일랜드와 미니바로 더 여유롭게 쓰고, 아이들도 집안일이 누구만의 일이 아닌 가족 모두가 해야 할 일임을 자연스럽게 배운다.

5

6

7

8

"앞으로도 이런 생활이 장차 '뉴노멀'이 되겠다 싶었습니다. 더이상 지치지 않도록 오랫동안 생각했던 집짓기를 시작할 때라고 봤죠. 이런 생각은 저만 하는 게 아닌지, 집 지으면서도 많은 분이 물어보시더라고요."

잡지와 인터넷을 무수히 오간 끝에 필로디자인건축 이성호 소장을 만났다. 디자인과 함께 패시브하우스 주택 성능을 갖췄으면 했던 가족에게 이 소장이 보여온 포트폴리오는 그 꿈을 미리 보는 듯했다. 다만, 설계부터 입주까지 주어진 기간은 약 7개월. 저에너지 주택 건축으로서는 상당히 타이트한 일정이었지만, 다행히 일정에 제법 순풍이 불어줬던 덕에 가족은 붉은 벽돌로 감싼, 마당 있는 집을 만날 수 있었다.

주택은 앞뒤로 도로를 면하는 잘 다듬어진 필지에 'ㄱ'자로 앉혀졌다. 한정된 면적과 건축 규정에 부합하면서도 가족만의 프라이빗한 마당을 만들기 위해 최대한 넓게 구성한 결과였다. 매스는 모던한 디자인과 주택의 에너지 성능 재고를 위해 담백하게 조형되었다. 하지만, 지루하기보다는 다양한 크기의 창과 길고 붉은 벽돌의 질감이 입면에 재밌는 표정을 만든다.

현관과 차고는 주택의 북쪽 면에 놓였다. 생활공간보다 조금 낮은 레벨로 자리한 차고는 남편 원일 씨의 위시리스트 중 하나로, 단순히 주차 역할 이상으로 간단한 정비와 취미활동을 겸할 수 있도록 넉넉하게 놓았다. 차고에서는 마당과 실내로 드나들 수 있는 출입구가 각각 있어 마당 활동의 서포트에도, 날씨에 구애받지 않고 차량을 이용하는 데에도 요긴하다.

실내는 우드와 화이트를 바탕으로, 공적 영역과 사적 영역을 층별로 나눠 실을 배치했다. 미국에서 얼마간 지냈던 부부의 경험을 녹여낸 것으로, 손님을 맞이하는 거실과 식당과 같은 공간은 1층에 뒀고, 모든 침실은 2층으로 올렸다. 덕분에 주차장을 뺀 바닥면적이 약 25평 정도로 크지 않지만, 1층은 안마당과 함께 상당히 넓게 트인 느낌을 준다.

2층에는 부부와 두 아이의 방, 그리고 욕실 구역이 가운데 가족실을 두고 둘러싸듯 놓였다. 가족실은 지붕선까지 천장을 오픈해 놀이 공간 겸 업무공간으로 쓰는 다락과의 소통 채널과 공간감을 부여하고자 했다. 가족실의 서측, 벽으로 공간을 구분해준 곳에는 화장실과 세면 공간, 욕실을 나누면서 한편으론 느슨하게 이어놓았다. 부부가 해외여행 중 숙소에서 깊은 인상을 받고 수년간 간직했던 아이디어로, 집 안에서 가족끼리도 일정 부분 시선을 걸러 자칫 무방비한 상황에 대한 심리적 안정감을 주고,

9

10

11

12

그와 함께 한창 바쁜 네 식구의 아침 시간에 효율적인 동선을 만들 수 있었다.

물론, 주택의 큰 목표 중 하나가 '패시브하우스 성능'이었던 만큼, 단열과 기밀도 수준에 맞춰 꼼꼼히 챙겼다. 중단열은 밀도 높게 채워진 친환경 셀룰로오스에 투습 성능을 개선한 외단열까지 더해줬고, 남향과 서향에 면하는 창에는 외부 전동블라인드(EVB)를 설치해 일조량을 에너지 계산에 따라 조절, 난방만큼이나 중요한 여름철 냉방부하를 잡았다.

독일산 자재와 필로디자인건축만의 공법으로 모든 틈을 메워 기밀하게 만든 실내에는 늘 신선한 공기를 에너지 손실 없이 들이고 또 배출할 수 있도록 검증된 독일산 열회수환기장치를 두었다. 이런 노력 끝에 패시브하우스 인증 수준인 4.2ℓ라는 에너지 성능에 블로어도어 테스트 0.47h(n50)의 기밀 성능을 확보할 수 있었다.

새집으로 이사한 후 가족의 일상은 다시 크게 바뀌었다. 아이들은 아이답게 다시금 안전한 초록 위에서 자유롭게 뛰어놀고, 집 안 곳곳을 놀이터와 공부방 삼아 성장해간다. 부부는 갖고 있던 캠핑 장비 대부분을 팔았다. 멀리 가지 않아도 매일 마당에서 캠핑처럼 힐링하는 나날이 펼쳐지기 때문이다. 아내 은정 씨는 "바쁜 하루가 시작되기 전 조용한 마당에 앉아 새벽 바람을 쐬며 명상하는 시간을 주택에서의 가장 좋아하는 순간"으로 꼽는다고.

아이들이 이름 짓고, 부부가 뜻을 붙였다는 집 이름 홍당무. '빼어난 빨간 집'이라는 의미에서 아이들의 해맑음과 어른의 뿌듯함이 함께 느껴졌다.

❺ 거실과 식당, 주방 모습. 마당으로 난 큰 창 옆에 걸린 그림은 은정 씨가 큰 틀에서 그리고 가족 모두가 조금씩 더해 완성한 작품이라고.

❻ 모든 침실이 놓인 2층 가족실 모습. 방은 나뉘어 있지만, 방에서 나오면 바로 얼굴을 마주할 수 있다.

❼ 메인 침실의 윈도우 시트 옆으로는 여유 두께를 활용해 수납장을 마련했다. 창 왼편으로는 미니 테라스가 있어 바람을 쐬거나 마당과 소통한다.

❽ TV를 즐기고 싶을 때, 놀고 싶을 때는 다락을 찾는다.

❾ 다락의 일부는 공간을 비워 지붕선까지 천장을 높이고, 다락 난간을 투명 강화유리로 설치해 개방감을 극대화했다.

❿ 차고는 현관과 바로 이어져 외출과 귀가에 편의를 더했다.

⓫⓬ 세면공간은 막거나 여는 대신 살짝 가려주는 벽을 둬 무방비한 순간의 작은 매너를 지켜준다. 세면대 오른편에는 조적식 욕조가 있는 목욕탕이, 반대편에는 화장실이 자리한다.

해가 강하게 내리쬐는 남향과 큰 창 위주로 외부 전동블라인드(EVB)를 설치해줬다(회색 눈썹 모양의 창).

SECTION

① 현관 ② 주방·식당 ③ 거실 ④ 가족실 ⑤ 침실 ⑥ 메인침실 ⑦ 드레스룸 ⑧ 파우더룸 ⑨ 화장실 ⑩ 욕실 ⑪ 보조주방 ⑫ 세탁실 ⑬ 창고 ⑭ 보일러실 ⑮ 다락 ⑯ 차고 ⑰ 테라스 ⑱ 발코니

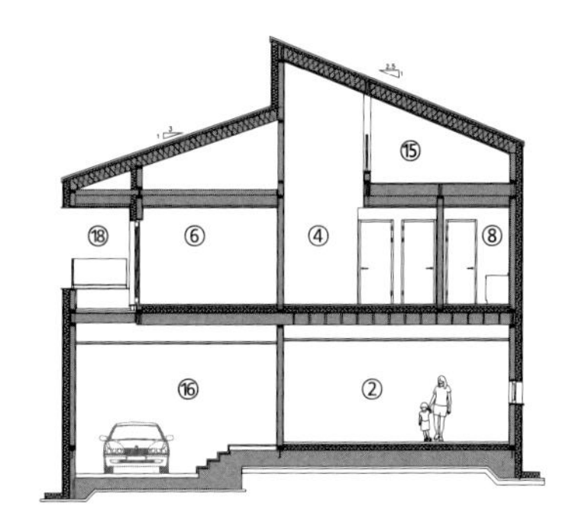

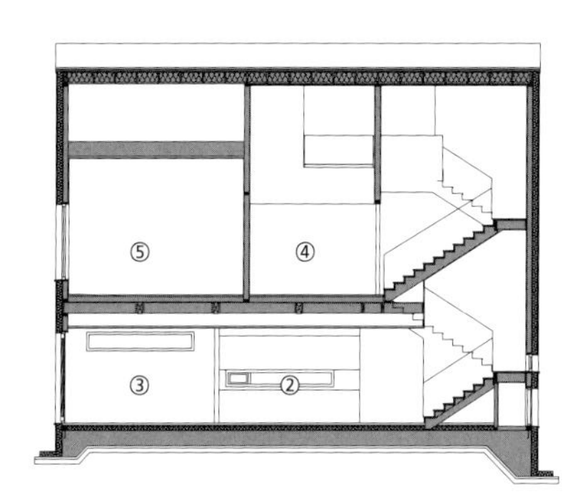

PLAN

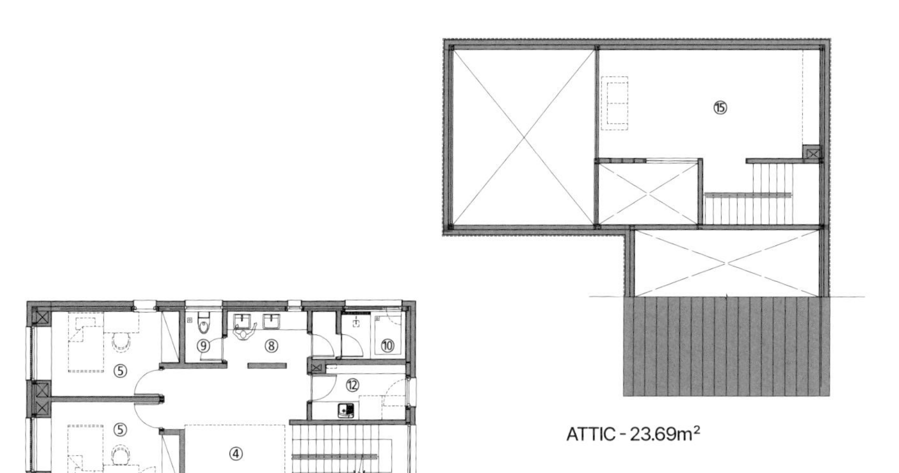

ATTIC - 23.69m²

2F - 97.75m²

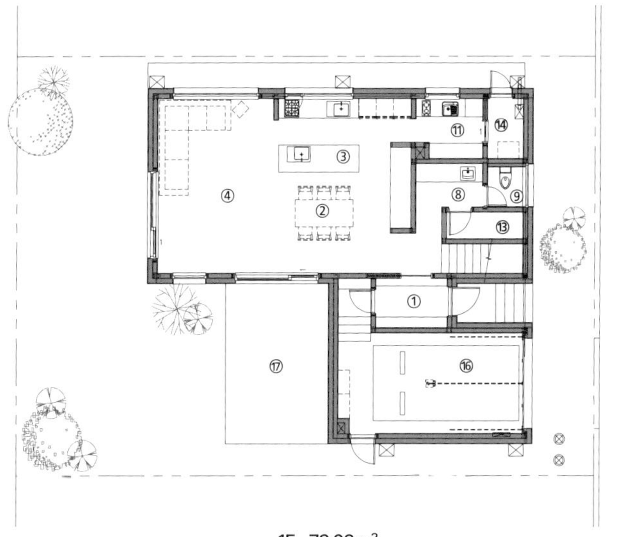

1F - 73.02m²

바다와 산, 자연의 풍경을 함께 품다
거제도 중목구조 주택

천혜의 자연 풍경으로
감싸진 필지에,
중목구조의 견고함과
모던한 인테리어를 담아
탄생한 가족만의 안식처

❶ 바다를 향해 열린 입면. 돌담장을 데크 마당에 조명과 함께 세웠다. 각 방마다 빠짐없이 난 창들과 함께 어디서도 집을 알아볼 수 있게 하는 요소.

❷ 앞으로는 해변가 도로가 위치하고 뒷마당 너머로는 언덕이 펼쳐져 집 전체에서 자연의 풍경을 느낄 수 있다.

대지위치
경상남도 거제시

대지면적
396㎡(182.71평)

건물규모
지상 2층

거주인원
4명

건축면적
128.36㎡(38.82평)

연면적
173.91㎡(52.60평)

건폐율
32.41%

용적률
43.92%

주차대수
2대

최고높이
9.5m

구조
기초 – 철근콘크리트 매트기초 / 지상 – 중목구조 105×105 글루램 구조목 + 내벽 S.P.F 구조목 / 지붕 – 2×10 구조목

단열재
THK125 압출법보온판 특호, THK30 비드법보온판 2종1호, THK220 압출법보온판 특호

외부마감재
벽 – 세라믹사이딩 케뮤 16㎜ / 지붕 – 포스코 알루미늄 징크 7㎜

담장재
개비온 담장

창호재
레하우 독일 시스템창호 72㎜

철물하드웨어
심슨스트롱타이

열회수환기장치
VENTS TwinFresh Expert-S

에너지원
LPG

거제도의 해변가 도로를 달리다 보면 만날 수 있는 석포 마을. 굽이굽이 난 진입로를 내려가 한층 가까워진 바다와 마주한 편에 깔끔하게 자리한 돌담집이 있다. 정갈한 입면이지만 과감하게 구성된 창문들로 인해 내부의 빛과 나무의 물성이 어우러지며 그 존재감을 뽐내는 특유의 분위기가 있는 집이다.
부산에서 사업을 운영하던 건축주는 은퇴 후 머물 장소를 거제도로 꼽아 집을 지을 필지까지 구매했다. 부부와 아이, 어머님까지 함께 모시고 살 만한 집이되, 주말이면 가족 친지들이 마음껏 모일 수 있는 주택이었으면 했다. 동시에 바닷가 대지라는 큰 장점이 무색하지 않도록 풍경을 마음껏 즐길 수 있는, 튼튼하면서도 친환경적인 집이길 바랐다. 희망사항이 더해질수록 이를 실현시켜줄 곳을 찾는 게 중요해졌다. 고민 끝에 경남권에 많은 작업을 해온 스타큐브디자인에 맡기기로 결정했다.
스타큐브디자인이 주력하는 중목구조도 디자인과 내구성까지 모든 면에서 균형 잡힌 공법이라는 생각에 마음이 기울었다.
단층의 한옥 구조를 선호하는 건축주를 위해 현대적인 인테리어와 세라믹 사이딩 외장재로 모던하게 재해석된 중목구조 주택이 탄생했다. 우선 내부는 노모와 함께 하는 생활을 고려해 1층에 모든 동선을 집중시켰다. 거실과 세탁실, 욕실이 한 복도에 이어지는 구성이다. 욕실은 노모의 생활 편의를 위해 좌식 세면대와 밑으로 판 다운 욕조를 디자인했다. 또 모임이 많다는 점을 고려해 1층에 두 개의 거실을 디자인했다. 하나는 전창을 통해 앞뒤로 바다와 뒷산을 감상할 수 있고, 나머지 하나는 TV를 보며 담소를 나눌 수 있어 넉넉하게 손님을 수용할 수 있게 됐다. 거실 위로는 중목구조의 특성인 박공지붕 밑 장선이 노출되어 특유의 감성을 더한다. 이어지는 주방 또한 ㄷ자의 한쪽 끝을 다 차지할 정도로 크고 단순한 동선으로 계획해 편의를 높였다. 주방에서 반대편 끝에 위치한 침실에는 머리맡 바로 위로 와이드한 코너창을 내어 시선 끝에 바로 바다가 걸리도록 했다.
계단을 통해 2층으로 올라가면 더욱 본격적인 바다 풍경이 펼쳐진다. 높은 뷰를 놓치지 않기 위해 박공지붕 선을 살린 전창은 디자인은 물론 성능까지 고려한 창호로 시공했다. 여기에 계단부터 내부까지 따뜻하면서도 세련된 색감의 자작나무 합판으로 전체를 마감해 나무의 질감을 크게 강조했다. 건축주가 친환경을 주된 콘셉트로 삼았던 만큼 샌딩 후 도장 작업은 친환경 오일로 마무리했다.
시원하고 낭만적인 뷰를 지녔지만 그렇기에 더욱 까다로운 현장이기도 했다. 장마와 태풍, 그리고 사시사철 불어올 강한 해풍 등 여러 환경적 요인들로 인해 기초공사부터 중목 골조 공사 전반에 걸쳐 더욱 심혈을 기울였다. 특히 2층의 전면창호에는 85㎜ 규모의 풍압바를 안쪽과 바깥쪽으로 보강해 강풍이 잦은 날씨에 철저하게 대비했다. 여기에 건축주의 요청대로 친환경 저에너지 주택을 완성하기 위해 수성연질폼 단열재인 아이씬폼과 독일 Vents사의 열회수환기장치를 설치해 패시브하우스에 가까운 에너지 사양을 가지게 됐다.
완성된 집은 사방으로 천혜의 자연을 즐길 수 있는 가족만의 안식처다. 뒤편으로는 남향의 마당을 즐기고, 앞으로는 넉넉한 데크 마당에서 바닷바람을 느낄 수 있다. 코로나 이후로는 더욱 다양한 즐길거리를 담아볼 예정이다. 건축주와 설계시공사 모두의 노력이 들어가 더욱 가치가 높아진 워너비 중목구조 주택이다.

2

내부마감재
벽 – 친환경 도장, did 친환경 벽지, 자작나무 6㎜ 합판 / 바닥 – TEKA 원목마루, 포세린 타일

욕실·주방타일
코토 스페인 수입타일

수전·욕실기기
아메리칸스탠다드

주방 가구·붙박이장
리바트가구, 카르텔

조명
NATARIANO, 루이스폴센, 아고라이팅

계단재·난간
강화유리, 스테인리스 스틸

현관문
ALUMI 원목단열 도어문

중문
이룸 스윙폴딩도어

방문
영림 ABS 도어

데크재
인터우드 25㎜

사진
변종석

설계·시공
스타큐브디자인
https://blog.naver.com/starcube777

2층 가족실은 지붕선을 따르는 천장과 바다를 향해 난 통창으로 개방감을 극대화시켰다.

❸ 건축주가 요구한 디테일이 적용된 현관은 문을 열자마자 바다를 맞는 뷰를 만끽할 수 있다.

❹ 계단실은 난간을 투명 강화유리로 만들어 갑갑함을 덜었다.

❺ 중목구조 특유의 견고한 나무 디테일이 돋보이는 거실 공간. 단차를 두어 TV를 보는 공간과 바다가 보이는 공간을 구분했다.

❻ 주방은 나무의 물성과 바다의 풍경, 그리고 건축주의 취향이 함께 어우러진 공간이다

❼ 안방으로 향하는 복도에 욕실과 다용도실을 두어 1층의 생활 공간이 동선상으로 자연스럽게 분리된다.

❽ 1층 욕실에는 나무를 천장재로 적용하고 다운 욕조를 사용해 작은 온천탕에 온 기분을 느낄 수 있다.

❾ 주방과 대칭되도록 코너에 창을 낸 안방. 날마다 다른 바다 풍경이 그림처럼 걸린다.

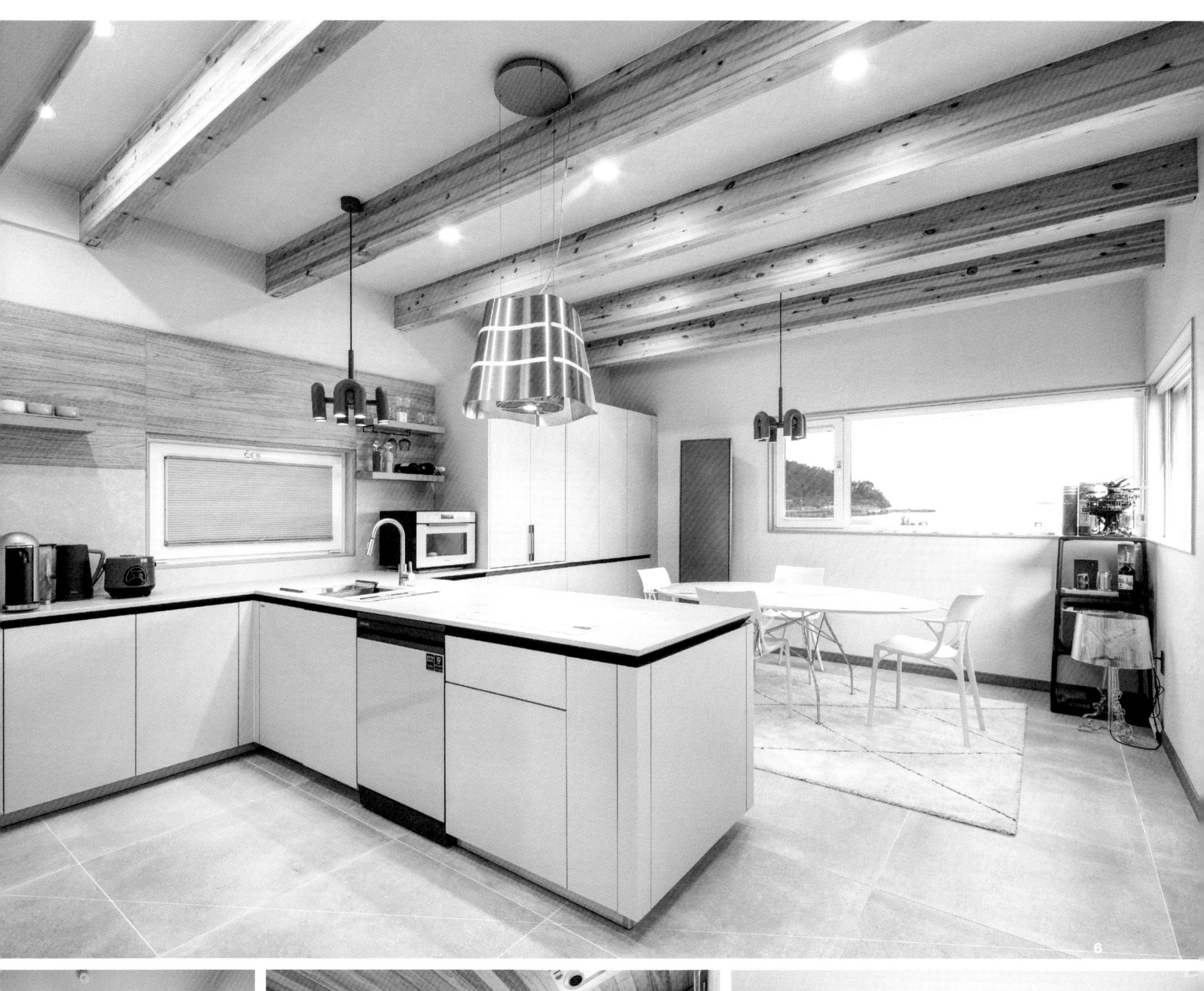
6

7

8

9

중목구조 특유의 견고한 나무 디테일이 돋보이는 거실 공간.

ELEVATION

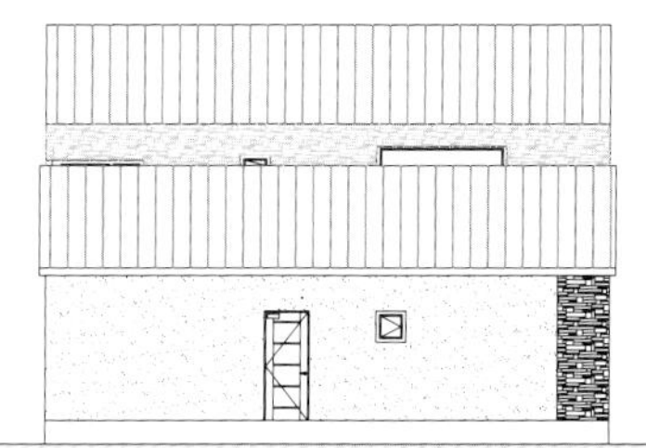

PLAN

① 거실 ② 현관 ③ 욕실 ④ 세탁실 ⑤ 침실 ⑥ 주방 ⑦ 데크 ⑧ 가족실 ⑨ 뒷마당

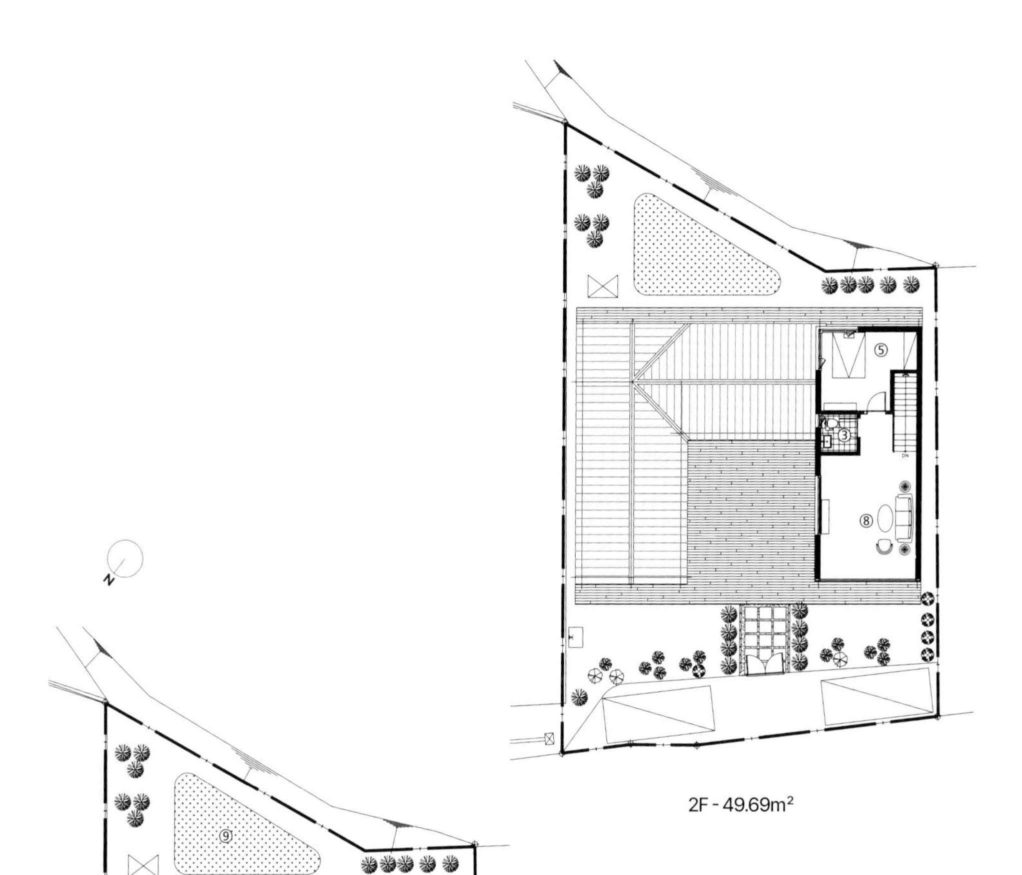

2F - 49.69m²

1F - 128.36m²

아늑한 정원을 가진 패시브하우스
도심 속 열린 주택

계단을 오르기 전엔
알 수 없었던
가족만의 정원.
패시브하우스로서
임무에도 충실한
열린 주택을 만났다.

늦어도 나이 육십에는 제주에 집을 짓고, 그전엔 한옥에서 살아 보는 것도 좋겠다.
얼마 전까지만 해도 막연히 꿈꿔왔던 박성준 씨의 바람이다. 그저 인터넷만 검색하며 대리만족하고 있던 어느 날, 사는 데와 멀지 않은 곳에 한옥 택지가 있음을 알았고, 가서 구경만 해보자며 석연치 않아 하던 아내 손을 이끌었다.
한옥 지붕과 산새가 어우러진 마을. 같은 서울 하늘 아래였지만, 공기부터 달랐다. 근처에 개울도 있고 계곡도 있다니 마치 4시간 거리의 설악산에 와있는 듯한 착각마저 들었다고. "다녀온 이후 눈에 밟혀 도통 잠을 이룰 수가 없었어요. 너무 살고 싶은데, 이미 늦어 한옥 택지는 남아 있질 않았죠."
수소문 끝에 마을 내 단독주택지를 찾았고, 주택은 추울 것 같아 싫다던 아내를 겨우 설득한 만큼 무조건 따뜻한 집, 그래서 패시브하우스를 선택하게 되었다. 건축주가 잘 알고 있어야 제대로 시공되고 있는 지도 가늠할 수 있다는 판단에 패시브하우스 관련 책도 많이 구매해 공부했다는 그는, 한국패시브건축협회에 등록되어있는 건축가 중 목금토건축사사무소 권재희 소장과 의기투합하기로 결정하고 함께 집이 놓일 대지를 찾았다.
"건축주 마음이 이해될 정도로 주변 풍광은 손색없었어요. 하지만 진입로가 북쪽인데, 남쪽과 서쪽이 더 높은 경사라 이웃집들로 인해 그림자에 갇히는, 사실상 패시브하우스로는 불리한 대지 조건이었죠."

대지위치
서울시

대지면적
330㎡(99.82평)

건물규모
지하 1층, 지상 2층

거주인원
4명(부부 + 자녀 2)

건축면적
153.11㎡(46.31평)

연면적
339.18㎡(102.60평)

건폐율
46.4%

용적률
72.77%

주차대수
2대

최고높이
8.22m

구조
기초 - 철근콘크리트 매트기초 / 지상 - 철근콘크리트

단열재
비드법단열재 2종3호 200~250㎜

외부마감재
큐블록 벽돌, 럭스틸

창호재
엔썸 PVC 삼중창호(에너지등급 1등급)

열회수환기장치
Zehnder Comfoair Q600

에너지원
이건창호 35㎜ 로이삼중유리 시스템창호

에너지원
도시가스, 태양광

조경석
이끼석, 보령석

조경
안마당 더 랩

담장재
에메랄드 그린, 화살·자작나무

전기·기계
수호엔지니어링

❶❸ 이동 동선의 경로에 따라 다채로운 풍경이 펼쳐지는 정원.

❷ 집 입구로 향하는 계단

❹ 마치 집이 숲속의 일부인 듯 잘 꾸민 정원과 자연스러운 모습으로 조화되도록 외장재는 흙의 물성에 가까운 벽돌을 선택하였다.

3

2

4

이런 단점에 관한 권 소장의 대안은 '중정'이었다. 중정을 열어 방마다 빛을 들이고, 가족의 프라이버시를 보호하면서도 시야가 동네까지 연장되는 열린 마당을 구현하고자 건물 일부를 들어 올렸다. 여기에 1층 주진입부는 필로티 구조로 답답함을 없앴다. 구조적 안전성을 위해 내진 설계로 성능을 높였고, 필로티 공간의 열적 손실은 패시브건축협회와의 논의로 해결점을 찾았다.
지난해 봄, 공사를 시작해 집을 만나기까지 13개월이 걸렸다. 적지 않은 시간이 소요된 이유는 건축주만의 철칙 때문.
"무에서 유를 만들어내는 분들께 '언제까지 결과물을 보여주세요'라고 재촉하는 건 말도 안 된다 생각했어요. 시간에 쫓기다 보면 실수가 생기죠. 특히 마감재로 덮어 버리면 알 수 없는 건 더욱 그럴 수 있겠다 싶어 건축가, 시공자가 여유를 가지고 작업할 수 있도록 나름 노력했답니다."

POINT 1 - **건식 욕실**

욕실은 사용자의 편의를 배려해 샤워실과 화장실, 세면실을 모두 분리했다.

POINT 2 - **주출입구**

계단 벽에는 센서등이 설치되어 있어 주변이 어두울 때도 이동 시 걱정 없다.

POINT 3 - **주차장 옆 운동실**

주차장 옆 작은 공간에 운동을 좋아하는 가족을 위한 피트니스룸을 마련했다.

ARCHITECTURE TIP

열린 주택의 3.9ℓ 패시브하우스 시공과정

'패시브하우스'란 단위면적당 난방으로 사용되는 에너지가 연간 1.5~5ℓ로 일반 단독주택(9~17ℓ)과 비교해 에너지 비용이 많이 절감된다. 그 이름처럼 최소한의 설비에 의존하고 대신 태양열로 에너지원을 습득하거나 반대로 차양 등을 이용해 여름철의 불필요한 에너지의 침투를 막는다. 그동안의 패시브하우스는 에너지 효율과 비용을 고려해 단순한 형태, 스터코 등의 외단열 마감재로 많이 시공되었지만, 최근에는 패시브하우스 보급 확대로 좋은 자재들이 많이 개발되었고, 합리적인 비용으로 정착되고 있다. 이 주택에는 단열블록(TB블록), SST 열교차단패스너, 전동블라인드, 기밀테이프 등 다양한 패시브 요소가 적용되었다.

1 기초 부분 바닥 단열 작업

1층 기초가 지하주차장 위에 있어 외기에 노출될 상황이라 열교 차단에 중점을 두고 200㎜ 바닥 단열재와 벽체 하단에 열교차단재를 설치해 보온에 신경 썼다.

2 벽체 콘크리트 부위 열교차단재 시공

지하층과 지층이 직접적으로 맞닿는 부위의 열전도를 차단하기 위하여 벽체도 열교차단재를 설치했다.

3 외단열재(200T) 및 단열 프레임 시공

외단열은 네오폴 2종3호(6주 숙성)로 변형을 최소화하고, 창문 상단 캐노피 설치구간은 단열 프레임을 시공하여 벽체 열교를 차단해주었다.

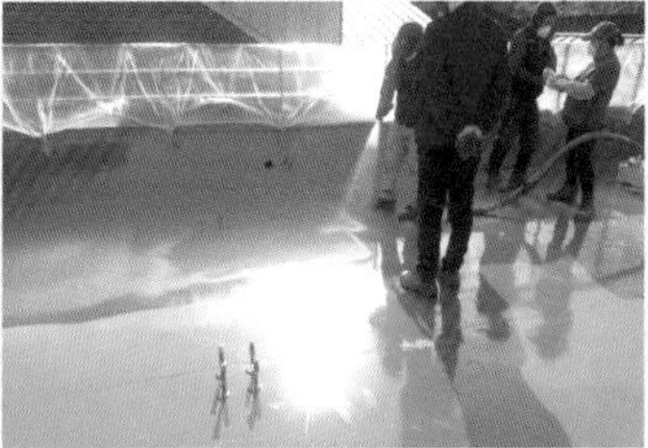

4 옥상 폴리우레아 방수 시공

옥상 평슬래브에 단열재 250㎜를 교차 시공했다. 혹시 모를 빗물 유입을 고려해 일반 방수제보다 탄성과 수명이 오래 가는 폴리우레아 성분의 방수제를 선택하였다.

5 창호 주변 기밀 시공

패시브하우스에서 기밀은 기본이지만, 까다로운 작업 중 하나. 콘크리트 면과 창호 연결 시 안팎으로 공기가 새어 나오거나 새어 들어가지 않도록 꼼꼼히 시공했다.

6 패시브 기밀테스트

골조 및 창호가 완성된 후 측정한 블로어도어 중간 테스트 값은 0.09회/h. 일반적인 패시브하우스의 기밀 성능을 상회하였다.

7 지하층 단열 작업

노출콘크리트 마감으로 이루어진 지하층에는 결로수가 생기지 않도록 벽, 천장에 습기에 강한 보온재인 압출법보온판(XPS)을 썼다.

8 패시브건축물 인증

건물이 완공된 다음, 최종 기밀 테스트와 에너지 해석을 통해 기밀 성능 0.21회/h, 3.9ℓ의 에너지 인증을 획득했다.

내부마감재
던 에드워드 친환경 도장, 수입 벽지, 수입 원목마루(2층 바닥 / 주방 천장)

거실 및 욕실 타일
수입 타일

주방 싱크 상판·벽면
헤어라인 스테인리스 강판

음식물 분쇄기
VORTEX Power 9

수전 등 욕실기기
아메리칸스탠다드(수전·양변기), SCARABEO, VALDAMA(세면대), 새턴바스(세면대·욕조)

주방 가구·붙박이장
리빙 온

계단재·난간
멀바우 + 평철 난간

현관문
Rodenberg Door(엔썸 수입)

중문
이건창호

방문
목문 위 도장 마감

방탄필름
SUN GARD

구조설계(내진)
SDM구조기술사사무소

인테리어
2L디자인 김지수(기본설계) / 홈데이 목동점 정재현(실시 및 시공)

사진
변종석

시공
㈜선이건설 유부열

설계
㈜목금토 건축사사무소
www.mokgeumto.co.kr

5

그러한 건축주의 배려 덕분일까. 가족은 완성도 높은 패시브하우스를 선물 받았다. 먼저 대문을 열고 계단을 올라 마주하게 되는 중정. 곳곳에 자리한 작은 습지와 소담스러운 꽃밭은 도심 주택에선 보기 힘든 아름다운 풍경을 선사한다.
처음 집짓기를 반대했던 아내 윤정 씨도 이젠 주택에서의 삶에 익숙해져 하루하루 소소한 행복을 누리는 중이다.
특히 내부는 아내의 감각과 취향이 더해져 편안하면서도 세련된 공간을 완성했다. 창 프레임에 담긴 정원이 인테리어의 일부가 되어주는 만큼 화이트 컬러의 벽지와 도장으로 차분함을 살리고 가구로 포인트를 주었다. 2층까지 오픈한 높은 천장고의 거실이지만, 춥지 않고 늘 안락한 온도를 유지하는 건 패시브하우스였기에 가능한 경험이자 혜택이다.

동네에서 제일 멋진 집이었으면 좋겠다던 바람대로 '집 이쁘다'는 오가는 이들의 칭찬에 어깨가 으쓱해지는 건축주다. 입주 후 보내는 첫 겨울의 집은 네 식구에게 또 어떤 모습을 보여줄지 내심 궁금해진다.

❺ 간결한 디자인의 인테리어와 2층까지 오픈한 천장이 거실 공간에 개방감을 더한다.

❻ 아내의 동선을 고려해 계획된 주방. 조리대를 거실 쪽으로 내어 요리하는 동안에도 가족과의 소통이 가능토록 했다. 좌측에는 다용도실을 겸한 보조주방을 배치하여 효율성을 높였다.

❼ 안락한 분위기의 2층 안방

❽ 거실이 내려다보이는 2층 복도. 유리 난간으로 답답함을 없앴다.

❾ 중정으로 낸 창 덕분에 다이닝룸에서도 언제나 초록 식물을 바라볼 수 있다.

6

7 8 9

SECTION

①주차장 ②운동실 ③현관 ④창고 ⑤화장실 ⑥보일러실 ⑦거실 ⑧주방/식당 ⑨보조주방 ⑩마당 ⑪침실 ⑫안방 ⑬욕실 ⑭드레스룸 ⑮서재

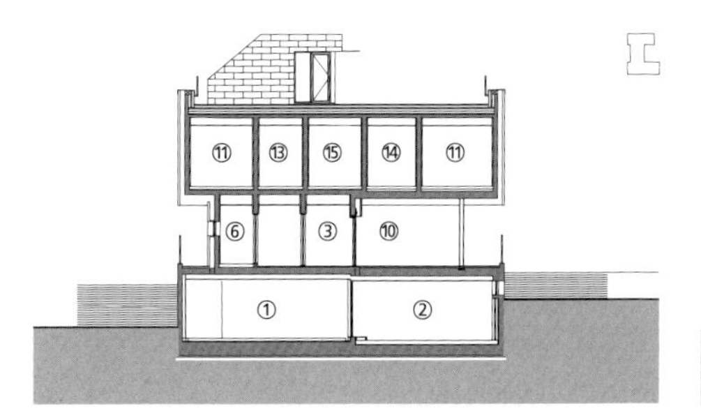

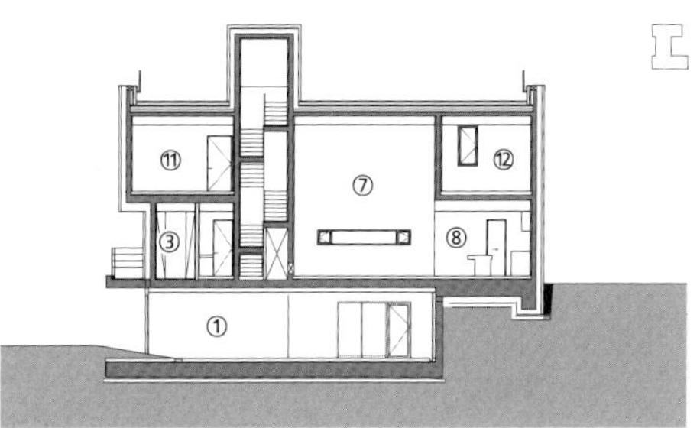

PLAN

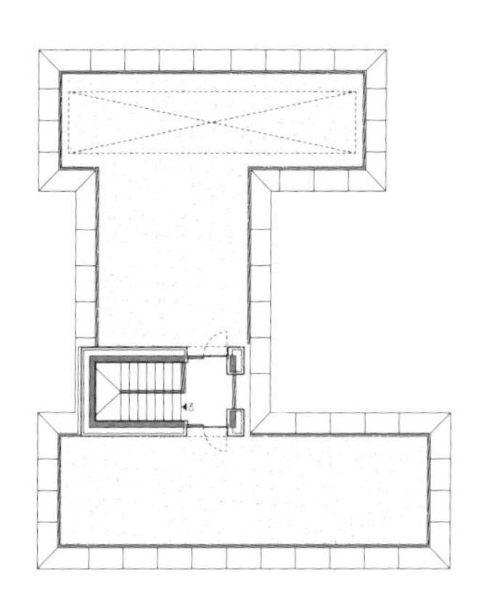

ROOFTOP

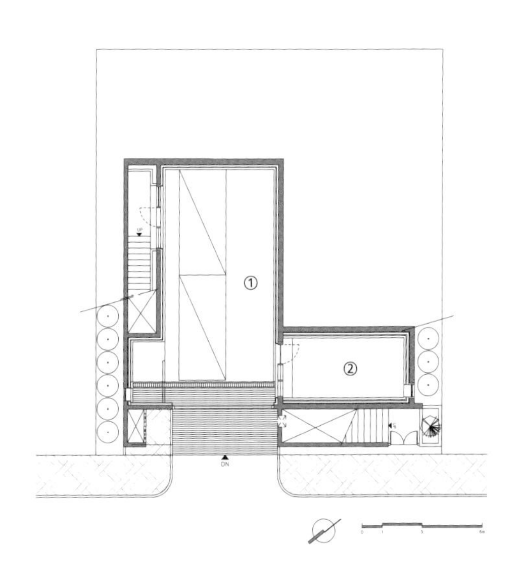

B1F - 99.04m²

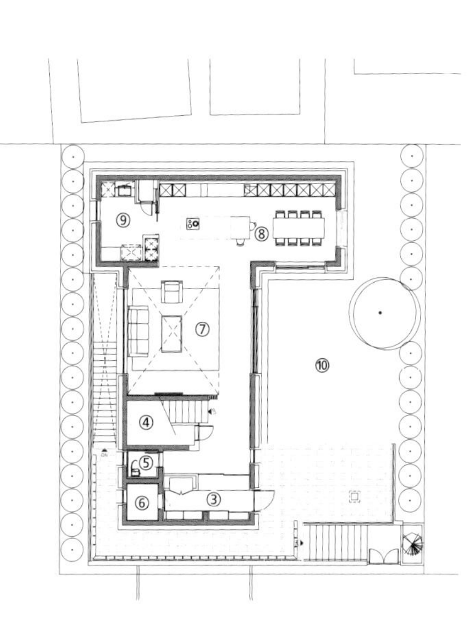

1F - 113.67m²

여섯 개의 방을 엇갈려 쌓은
양평 희현재

역지사지(易地思之).
건축주의 입장이 되어보며
건축가의 역할을
되돌아봤다는 김동희
소장.
부부의 이름(희)과 아이들
이름(현)을 따서 지은
집의 비하인드 스토리를
공개한다.

1

Q. 십수 년의 아파트 생활을 청산하고 집을 지었어요. 단독주택행을 결심한 계기는 무엇인가요

건축가도 층간소음으로부터 자유로울 수 없어요. 애들이 뛰지 않고, 4cm가 넘는 매트를 깔아도 아랫집에서 자주 올라왔으니까요. 어느 순간 '이건 저 사람들을 탓할 일만은 아니구나, 이런 게 힘들면 저들도 우리도 아파트 같은 공동주택에는 안 사는 게 맞구나'라는 생각이 들었죠. 아파트라는 공간은 사생활이 보장되는 편이지만, 내가 누릴 수 있는 걸 못 하는 것도 일종의 사생활 침해라고 판단했어요. 그래서 과감히 우리만의 집을 짓기로 했고요.

Q. 작은 건축면적에 대한 해법은 무엇이었나요

법적으로 가능한 면적을 모두 사용해도 한 층에 59㎡밖에 확보할 수 없어요. 이런 경우 층수를 높이는 것이 방법일 수 있겠지만, 단독주택에서 3~4개 층을 오르내린다는 것은 여간 부담스러운 일이 아니에요.
이 집은 현관에서 실내로 들어서면 주방과 식당이 한 공간에 있고, 아래로 반층 내려가면 지하 작업실, 올라가면 거실이 있어요. 다시 반층 위에는 가족실과 자녀 침실 등이 배치되어 있죠. 반층씩 목적 공간이 있는 건 확실히 이동 부담이 줄어요. 집도 더 넓어 보이고요.

대지위치
경기도 양평군

대지면적
295㎡(89.23평)

건물규모
지하 1층, 지상 2층 + 다락

거주인원
5명(부부 + 자녀3)

건축면적
57.07㎡(17.26평)

연면적
134.84㎡(40.78평)

건폐율
19.35%

용적률
38.69%

주차대수
1대

최고높이
8.95m

구조
기초·지하층 - 철근콘크리트 / 지상 벽 - 경량목구조 외벽 2×6 구조목 + 내벽 S.P.F 구조목 일부 ZIP System / 지붕 - 2×10 구조목

단열재
외벽 - 수성연질폼 140㎜, 지붕 - 수성연질폼 235㎜

외부마감재
외벽 - 스프러스프라임 트림재, STO 외단열시스템 / 지붕 - 컬러강판

담장재
강관 파이프 위 벤자민무어 페인트

창호재
이건창호 PVC 3중유리

철물하드웨어
심슨스트롱타이

열회수환기장치
ambientika 2대

에너지원
기름보일러

❶ 탁 트인 대지에 놓인 집이라 주변에서 훤하게 보이기 쉽지만, 적어도 현관은 대문에서 바로 보이지 않기를 바랐다. 이를 위해 현관과 화장실에 해당하는 부분을 45° 틀어 메인 매스와의 연결을 자연스럽게 했다.

❷❺ 주변 시선으로부터 마당을 보호하기 위해 반오픈형 담장을 만들고 그 위에 식생을 배치했다.

❸ 옹벽을 통해 지하 주차장을 설치하는 것도 고려했지만, 아파트 생활 이후 첫 주택 생활이라 현관과 주방 출입이 용이하도록 동선을 계획했다. 외관 일부에는 트림재를 루버화해서 결을 만들었다.

❹ 인근 건물과의 조화를 위해 완전히 흰색이 아닌 크림색이 감도는 미장 마감과 연회색의 컬러강판 지붕재를 적용했다.

Q. 가족들은 어떤 것을 요청했나요

전반적으로 저를 믿고 맡겨줬어요. 어떤 건축가는 아내가 건축주, 본인은 설계자의 입장이 되어서 냉정하게 집을 계획했다는데, 저는 그러진 못했어요. 제한된 조건을 최대한 짜임새 있게 푸는 게 숙제였어요. 세 아이에게 작더라도 자기 방을 만들어주자는 것과, 아내는 계단 비중이 높으니 난간이 나무면 좋겠다 정도만 이야기했죠.

Q. 내가 살 집이니까 실험 혹은 시도해 본 것도 있나요

우선 외장재요. 사이딩 마감한 주택의 창문과 외장재를 연결하는 용도로 쓰는 트림재를 루버처럼 전면에 사용해 봤어요. 결과가 생각보다 괜찮아서 전체를 둘렀으면 어땠을까 싶어요. 실내 일부에 스터드와 장선을 노출한 것도 보기보다 쉽지 않은 디테일인데 시공자가 진짜 애먹었죠. 벽 한쪽 면만 ZIP 시스템을 적용해 어떻게 다른지 보고 싶었고, 익숙하지 않은 시공법에 대한 의구심은 한국목조건축 협회의 5-Star 품질 인증을 받는 것으로 해소했어요.

2

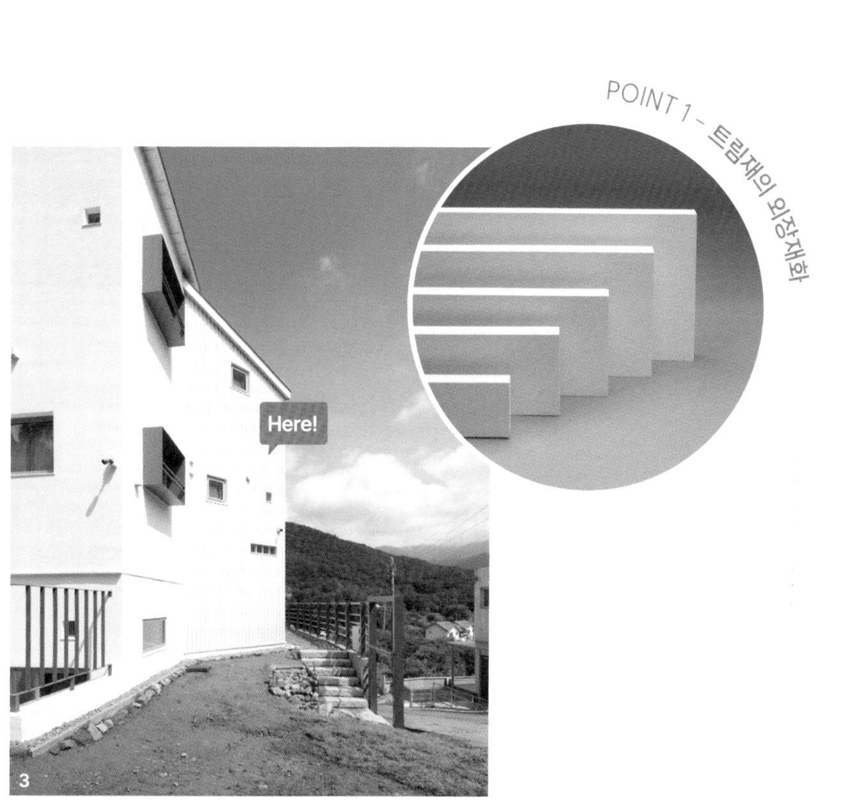

3

4

5

내부마감재
벽 - 친환경 도장, LX하우시스 벽지, 구조목 노출 + 19㎜ CLT, wetlook(지하) / 바닥 - 구정마루 프레스티지(오크) + 강마루, 포세린 타일, 에폭시(지하)

욕실 및 주방 타일
수입타일

수전 등 욕실기기
대림바스

주방 가구
빈스70

조명
KDDH T5 제작 조명, 필립스 4인치 매입형 LED조명, LG 평판 LED 조명

계단재·난간
멀바우 계단재 + 라왕 난간

현관문
금만도어 현관문

중문
자작나무 제작 3연동 도어, 금속자재 + 도장마감 + 망입 유리

방문
자작나무 제작 + 모루유리

전기·기계 설비
대림

구조설계(내진)
G&H Design Workshop(황경주)

사진
변종석

시공
삼림하우징테크 김태국

설계담당
김도연, 정혜수, 애블린

설계
건축사사무소 KDDH
www.kddh.kr

아일랜드와 다이닝 테이블에서 전원 풍경을 바라보도록 창을 계획했다. 경간 확보를 위해 공학목재를 사용하고, 2층 발코니 부위의 구조적 안정성을 위해 철골 빔과 기둥으로 보강했다.

POINT 2 - **각별한 시공 노하우가 필요한 구조재 노출**

해외 목조주택에서 흔히 보이는 스터드(수직재)와 장선(위층 바닥을 받치는 수평재) 노출. 바닥 난방을 위해 방바닥통미장 처리를 하는 국내에서는 결코 쉬운 작업이 아니다. 이를 위해선 콘크리트 물이 한 방울도 아래로 떨어지지 않도록 철저한 방수 계획이 필요하다. 스터드 노출 부분 단열은 외단열 미장 마감했다.

Q. 건축가에서 건축주의 입장이 되어 봤어요. 과정은 어땠나요

집짓기를 선택의 연속이라고 하잖아요. 건축주들이 선택을 미루거나 못하고 있으면 가끔 답답한 적도 있었는데요. 이제 절대 그럴 일은 없을 거예요. 지난 건축주들에게 감사의 마음을 전하고 싶어요(웃음). 한편으로는 '좋은 집은 좋은 건축주에게서 나온다'는 생각을 했어요. 최근 작업한 다른 주택의 경우 건축주가 정말 최선을 다하셨거든요. 결국 집이 잘 나오더라고요. 건축가, 시공자, 건축주의 역할이란 무엇인가 새삼 고민하는 계기가 되었어요.

Q. 집짓기에 있어 건축가의 역할은 무엇인가요

주택 설계를 하다 보면 "저는 건축가의 역할이 뭔지 잘 모르겠어요." 라는 분들을 종종 만나요. 소위 하우징 업체도 있고, 건축가 얼굴 한번 안 보고 짓는 집들도 있잖아요. 과정이 어떻든 집이라는 결과는 나오니까요. 그런데 건축가에게 오는 분들은 공통적으로 "세상에는 건축가가

❻,❽ 3연동 중문 도어가 딸린 현관. 들어오는 순간, 계단참이 없는 스킵플로어 구성이 한눈에 들어온다.

❼ 공적 공간과 사적 공간 사이에 위치한 거실. 왼편에 화장실이 위치한다.

존재하고 필요한 이유가 분명 있겠죠. 저는 건축가가 짓는 집에서 살 거예요."라며 시공 과정에서 의견이 갈리면 제게 힘을 실어주세요. 우리 집을 지으면서 건축가의 역할이란 시공자와 건축주의 접점을 찾아주고 더 나은 대안을 마련해주는 일이 아닐까 하는 생각이 들었어요.

Q. 집을 지을 때 비용을 절감할 수 있는 팁을 공유해주세요

뻔한 얘기라고 생각할 수 있지만, 결과적으로 전문가에게 맡기는 게 이득이라는 걸 체감했어요. 비용이라는 게 금전적인 것도 있지만, 시간이나 에너지처럼 심리적인 것도 무시하지 못하죠. 저도 여건이 허락했다면 동료 건축가에게 맡기고 싶을 정도로 건축주 경험은 고단했으니까요. 그러니까 나에게 맞는 건축가, 시공자를 찾는 일에 조금 더 신경을 쓰면 좋겠어요.

❾ 썬큰을 두어 환한 지하 작업실. 지하는 콘크리트 구조인데 벽 두께 최소화와 습기 차단을 위해 석고보드 대신 콘크리트 면처리 후 코팅으로 마감했다.

❾ 아이들이 자기만의 방을 갖게 하는 것이 중요한 미션이었다. 작은 공간에서 방문끼리 부딪치지 않도록 6m가 넘는 공학목재로 방과 방 사이를 가로지르게 하고 벽은 모두 비내력벽으로 처리했다.

❿⓫ 노출된 목구조와 라왕 목재 난간 등은 본연의 색이 살 수 있도록 스테인을 칠했다.

8

9

10

11

⓬ 세면대와 수납장을 밖에 둔 욕실. 주방의 조명 덮개와 욕실 내 철제 선반 도어 등 건축주가 현장에서 직접 접어 제작할 수 있는 시스템을 고안했다.

⓭ 수납과 파우더룸을 밖에 두고 침대만 간소하게 둔 안방

⓮ 다락의 높이가 낮아지는 부분에 옷을 보관하고 통풍구가 있는 미닫이문을 달았다.

SECTION

①현관 ②거실 ③침실 ④욕실 ⑤주방 ⑥식당 ⑦다용도실
⑧안방 ⑨가족실 ⑩작업실 ⑪다락 ⑫드라이 에어리어

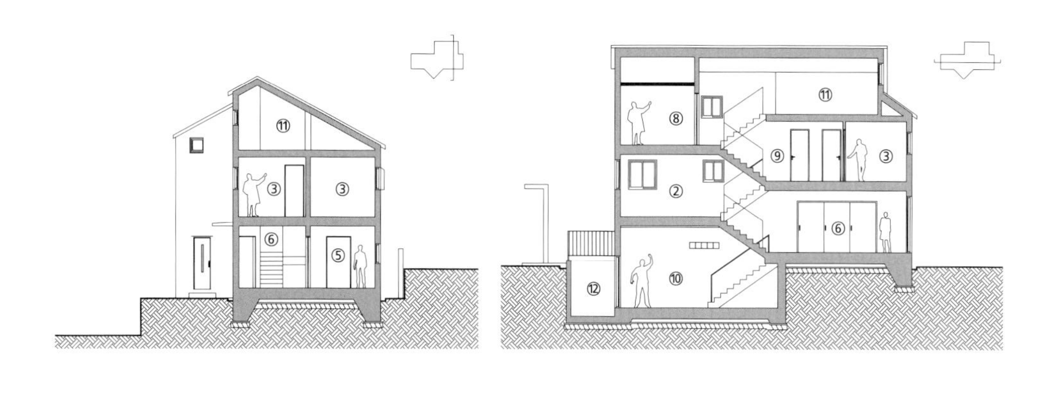

PLAN

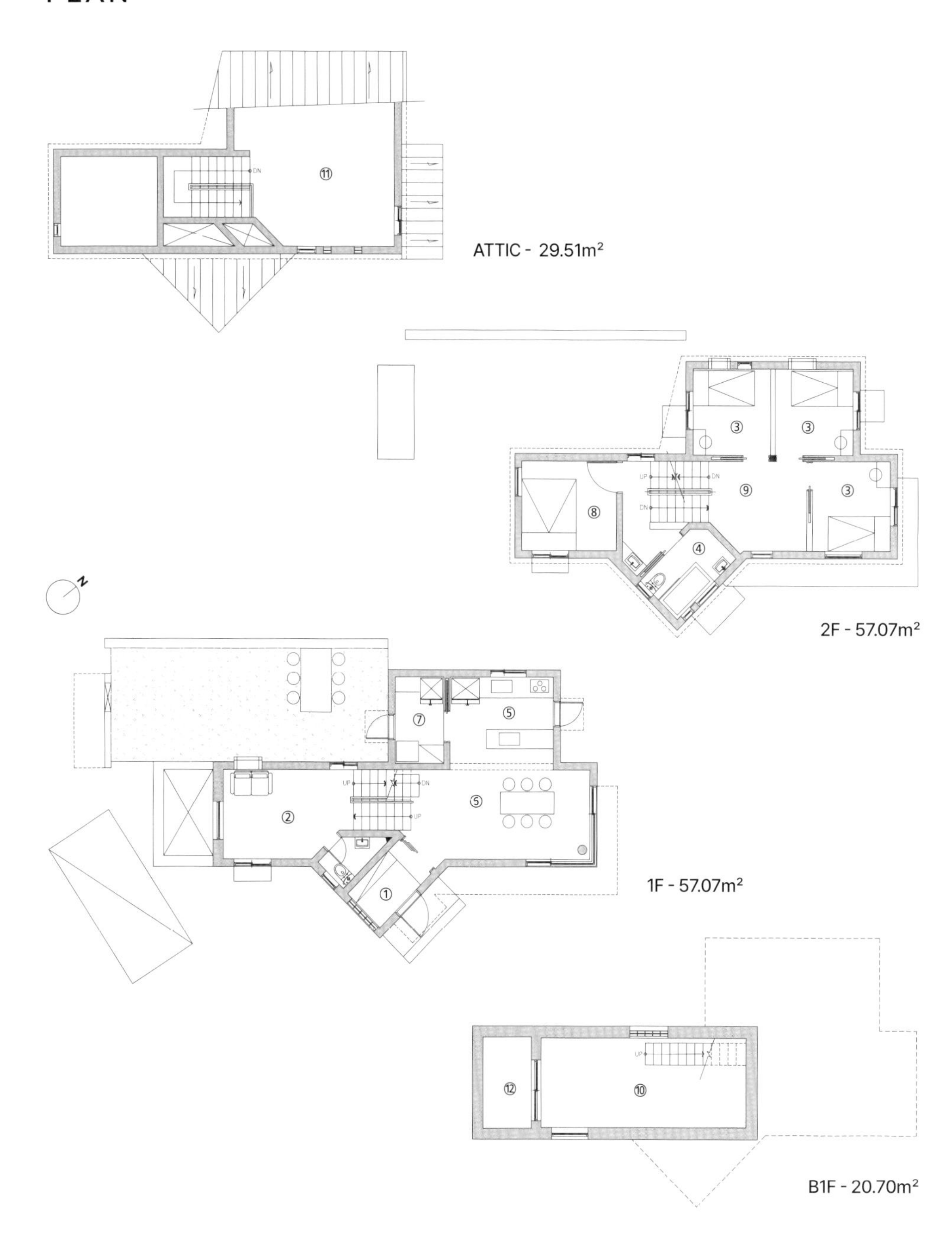

고요한 은신처
자연 속 벽돌주택

자연과 사람이
서로 배려하며 지어진 곳.
집에 발을 디딘 순간
느껴지는 편안함은
아마도 이러한 조화로움
덕분이 아닐까.

1

여행은 '돌아옴'을 전제로 한다. 돌아온 그곳에는 집이 있다. 그래서 여행은 이상이고 집은 현실이다. 생을 마감할 때 자신의 고향에 뼈를 묻듯 회귀의 본능은 자연스럽다. 따뜻하고 편안하며 보호해 주는 집은 나를 위한 최고의 조건이다. 집은 사람과 함께 자란다. 새집은 마치 새로 산 신발처럼 깨끗하지만 낯설고 불편하다. 뒤꿈치가 살짝 까지고 자연스럽게 흔적이 묻어나야 비로소 내 것이 되듯, 시간이 흐르고 집과 함께 나이를 먹으며 집은 그렇게 사람과 하나가 된다. 불특정한 다수가 사용하는 공간과 다르게 집은 주관적이고 감정적이라 사용자의 삶을 찬찬히 들여다보는 것이 중요하다. 모든 공간이 마찬가지겠지만, 결국 디자인은 사용자가 완성하는 것이다. 따라서 디자이너는 그것의 여지를 생각하며 집을 그려나가야만 한다.

집의 터는 아름답고 고요한 북한강을 적당한 거리와 높이에서 바라보는 위치에 있다. 뒤편에 연결되어있는 비탈로 인해 정오가 되어야 볕을 온전히 받지만, 대신 노을 지는 저녁 풍경을 향해 열려 있었다. 서울 도심에 거주하고 있는 건축주는 일상에서 벗어나 외부로부터 보호받는 안식처로서의 공간을 원했다. 지역 특성상 여름에는 고온 다습하고 겨울에는 그늘의 얼음이 웬만해서 녹지 않는다는 점을 고려해 집의 정면은 강을 향하지 않고 해를 온전히 받을 수 있는 남쪽을 바라보도록 했다. 외부는 집이 최대한 드러나지 않게 간소하고 단정한 형태를 취하고, 주변 토양과 비슷한 벽돌의 색과 질감으로 시간의 감수성과 겸손함이 느껴진다. 갈대밭 뒤에 면한 주차 공간의 곡면 담장과 진입로 계단의 부드러운 선은 둥글게 성토된 잔디 마당과 닿으며 두 개의 매스를 잇는 건축물과 자연스럽게 연결된다.

대지위치
경기도 양평군

대지면적
948㎡(286.77평)

건물규모
지하 1층, 지상 2층

거주인원
1명

건축면적
151.74㎡(45.90평)

연면적
283.61㎡(85.79평)

건폐율
16.00%

용적률
27.51%

주차대수
3대

최고높이
8.55m

구조
기초 - 철근콘크리트 매트기초 / 지상 - 철근콘크리트

단열재
외부·지붕 - 비드법보온판 2종1호 125, 135, 220mm / 내부 - 비드법보온판 2종1호 135mm, 그라스울 24K

외부마감재
벽 - 우성벽돌 고갱그레이 / 지붕 - 우레탄 도막 방수

담장재
두라스택 Q2 시리즈 + 우성벽돌

창호재
필로브 FLE 시리즈 47mm 양면로이 투명삼중유리(열관류율 기준 1.3W/㎡·K 이하)

에너지원
대성 지열 보일러

조경석
석축(자연석)

❶ 건물 외관에서 보이는 꺾인 두 개의 매스. 내부에서는 하나의 마당을 바라보며 각각의 다른 시선을 제공한다.

❷ 드론으로 찍은 주택 모습

❸ 잔디가 심긴 게스트룸 앞 테라스. 마을의 아름다운 풍광이 한눈에 담긴다.

POINT 1 - **2층 욕실**

넓은 욕조와 원목의 루버 사이로 떨어지는 빛은 햇살 속 편안한 입욕의 경험을 더욱 풍성하게 누릴 수 있게 한다.

POINT 2 - **석재 계단**

중앙의 계단으로 올라가기 전 길게 뻗어있는 통석은 무언가를 올려 상식하기에도, 잠깐 걸터앉아 쉬기에도 안성맞춤이다.

POINT 3 - **한지 들창**

한지 들창이 집 안에 동양적인 이미지를 부여한다. 하부가 개방된 창의 크기는 1층의 커다란 창들과 대비되어 극적 효과를 낸다.

내부마감재
벽·천장 - 페인트 하우스 회벽 도장, SEDEC 르꼬르뷔지에 벽지, DAV 수입 벽지, 화강석, 윤현상재 수입 타일, 삼화 도장, 동신종합목재 고재 / 바닥 - 지안마루 우드플로링, 지팡 다다미, 화강석

욕실 타일
윤현상재 수입 타일

수전 등 욕실기기
이케이바스 수입 수전(GROHE 등), 이케아

주방 가구
아크리니아

조명
뉴라이트 수입 조명

계단재·난간
지안마루 우드플로링, 화강석 + 평철 위 도장

현관문
필로브 FLE DOOR

중문·방문
제작

붙박이장
동남가구 제작, 이케아(드레스룸)

데크재
동신종합목재 고재

벽난로
삼미벽난로

실링팬
루씨에어 바이스로이 132cm DC

스위치·콘센트
JJSYSTEMS Jung(융)

조경·토목
오엔조경(주세훈)

구조설계(내진)
토우건축

사진
박우진

시공
건축 - 오엔디엔씨종합건설 / 인테리어 - 스튜디오베이스

설계
스튜디오베이스
www.studiovase.com

복도에서 바라본 주방. 군더더기 없는 주방 가구로 단정한 분위기를 완성했다.

현관으로 들어와 거실과 주방이 놓인 1층은 크고 단순하다. 거실에는 벽난로가 중심을 잡고 있다. 난로를 떠받치고 있는 커다란 통석은 외부의 삼나무 데크 위에 세워진 낡은 디딜방아(오브제)와 조우한다. 내부 벽면 전체는 천연 회벽으로 마감해 습한 환경에도 안정적으로 적응할 수 있도록 했다. 1층과 달리 작고 아기자기한 분위기의 2층은 건축주의 개인 공간과 집을 찾은 손님 공간으로 나뉜다. 개인 공간은 젠 스타일의 좌식 거실과 요를 사용하는 최소 면적의 침실, 긴 복도형 드레스룸과 커다란 창이 있는 욕실 순으로 배치하고, 반대편은 테라스가 딸린 게스트룸과 욕실을 두었다. 잔디가 깔린 테라스는 비탈을 향해 열려 있고, 황금회화나무를 심은 아주 작은 마당은 보라색 꽃이 피는 비탈과 연결된다. 진입부와 마당의 한가운데에는 솔바람에 반응하는 로케트향나무를 심었다. 은빛이 섞인 녹색의 나무들이 조경의 주를 이루며 흙색의 벽돌집과 하나가 된다. 마당보다 내려앉은 주차 공간은 키 높은 갈대가 자동차를 숨기고 과실수와 초화류가 심겨있는 비탈의 숲은 집을 감싸 안으며 보호한다.

드러나지 않는 고요한 은신처, 양평 주택은 그렇게 완성되었다. 〈글 - 전범진〉

❹ 거실 역시 필요한 가구만 두어 심플하게 꾸몄다. 대신 무게감이 느껴지는 벽난로를 거실의 중심에 놓아 내추럴하면서도 아늑한 느낌을 배가했다.

❺ 주방에서 본 현관과 창밖에 펼쳐진 마당의 풍경. 루버 셔터가 이국적인 장면을 만들어낸다.

❻ 젠 스타일의 2층 좌식 거실

❼ 작은 침실에서만 바라볼 수 있는 북한강의 경치

❽ 마름모꼴의 창과 그 아래 제작한 둥근 타일 개수대. 자연 풍광이 액자 속 그림처럼 담기며 시원한 개방감을 선사한다.

❾ 곡선의 벽이 주방과 거실로의 동선을 자연스럽게 이어준다.

10

PERSPECTIVE

PLAN

① 창고 ② 보일러실 ③ 주차장 ④ 현관 ⑤ 홀 ⑥ 거실 ⑦ 데크 ⑧ 화장실 ⑨ 주방/식당 ⑩ 정원 ⑪ 앞마당 ⑫ 안방 ⑬ 드레스룸 ⑭ 파우더룸 ⑮ 욕실 ⑯ 세탁실 ⑰ 게스트룸

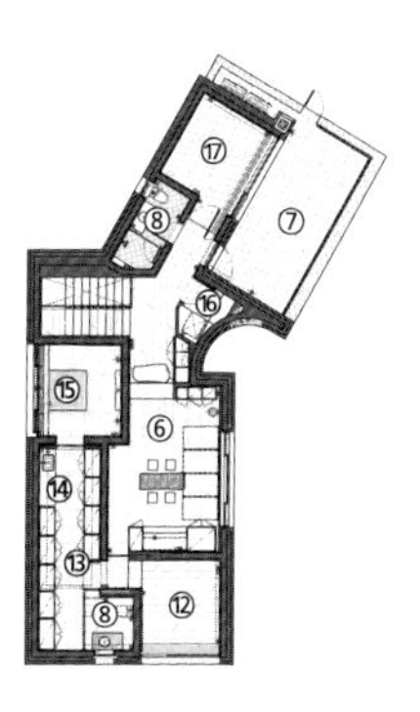

2F - 110.88m²

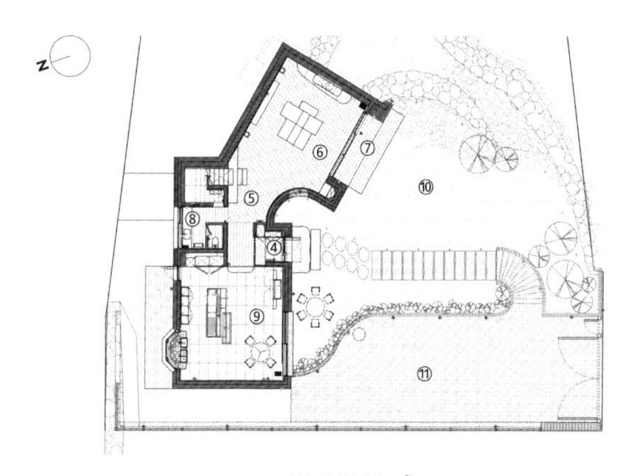

1F - 149.93m²

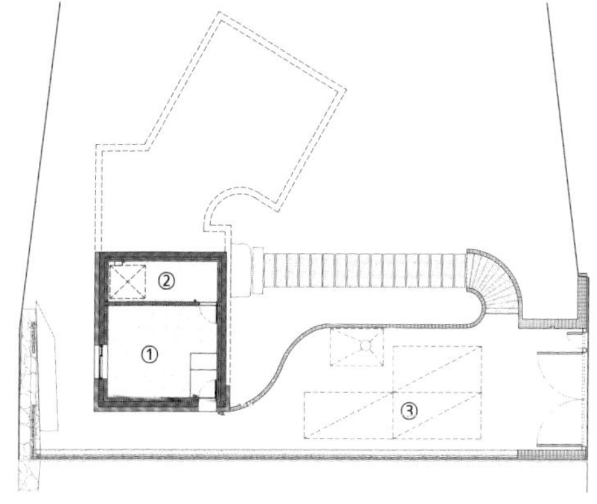

B1F - 22.8m²

❿ 2층으로 오르는 중앙의 계단 바닥은 돌과 나무의 이분화된 물성을 경험하게 한다.

⓫ 욕실로 향하는 길에 위치한 파우더 세면대

⓬ 긴 터널 같은 드레스룸

가족의 삶에 꼭 맞춘 집
LIVE IN A DREAM

전형적인 틀을 벗어난
평면과 아이디어가
빛나는 집.
전북 군산, 부모·자녀 세대가
한 지붕 아래 모여 사는
듀플렉스 주택을 만났다.

1

2

대지위치
전라북도 군산시

대지면적
340.9㎡(103.30평)

건물규모
지상 2층

건축면적
146.25㎡(44.31평)

연면적
207.22㎡(62.79평)

건폐율
42.90%

용적률
60.78%

주차대수
3대

최고높이
7.6m

구조
기초 - 철근콘크리트 매트기초 / 지상 - 경량목구조

단열재
비드법단열재 2종1호 가등급 50T, 압출법단열재 80T, 수성연질폼 200㎜, 100㎜ 등

외부마감재
벽 - 고벽돌 파벽 위 발수코팅, 테라코 그래뉼 / 지붕 - 링클수지 징크

창호재
앤썸 케멀링 독일식 시스템창호(88㎜ 프로파일, 47T 로이삼중유리), 이지폴딩 EZ-AZ57

철물하드웨어
심슨스트롱타이, 메가타이

에너지원
도시가스

삶의 방식과 모습이 제각각 다른 만큼, 집의 모양도 달라야 하는 것 아닐까? 틀에 박힌 아파트 평면을 벗어나, 나와 가족의 삶을 담은 공간을 만들고 싶었다는 건축주. 문을 열고 들어서면 그 진가를 확연히 드러내는 군산 듀플렉스 주택은 집짓기의 이유와 가치를 분명하게 보여준다.

홈스토리하우스 임승미 디자이너는 "외국에서 꽤 오래 거주했던 건축주는 '이왕 짓는 집, 주택에서만 실현할 수 있는 특별한 공간'을 주문했다"고 전한다. 집은 가운데 2개의 현관을 중심으로 부모 세대와 자녀 세대가 양쪽에 공존하는 형태다. 자녀 세대는 2층 집으로, 부모 세대는 어머니 다리가 불편하신 점을 고려해 다락이 있는 단층으로 구성했다. 두 세대 모두 수직으로 오픈된 내부 구조와 화이트 인테리어로 넓은 공간감을 느낄 수 있다.

"일반적인 아파트에서 거실은 손님을 맞이하거나 식구들끼리 TV 보며 뒹구는 두 가지 기능을 한다고 생각해요. 우리 집에선 이 둘을 분리해 두었어요."

가족의 라이프스타일을 적극 고려한 평면과 동선은 자녀 세대에서 더욱 두드러진다. 거실이 따로 없는 구조로, '다이닝룸-주방-미디어룸'의 3단계로 겹겹이 구성된 공간 레이어가 인상적이다.

❶❷ 정남향으로 앉힌 주택은 도로 면에 창을 최소화하고 남쪽으로 창을 크게 내었다.

❸ 깔끔한 화이트 톤의 주택 내부는 구조적 재미를 주어 지루하지 않다. 강화유리 난간은 안전은 물론 개방감을 더해주는 요소다.

내부마감재
벽 - 제일 실크벽지 / 바닥 - LEFLO 강마루

욕실 및 주방 타일
HS CERAMIC 포세린 타일

수전 등 욕실기기
대림바스, 더죤테크

주방 가구·붙박이장
한샘

조명
르위켄, 까사인루체, 모던라이팅

계단재·난간
자작합판, 애쉬 원목, 각파이프 + 강화유리 난간

현관문
성우스타게이트

중문
도어스타일리즘(알루미늄 + 강화유리 여닫이 중문, 알루미늄 3연동 미서기)

방문
우딘숲 몰딩도어

데크재
방부목 위 오일스테인

사진
변종석

설계 및 시공
홈스토리하우스
https://www.instagram.com/homestoryhouse_

폴딩도어를 열면 마당 데크와 바로 연결되는 자녀 세대 1층 다이닝룸. 거실 및 응접실의 역할을 겸하는 곳으로 높은 천장과 오픈된 2층 서재가 한눈에 들어온다.

❹ 책이 많은 건축주를 위한 탁 트인 서재. 한쪽 벽 가득 책장을 짜 넣어 수납에 부족함이 없도록 했다.

❺ 지붕 선을 드러낸 높은 천장이 시원스럽다.

❻ 다이닝룸에서 마당을 향해 바라본 모습.

❼ 1층 가장 안쪽에 자리한 미디어룸에는 2개의 슬라이딩 도어가 있다. 한쪽은 주방 및 팬트리로 통하는 문, 하나는 복도에서 바로 이어지는 문이다.

❽ 널찍한 자녀 세대 현관. 사선으로 단차를 주어 밋밋함을 덜어냈다.

❾ 대리석과 핑크 타일, 골드 소재의 조화가 세련된 자녀 세대 1층 욕실.

POINT 1 - **3단계 공간 설계**

자녀 세대 1층은 '다이닝룸-주방-미디어룸' 순의 평면 구성이 특징. 어떤 문을 열고 닫느냐에 따라 공간 성격이 달라진다.

POINT 2 - **분리된 욕실**

자녀 세대 2층은 욕실과 화장실 및 세면실을 나누어 나란히 배치했다. 건축주 가족의 생활 편의와 실용성을 고려한 부분이다.

POINT 3 - **양쪽으로 닫히는 문**

부모 세대의 파우더룸 여닫이문은 주방 쪽으로 닫으면 프라이빗한 안방 욕실이, 안방 쪽으로 닫으면 거실에서 드나드는 공용 화장실이 된다.

1층은 계단실과 주방을 중심에 두고 순환하는 동선으로, 문을 열고 닫음에 따라 각 공간의 그 성격과 기능이 조금씩 달라진다.
다이닝룸과 미디어룸 가운데 낀 주방은 다이닝룸 쪽 문을 열면 주방으로, 미디어룸 쪽 문을 열면 간단한 먹거리를 꺼내올 수 있는 팬트리로 변신한다.
따스한 남향 볕이 쏟아져 들어오는 다이닝룸은 폴딩도어를 열면 앞마당과 연결되어 바비큐 파티 같은 야외 생활을 누릴 수 있다.
거실과 응접실, 홈 카페의 역할을 겸하는 이곳은 건축주가 제일 마음에 들어 하는 공간이기도 하다.
가장 안쪽에 둔 미디어룸은 프라이빗한 패밀리룸 개념으로, TV를 보거나 운동하고 휴식할 수 있다.
2층으로 오르면 면적은 작아도 그리 느껴지지 않는 오픈 공간인 서재를 가장 먼저 만나게 된다. 난간의 소재 역시 강화유리로 하여 개방감을 극대화했다. 서재 뒤로 딸이 머무는 방이 있고, 그 옆으로 슬라이딩 도어를 열고 들어가면 부부 침실과 화장실, 욕실, 드레스룸을 나란히 배치한, 가장 사적인 영역이 나타난다.
화장실과 욕실을 분리해 따로 둔 것은 생활의 편리성을 염두에 둔 홈스토리하우스의 세심한 배려다.

어머니 홀로 머무는 부모 세대는 꼭 필요한 실 위주로 단출하게 구성했다. 평소 요리하고 살림하기를 좋아하셔서 채광 좋은 거실 너머에 주방을 널찍하게 두고 드레스룸과 연결된 침실을 가장 안쪽에 배치했다. 자녀 세대와 비교해 얼핏 일반적인 구조를 취하고 있는 것처럼 보이지만, 이곳에도 비밀의 문이 하나 숨어 있다. 바로 '욕실 여닫이문'이다.
건식 세면대 앞의 문은 열고 닫는 방향에 따라 사용자 범위가 달라진다. 침실 드레스룸 쪽으로 문을 닫으면 주방 및 거실로 열린 공용 화장실이, 주방 쪽으로 문을 닫으면 프라이빗한 개인 욕실이 되는 것. 하나의 문으로 공간 활용도를 높인 아이디어가 빛나는 대목이다.
거주자의 삶이 잘 담겼을 때, 집의 가치도 높아지는 법이다. 원하는 집의 그림을 충실히 그린 건축주 가족이 두 세대의 바람을 한 대지 안에 알차고 슬기롭게 풀어낸 주택에서 이제 막 새로운 출발을 알린 지금. 봄이 오면 초록으로 물들 마당도, 삶에 꼭 맞춘 새집에서 함께 부대끼고 어울리며 만들어갈 일상도 부푼 기대와 설렘으로 기분 좋게 다가온다.

10
11
12

13

14

SECTION

①현관 ②거실 ③주방 ④다이닝룸 ⑤미디어룸 ⑥창고 ⑦침실 ⑧드레스룸 ⑨서재 ⑩테라스 ⑪다락

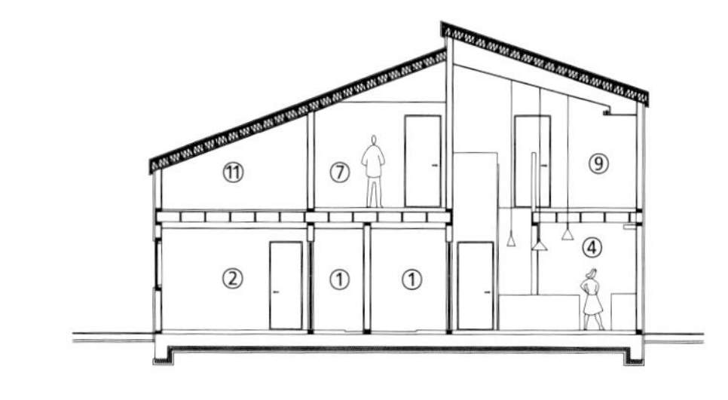

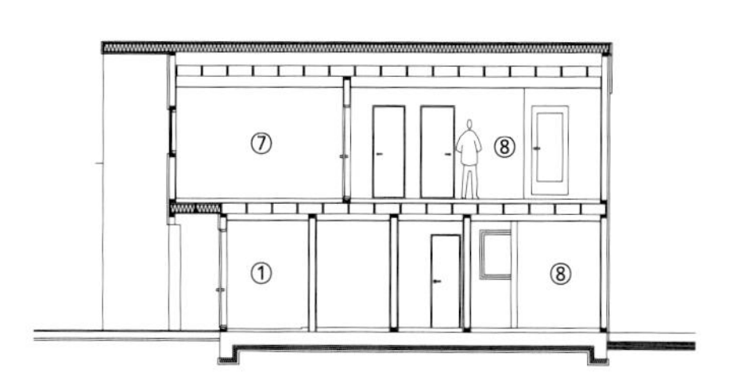

PLAN

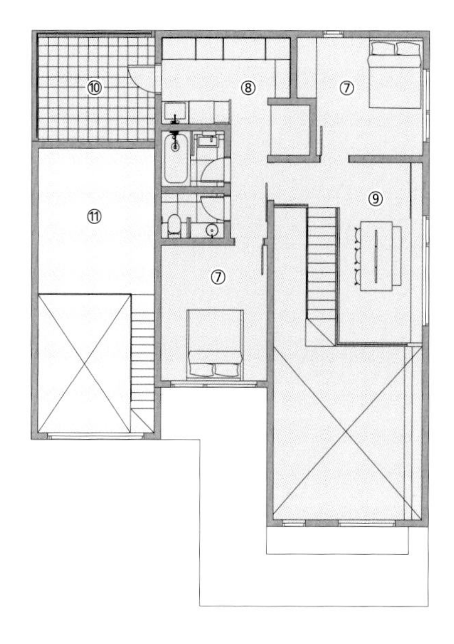

2F - 67.77m²(ATTIC - 15.91m²)

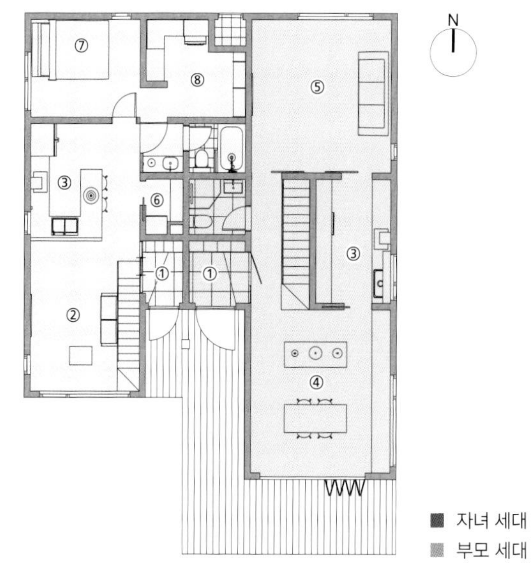

1F - 139.45m²

❿ 어머니의 편의를 배려한 부모 세대는 복층으로 구성해 전원주택 특유의 공간감을 느낄 수 있다.

⓫ 요리를 즐기는 어머니를 위해 널찍하게 구성한 'ㄷ'자형 주방

⓬ 부모 세대 침실은 드레스룸, 욕실, 주방 등 다양한 공간과 연계될 수 있도록 출입문과 동선을 구성했다.

⓭ 2층 드레스룸에서 바라본 복도. 오른쪽으로 욕실, 화장실이 차례로 자리하고 가장 안쪽에 부부 침실을 두었다.

⓮ 드레스룸은 간단한 손빨래가 가능한 세면대를 놓고 빨래를 널 수 있는 테라스로 동선을 연결해 효율적이다.

작지만 작지 않은 집
하동 삼연재[然緣姸]

1박 2일 지리산과의 짧은
만남은 아무런 연고 없는
이곳, 하동으로 부부를
내려오게 했다.
그리고 몇 해 지나 지은
두 사람의 집.

2017년 하동 화개골. 설계와 시공을 같이 한 우리의 첫 프로젝트인 '월계재'를 진행하다 동네 주민이던 부부를 만났다. 공사 중 남편으로부터 이런저런 도움을 받으며 식사와 음주가 계속되다 보니 우리들의 관계도 점점 깊어져 갔다.

그러던 어느 날, 월계재 준공 준비로 한창일 때 그들은 강 건너 농로를 따라올라 가장 끝 집을 지나야 보이는 녹차 밭으로 우리를 데려갔다. 이유인즉슨, 2년 전 도시 생활을 정리하고 내려와 이 땅을 구매했으며 이제는 여기에 집을 짓고 싶다는 것. 그곳은 약 4m의 레벨 차가 있는 공간이었고, 건축가로서 욕심나는 대지 형태였다. 지하 같지 않은 지하를 지나 집으로 진입하는 공간이 막연히 머릿속에 그려졌다.

일단 부부의 요구사항은 명확했다. 먼저 부부만 생활하게 될 공간이므로 큰 면적을 원하지 않았다. 다만 화개 아이들을 위한 공부방을 운영하고 있었기에 "아이들이 보다 좋은 공간에서 수업을 받을 수 있도록 하고 싶다"했다. 또한, 칼로 자른 듯한 반듯한 면들로 이루어진 건물 형태였으면 하는 바람을 전했다(심지어 부부는 평면과 건물 형태도 생각하고 있었다).

대지위치
경상남도 하동군

대지면적
530㎡(160.32평)

건물규모
지상 2층

건축면적
81.09㎡(24.53평)

연면적
119.56㎡(36.17평)

건폐율
15.30%

용적률
22.56%

최고높이
7.52m

구조
기초 - 철근콘크리트 매트기초 / 지상 - 철근콘크리트

단열재
비드법보온판 2종3호 100㎜,180㎜, 일부 압출법보온판 1호

외부마감재
StoTherm Classic 외단열 공법(Stolit k 1.5 + StoColor Lotusan paint)

창호재
이건창호 70㎜, 185㎜ PVC 시스템창호

에너지원
기름보일러, 화목난로, 구들

조경석
쇄석, 화산석 판재

토목
주식회사 노둣돌

구조설계(내진)
시너지구조

❶ 길에서 바라본 십의 모습. 주변 산세 형상을 거스르지 않고 실내 공간의 변화를 위해 지붕에 높이차를 두었다.

❷ 어둠이 내려앉은 집. 창을 통해 새어 나오는 빛에서 따스함이 전해진다.

❸ 현관을 나서면 보이는 풍경

내부마감재
천장 – THK9 미송무절합판 위 투명 수성 스테인 / 벽 – Stolit k 1.5 + StoColor Sil Premium / 바닥 – 노바 강마루

욕실 및 주방 타일
엠브라세라믹

수전 등 욕실기기
한샘, 아메리칸스탠다드

주방 가구
에넥스

계단재·난간
THK24 자작나무 합판 + THK9 평철난간

현관문
INI도어

중문
제일목공 주문 제작(미송각재)

방문
한솔 합판 도어 + 투명 수성 스테인

붙박이장
현장 제작(자작나무 합판)

사진
노경

조경·시공
건축주 직영(김토일)

설계
일상건축사사무소
www.ilsangarchi.com

마을 아이들의 공부방이자 부부의 주된 생활 공간인 거실. 장서량을 고려해 벽면 전체 책장을 계획했다. 터파기하는 도중 바위가 나와 현관에서 거실로의 진입에 단 차이가 생겼다.

쓰다
然緣研

❹ 2층에 설치된 긴 책상은 안전을 위한 난간의 역할을 겸한다. 벽에도 추가로 선반을 두어 수납 공간도 확보했다.

❺ 높은 층고로 확보된 2층의 열린 서재.

❻ 2층 게스트룸 겸 좌식 공부방. 우측에 서재가 자리한다.

❼ 욕조 옆으로 통창을 두어 주변 풍경을 담았다.

❽ 주방은 복도 양쪽에서 진입이 가능하도록 거주자의 편의를 배려했다.

❾ 구들장으로 온기를 더한 부부침실.

❿ 2층으로 올라가는 켄틸레버 계단.

그리고 마지막, 구들방과 공사비. 처음 대지를 접했을 때와는 달리, 이야기를 나누며 그들의 예산도 생각하지 않을 수 없었기에 건축가의 욕심(?)은 최대한 배제하고 담백하며 효율적인 주택을 설계하고자 했다. 주변 자연환경이 너무도 좋은 곳이라 실내공간의 거주성뿐 아니라 각 공간에서의 적절한 창 계획으로, 물리적인 면적은 크지 않아도 감각적인 면적은 외부로 확장되도록 했다. 지상 2층의 주택이 작지만 작지 않은 집이 된 이유이다.

전체적인 매스 형태는 지붕에 단 차이를 두어 거실이 높은 층고를 유지하도록 했다. 이로써 아이들의 공부방 역할을 겸하게 될 거실 공간을 풍부하게 할 수 있었고, 주변 산세의 선형도 거스르지 않을 수 있었다. 평면은 1층에 거실, 주방, 구들방(부부 침실), 화장실, 다용도실을, 2층에는 게스트룸 겸 좌식 공부방, 서재, 드레스룸, 화장실을 계획했다.

하동과 전주를 오가며 약 5개월간의 설계를 마쳤다. 드디어 공사가 시작되나 했는데, '시공사 선정'에 문제가 발생했다. 예상했던 일이지만, 시골 공사의 가장 큰 문제점 중 하나가 바로 믿음직한 시공사를 찾기가 어렵다는 것이다. 업체를 찾아 헤매던 부부는 결국 큰 결심을 하기에 이르렀다. 바로 직영공사. 무늬만 직영이 아닌 실제로 건축주가 공사를 총괄하는 즉, 현장소장의 역할을 하는 직영 말이다. 그리하여 남편의 직업이 하나 더 추가되었다. 새벽에는 녹차 밭으로, 일과 시간에는 현장소장으로, 저녁 시간에는 공부방 선생님으로 바쁜 하루를 보냈다. 덩달아 우리도 바빠지며 열심히 집의 모양새를 갖춰나갔다.

시간이 흘러 약 7개월간의 공사를 마무리했다. 그리고 주택의 이름을 '삼연재'라 지었다. 삼연재는 자연 연(然), 인연 연(緣), 고울 연(姸) 등 '연'자가 세 개 깃든 집이라는 뜻이다. 여기서 '然'은 자연과 잘 어우러진 집이 되길 바란 마음, '緣'은 화개로 귀촌해 맺은 인연들의 도움이 있었기에 집을 지을 수 있었던 고마움, 마지막 '姸'은 아내의 이름에서 가져온 것. 그렇게 집은 올해 결혼 10주년을 맞이한 두 사람에게 큰 선물이 되었다. <글_ 김헌>

5

7

6

8

9

10

지리산 끝자락에 자리 잡은 삼연재 전경.

SECTION

①현관 ②거실 ③주방 ④화장실 ⑤구들방(부부침실)
⑥다용도실 ⑦서재 ⑧게스트룸 ⑨드레스룸 ⑩욕실

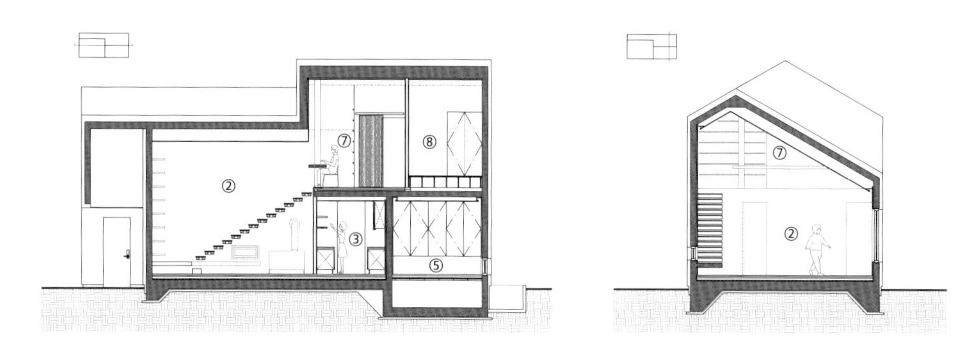

PLAN

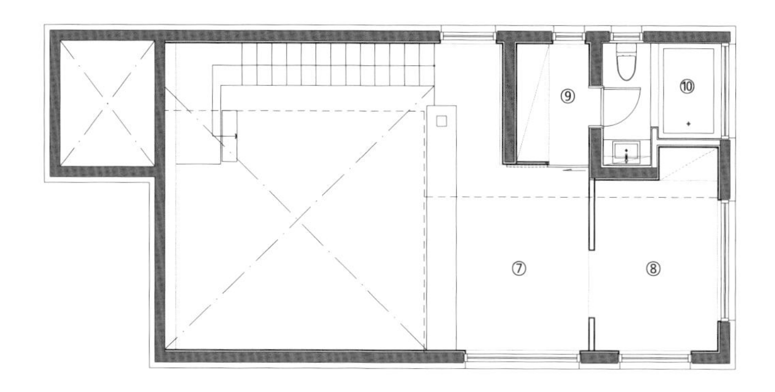

2F - 42.43m²

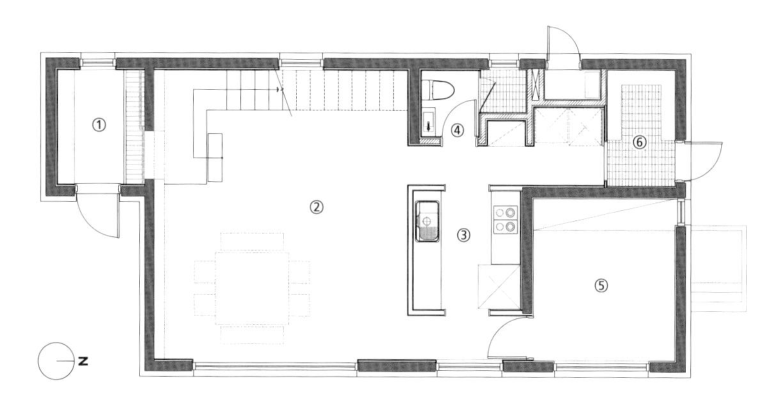

1F - 77.13m²

온실을 안은 붉은 벽돌집
동춘온실[東春溫室]

온실이라는 이름에 맞게
집 전체에 스며든
빛과 따스함.
분리된 듯 연결된 구조로
순환하는 공간을
만들었다.

1

2

3

요식업을 운영하고 있는 건축주는 지천명을 넘어서며 식당 일을 줄이고, 편안하게 휴식을 취할 수 있는 집을 원했다. 마당에 작은 온실을 두고 식물을 가꾸며 시간을 보내는 삶. 주로 아파트에서 살아온 그가 꿈꿔왔던 모습이다. 그렇게 마당과 온실이 있는 집을 짓기로 결심하고, 오래 전부터 살고 싶었던 동네에 땅을 얻게 됐다. 첫 집짓기인만큼 각 분야 전문가들의 제안을 적극적으로 수용했다. 건축사사무소와 시공사, 조경업체의 팀워크가 잘 맞아떨어져 일은 일사천리로 진행됐고 온실같은 따스함을 담은 집, '동춘온실'이 탄생했다.

집은 남쪽으로 좁아지는 대지의 모양에 따라 끝이 뾰족하게 끝나는 삼각형의 독특한 형태를 가지게 됐다. 마치 두 개의 건물을 합쳐 놓은 듯한 콘셉트는 주택의 혼합형 구조에서 나왔다. 전체 구조는 콘크리트 구조이지만 2층의 안방과 거실, 온실의 경사 지붕을 목조로 구성했다. 입구의 중문을 열고 들어서면 왼쪽에는 거실과 온실이, 오른쪽에는 주방 공간이 펼쳐진다. 거실과 온실의 목구조가 그대로 노출되어 있어 주방과 연결된 공간이지만 마치 분리되어 있는 듯한 느낌을 준다.

대지위치
인천광역시

대지면적
617.80㎡(186.88평)

건물규모
지상 2층

건축면적
233.78㎡(70.72평)

연면적
294.47㎡(89.07평)

건폐율
37.84%

용적률
47.66%

주차대수
2대

최고높이
7.9m

구조
철근콘트리트구조, 중목구조(스프러스 집성목)

단열재
지붕 - 수성연질폼 / 외벽 - 락울 150㎜, 준불연EPS 135㎜, 우레탄보드 135㎜ / 기초하부 - 압술법난열재

외부마감재
벽 - 두라스택 탱고레드, STO K1.5 / 지붕 - THK5.0 JAL ZINK

창호재
이건 알미늄창호 + THK43 로이삼중유리, VELUX GPL + THK24 복층유리

환기장치
독일 Zehnder, 패시브웍스

4

5

❶❷ 마당으로 드나들 수 있는 옆문. 여닫이문을 닫아도 조금의 틈이 남아 있도록 해 약간의 개방감이 느껴진다.

❸ 화사한 바닥 타일이 인상적인 정문 현관은 2층으로 연결된다.

❹ 거실 옆으로 연결한 온실 공간. 폴딩 도어를 닫으면 별도의 공간이 되고, 활짝 열면 실내 공간과 하나가 된다.

❺ 현관에서부터 노출된 사선의 목구조가 공간을 역동적으로 만들어준다.

내부마감재
바닥 - THK8 이건마루 / 벽, 천장 - 벤자민무어 수성페인트, 콘크리트 면보수

타일
윤현상재

싱크대·제작가구
루베가구(LUBHE)

수전 등 욕실기기
아메리칸스탠다드, 대림바스

계단재
THK30 오크 집성목 + 투명 스테인

현관문
이건창호

중문
이건라움

주차장 천장
스테인레스 천장재(유광 블랙)

전기·기계·설비
거산ENG, 유영설비기술연구소

사진
변종석

시공
㈜우리마을A&C, ㈜수피아건축(목구조)

조경 설계·시공
조경상회

구조설계
㈜허브구조, 금나구조(목구조)

설계·감리
㈜에이디모베 건축사사무소
www.admobe.co.kr

2층의 거실 공간. 주된 외장재로 쓰인 벽돌을 동일하게 사용해 실내에서도 야외에 있는 듯한 분위기를 느낄 수 있다. 그대로 노출된 천장의 목구조는 흰색 페인트로 마감한 주방 공간과의 분리감을 형성한다. 벽난로와 라인 조명으로 더욱 감각적인 공간이 탄생했다.

6

7

8

9

10

거실을 더욱 특별한 공간으로 만들어주는 것은 역시 온실. 별도의 공간으로 구성하려고 했던 온실을 거실 옆으로 연결하고, 외장 마감재로 쓴 벽돌을 실내로 연장해 실내와 실외의 경계를 허물었다. 천창은 빛을 충분히 받아들이고, 마당 쪽으로 난 창들은 마당의 풍경을 내부로 끌어들인다. 건축주가 가장 좋아하는 공간은 주방과 거실 사이, 마당을 향해 열려 있는 통창이 있는 곳이다. 이곳에 서면 온실에서 거실로, 거실에서 주방으로 그리고 마당으로 순환하는 2층의 공간을 한눈에 담을 수 있다. 안방의 욕실은 가족 모두가 애정하는 공간. 긴 복도 끝에 위치한 안방에서는 북쪽의 청량산 봉우리가 큰 창을 통해 펼쳐지고 안쪽으로 드레스룸과 욕실이 자리하고 있다. 히노끼탕에 몸을 담그고 천창을 통해 하늘을 바라보면 마음이 절로 평온해진다. 집안 곳곳 다양하게 뚫린 창은 동춘온실을 한층 포근하게 만들어준다. 주방에서도 천창을 통해 듬뿍 들어오는 햇살을 느낄 수 있고, 맞은편 위쪽 벽에는 가로로 긴 창이 있어 다채로운 풍경을 만든다. 거실 화장실에도 천창이 있어 불을 켜지 않아도 밝고 개방감을 느낄 수 있다. 집을 설계할 때는 독립한 자녀들과 함께 거주할 계획이 없었지만, 집을 짓고 난 후 함께 보내는 시간이 부쩍 많아졌다는 가족. 떨어져 지낸 시간만큼 서로 조율할 것들은 많아도 온실같은 집에서 가족은 조금 더 따뜻하고 두터운 시간을 쌓아가고 있다.

❻ 주방에서 바라본 거실과 마당. 식탁에 앉으면 마당에서 온실, 거실에서 작은방까지 2층의 모든 공간을 시야에 담을 수 있다. 위쪽의 수평창이 공간을 더욱 풍요롭게 만들어준다.

❼ 큰 천창으로 빛이 쏟아지는 주방.

❽ 천창으로 들어오는 빛이 자연스러운 조명 역할을 하는 화장실.

❾ 안방으로 가는 복도. 수평창으로 북쪽의 청량산이 내다보인다.

❿ 복도의 반대 방향에는 다양한 용도로 쓰이는 작은 방이 있다. 테라스 밖으로 시원한 경치를 감상할 수 있다.

⓫⓬ 안방의 욕실은 세면 공간을 건식으로 만들어 파우더룸으로도 사용한다. 작은 창으로는 현관 너머의 거실과 온실을 볼 수 있어 모든 공간이 순환하며 연결된 구조임을 알 수 있다. 목욕 중에 바깥의 상황을 파악할 수 있는 편리함도 있다.

⓭ 1층의 취미실 겸 다목적실. 별도의 욕실과 부엌 공간이 있어 2층과 완전히 독립적으로 사용할 수 있다. 주차장에서 이어지는 출입문을 통해 다닐 수 있다.

마당에서 바라본 동춘온실. 집은 두 개의 공간인 듯 보이지만 연결되어 있다.

SECTION

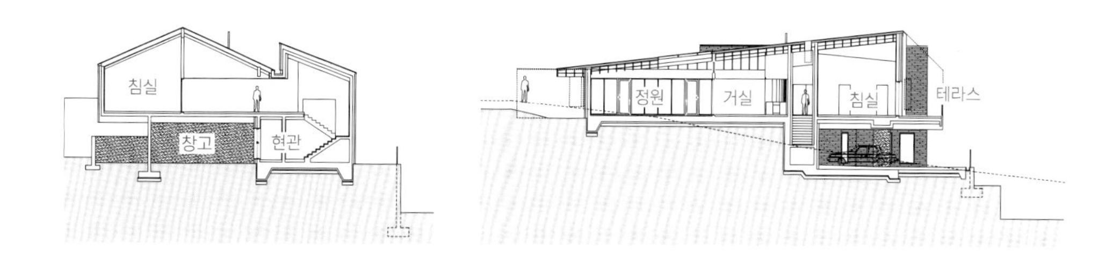

PLAN

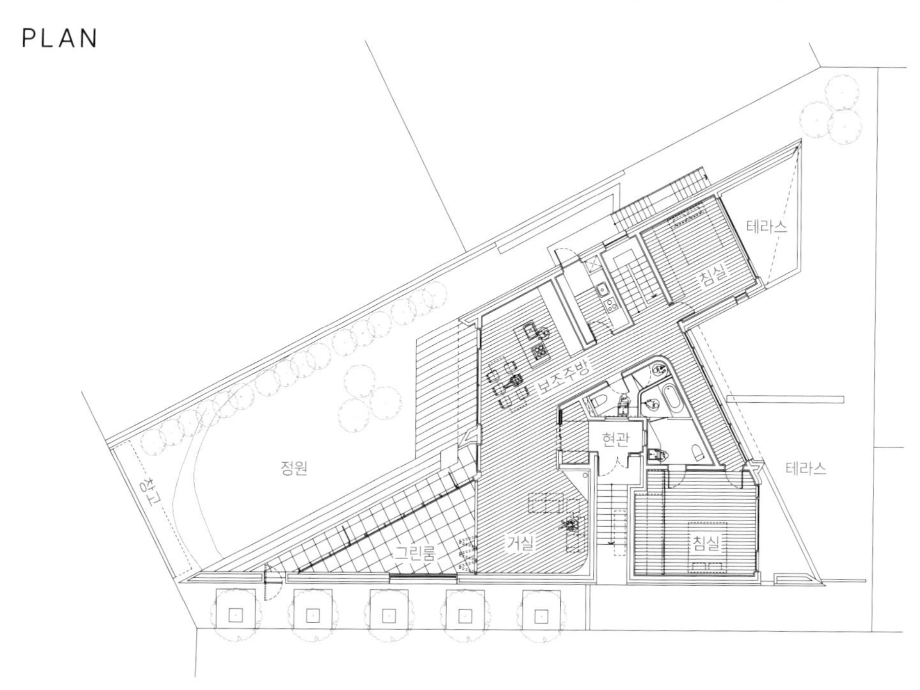

2F - 208.45m²

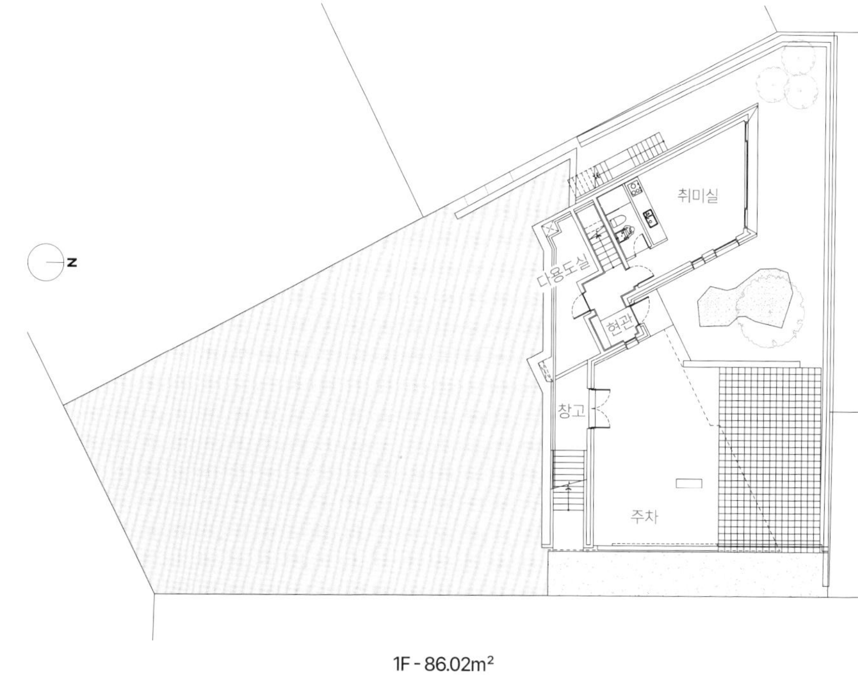

1F - 86.02m²

이야기를 만드는 집
S-HOUSE

네모반듯한 입면 한가운데,
위풍당당 서 있는 아이언맨.
강렬한 첫인상의 새집에
어떤 이야기가 숨어 있을지
벌써 궁금하다.

1

세종시의 한 주택단지, 간결한 박스형 매스와 자연스럽게 어우러진 나무들 그리고 독보적인 존재감의 대형 아이언맨이 시선을 사로잡는 집이 있다. 중학생 딸, 초등학생 아들을 둔 40대 부부의 새 보금자리다. 그저 '평범한 시골집 한 채 뚝딱 지으면 되겠지' 생각했다는 이들은 처음엔 가장 싼값에 집 지어줄 설계자를 찾아다녔다고. 아파트 평면을 그대로 옮겨놓으면 충분할 거라 여겼지만, 막상 받아든 설계도면은 건축에 대해 전혀 모르는 부부가 요리조리 뜯어 봐도 영 미심쩍었다. 고심하다 건축·조경 분야에 몸담은 지인으로부터 건축가를 소개받았고, 그렇게 연을 맺은 곳이 바로 '얼라이브어스(ALIVEUS)'다.

부부는 대지 서쪽에 접한 놀이터에서 아이들의 웃음소리가 들려오되 시선은 겹치지 않길 원했다. 마당과 연계된 거실에서 편안하게 쉬며 책 읽는 생활을 꿈꿨고, 20~30명에 달하는 대가족이 모일 때가 많아 크게 열린 공용공간이 필수였다. 건물 배치, 창의 위치와 크기, 개폐방식 등은 모두 주택 외부와의 관계를 세심하게 고려하여 결정되었다.

❶ 주택 정면의 현관부. 2층에 전시된 아이언맨 대형 피규어가 눈길을 끈다.

❷ 절제된 선이 돋보이는 외관은 조경이 어우러져 안정적이지만 무겁지 않고 입체적이다.

❸ 현관문을 열고 들어서면 맞은편 창 너머로 중정과 마당이 보인다.

대지위치
세종특별자치시

대지면적
352.04㎡(106.49평)

건물규모
지상 2층

건축면적
138.63㎡(41.94평)

연면적
244.48㎡(73.96평)

건폐율
39.38%

용적률
69.45%

주차대수
2대

최고높이
8.7m

구조
기초 - 철근콘크리트 매트기초 /
지상 - 철근콘크리트

단열재
경질우레탄 단열 1종1호

외부마감재
벽 - 다다벽돌 모노클래식타일 CT40(그레이) / 지붕 - 노출콘크리트 위 우레탄 방수

담장재
다다벽돌 모노클래식타일 CT40(그레이)

조경석
현무암 판석(50T)

창호재
이건창호 35㎜ 로이삼중유리 시스템창호

에너지원
도시가스

전기·기계·설비
아이에코

❹ 남쪽에 놓인 마당은 측백나무가 담장 역할을 하여 답답하지 않으면서도 외부 시선은 적절히 가려준다.

❺❻ 거실과 연결되는 마당 공간은 부부가 가장 좋아하는 장소다. 해가 저물 때면 나란히 앉아 단풍나무와 하늘을 감상하곤 한다고.

SPACE POINT
조경 계획

주택 설계 초기부터 조경을 함께 고려하여 정원이 집의 일부가 될 수 있도록 디자인했다. 별도의 조경이 아닌, 식물로 만들어진 외부 공간인 동시에 건축물 내외부의 공동 디자인 요소가 된 셈이다. 도로 측의 대나무(청죽)는 주택의 입면 요소로서 자리하고, 마당의 단풍나무와 관목 식재는 안에서 창을 통해 바라다보이는 풍경이자 하나의 인테리어 요소가 된다. 창의 위치와 크기는 내·외부 관계에 따라 여러 차례 조정하여 결정되었다. 여기에 더해 마당 곳곳에 건축주가 앉아서 쉬거나 책을 읽는 공간을 마련해 정원의 쓰임새를 높였다.

1 - 담장을 대신하는 측백나무가 외부 시선이 마당이나 창 너머 실내 공간으로 닿지 않도록 가려준다.

2 - 화단 경계석과 잔디 사이 잡석을 깔아 경계 부분을 처리했다. 잔디가 더 밀고 나가지 않게 하는 효과도 있다.

3 - 현관 옆 담장을 따라 심은 대나무는 외부자에게 심리적 분리감을 주는 동시에 주택 입면 디자인의 다채로움을 선사한다.

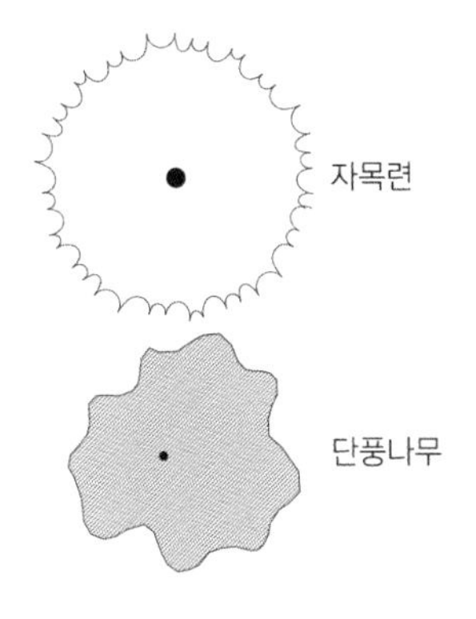

청죽

측백 에메랄드 그린

관중

억새 모닝라이트

목수국

가우라

삼색조팝

팥꽃나무

층꽃

라벤더

회양목

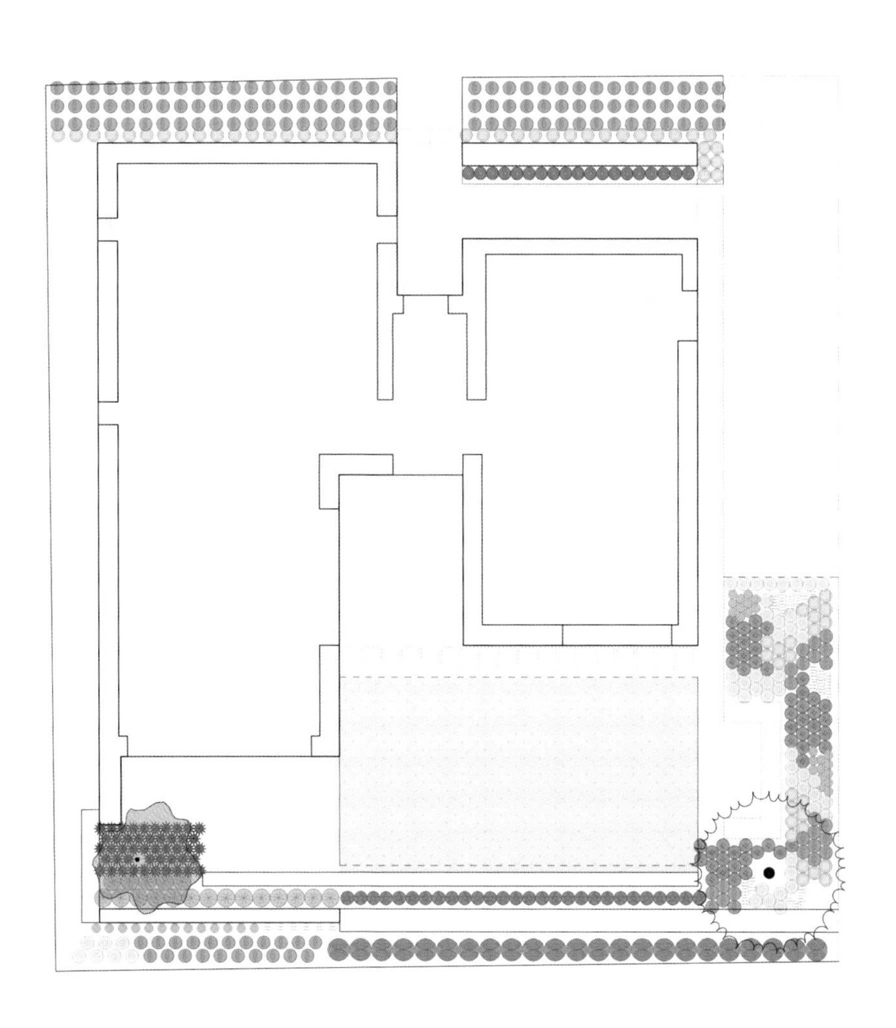

내부마감재
벽 – 던에드워드 페인트, LX하우시스 실크벽지 /
바닥 – FNT 원목마루(1층), 구정 강마루(2층)

욕실 및 주방 타일
수입타일(윤현상재, 유로세라믹)

수전 등 욕실기기
아메리칸스탠다드

주방 가구·붙박이장
우림&뮤즈

조명
메가룩스, EOS 펜던트 조명

계단재·난간
THK20 오크집성원목 위 오일스테인 + 평철 난간

현관문
금강 방화문 위 탄화애쉬 마감

중문
우와도어

방문
예림도어

데크재
이페 19㎜

구조설계
SDM 구조기술사사무소

사진
변종석

시공
태주건설

설계
ALIVEUS(얼라이브어스)
www.aliveus.net

마당을 향해 시원하게 열린 거실은 널찍한
공간감을 자랑한다.

군더더기 없는 직사각형 입면은 외장재를 시멘트 타일로 통일하여 형태미를 강조하고 식물과의 조화를 돋보이게 한다. 마당을 향해 열린 1층에는 현관을 중심으로 우측에 널찍한 거실과 주방, 좌측에 부부침실이 놓였고, 2층에는 서재나 게스트룸 등 다양하게 활용 가능한 가족실과 함께 자녀방, 작은 거실 등을 두었다.

설계를 맡은 얼라이브어스 오승환 소장은 "오래 사랑받는 영화처럼 플롯(Plot)의 묘미가 있는 집을 만들고자 했다"고 전한다. 건물 정면에 다가갈수록 모습을 드러내는 아이언맨, 현관문을 열자 창 너머 반기는 중정, 수국 핑 기단이나 벤치 등 어디든 앉아 쉴 수 있는 마당까지. 주택과 조경 설계가 처음부터 함께 섬세하게 계획된 집은 곳곳에서 다양한 이야기를 독자적이고 흥미로운 방식으로 품는다.

"공간 활용의 예시로 아이언맨 피규어를 놓아도 된다며 보여주셨는데, 너무 근사해서 그날부터 마블 시리즈 영화를 찾아보기 시작했고 결국 열렬한 팬이 되었죠. 소장님은 다른 것을 두어도 된다고 하셨지만 저희가 밀어붙였어요(웃음)."
온 가족이 푹 빠지게 된 아이언맨의 공간에는 어느 해 겨울엔 크리스마스 트리가, 누군가의 생일엔 색색의 풍선이 가득 놓일지도 모르겠다. 가족의 소소한 놀이이자 재미있는 행사가 치러질, 선물 같은 공간이다.

주택 생활이 이토록 좋은 건지 미처 몰랐다며, 상상하지 못했던 삶의 변화에 매일 감사한다고 말하는 부부. 내 집처럼 여겨준 건축가와 시공자를 만나 지은, 그야말로 '혼을 담은 집'에서 가족은 매일 즐거운 이야기를 써내려간다.

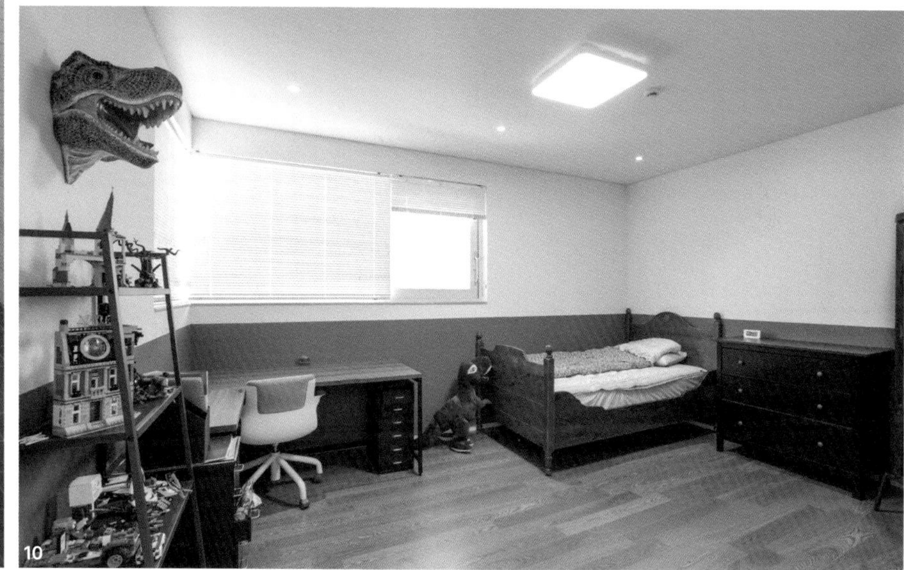

❼ 심플한 인테리어에 창밖 풍경이 포인트가 되는 거실.

❽ 2층 욕실에는 여럿이 함께 사용해도 부족하지 않도록 2개의 세면대를 두었다.

❾ 거실과 연결된 심플한 주방.

❿ 산뜻한 블루 컬러가 더해진 아이방.

POINT 1 – **가족만의 전시 공간**

각종 기념일, 행사 등 가족의 삶과 이야기에 맞추어 다양한 아이템을 전시할 수 있는 주택의 상징적 공간이다.

POINT 2 – **아늑한 중정 데크**

현관으로 들어오면 창 너머 바로 보이는 야외 공간. 지붕이 있어 비나 뜨거운 태양볕 같은 날씨 관계없이 여유롭게 휴식이나 식사를 즐길 수 있다.

창이 없는 주택 정면은 북쪽 진입로와 접한다.

SECTION

①현관 ②주방 ③보조주방 ④창고 ⑤거실 ⑥욕실
⑦침실 ⑧드레스룸 ⑨가족실

PLAN

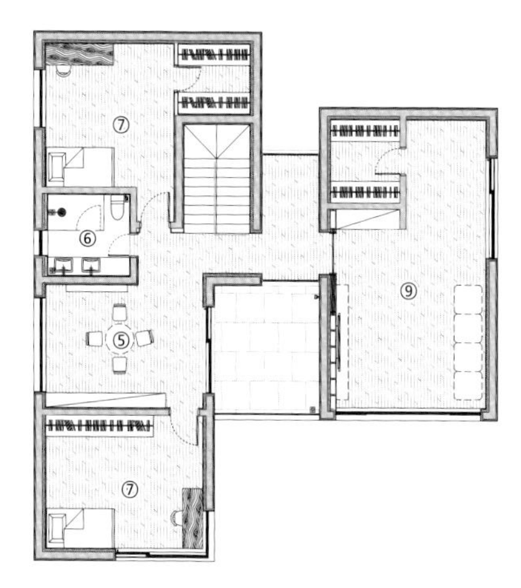

2F - 108m²

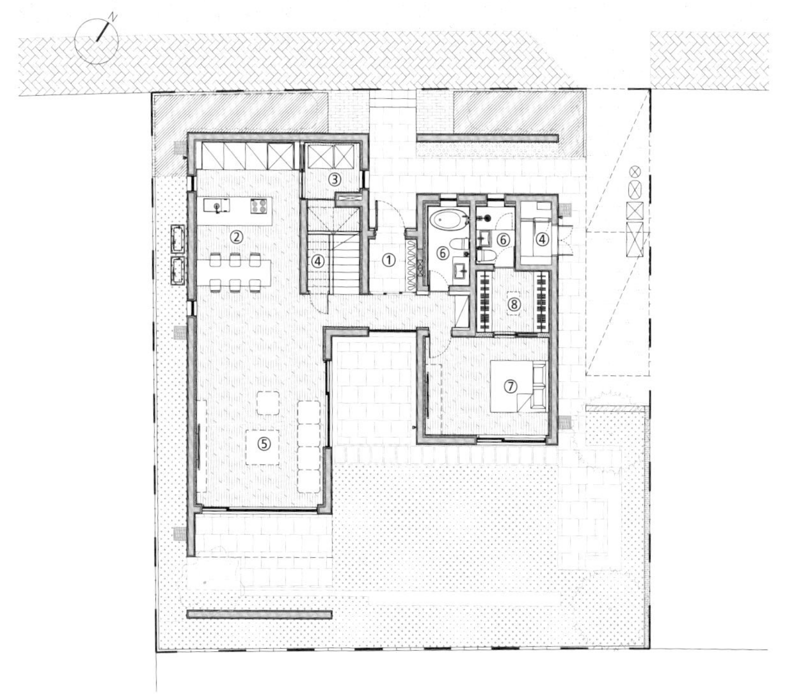

1F - 136.48m²

3代가 함께 사는 즐거움
일곱 식구 단독주택

일곱 식구 대가족이
한 지붕 아래 모였다.
사소한 것도 함께
나눌 수 있는 지금,
가족들의 웃음소리는
매일 담장 밖으로
피어오른다.

1

대지위치
부산광역시

대지면적
674.00㎡(203.88평)

건물규모
지상 2층 + 다락

거주인원
7명(할머니 + 큰 손녀 부부(자녀 1) + 작은 손녀 부부(자녀 1))

건축면적
201.80㎡(61.04평)

연면적
296.78㎡(89.77평)

건폐율
35.58%(법정 60% 이하)

용적률
50.03%(법정 180% 이하)

주차대수
4대

최고높이
9.34m

구조
기초 – 철근콘크리트 줄기초 / 지상 – 경량목구조 외벽 2×6 구조목 + 내벽 S.P.F 구조목 / 지붕 – 2×10 구조목

단열재
그라스울, 비드법단열재 가등급

외부마감재
벽 – 롱브릭 타일(브라운 색상), 방킬라이 목재 / 지붕 – 0.7T 알루징크

창호재
게알란 3중 시스템창호(Sepia Brown)

철물하드웨어
심슨스트롱타이, 탐린, 메가타이

❶ 산세를 닮은 집의 형태와 브라운 계열의 롱브릭 타일 외장재가 집의 배경이 되는 마을과 잘 어우러진다. 마을 속에 녹아든 주택은 차로 5분 거리에 신도시가 형성되어 있어 전원의 정서와 도심의 인프라를 동시에 누릴 수 있다.

❷ 아이들의 놀이터가 되는 뒷마당. 잡초 뽑기, 잔디 깎기 등 부지런해져야 하는 주택 생활이지만, 즐거워하는 아이들을 보면 집 짓길 참 잘했다는 가족이다.

❸ 전면창을 통해 내부와 자연스럽게 소통하는 중정. 쉼을 도와줄 해먹과 조명으로 운치를 더했다.

2

3

"엄마, 뛰어도 돼?"

'뛰지 마라', '살살 걸어라' 평소 무심하게 뱉었던 말이 아이에게는 아무렇지 않은 게 아니었나 보다. 주택에 사시는 할머니 댁에 갈 때마다 눈치 보며 뛰어도 되는지 묻고, 허락과 동시에 너무 신나 하는 아이를 보며 언젠가 꼭 집을 지어야겠다 확신이 섰다는 건축주.

"아파트에서만 거주해서 늘 주택에 대한 로망이 있었어요. 그리고 이종사촌인 동갑내기 두 아이를 위해 동생 가족과 함께 살면 더 좋겠다는 생각도 했고요."

머릿속 상상을 어떻게 풀어갈지조차 막막하던 그때, '주말마다 가는 할머니 집 자리에 새로 집을 짓고, 할머니와 동생네까지 다 같이 모여 살면 어떻겠냐'는 친정아버지의 제안은 꿈에 그리던 집짓기 프로젝트를 가능케 했다.

한 집에 할머니와 두 손녀딸 가족이라는 흔치 않은 구성원. 한정된 대지 위에 세 가정 모두

내부마감재
벽 – LX하우시스 지아패브릭 벽지 / 바닥 – 구정마루 강마루 오크(1층), 구정마루 천연온돌마루 티크스카치(2층)

욕실 및 주방 타일
수입 타일(포세린, 테라조)

수전 등 욕실기기
대림바스

주방 가구·붙박이장
한샘

조명
르위켄, 비츠조명, 루체테

계단재·난간
멀바우 + 평철 난간

현관문
AEVO 에이보 패시브 현관문

중문
제작 목재 중문

방문
예림도어 ABS 벨로체 L-600M

데크재
화강석

사진
김한빛

설계담당
권정열, 박주석

설계
㈜하늘주택

시공
㈜하늘주택 / ㈜하늘종합건설
www.hanulhouse.com

기존에 있던 구옥을 철거하고, 가족의 요구를 반영한 목조주택은 5개월 후 마을의 이정표로 자리했다.

5

6

만족할 수 있는 집이 세워지기 위해선 구조적·디자인적으로 많은 아이디어가 요구되었다. 또한, 각자의 프라이버시도 중요했지만, 이 집에서 놓치지 말아야 할 '함께'라는 부분 역시 간과할 수 없었다. 기존 구옥의 철거를 시작으로, 가족의 요구사항을 하나씩 반영하여 쌓아 올린 집이 5개월 후 그 모습을 드러냈다. 할머니와 어린 자녀가 있는 집이라 큰 고민 없이 결정한 친환경적인 2층 목조주택. 특히 브라운 계열의 롱브릭으로 마감한 외벽은 주변 경치와의 어울림 및 추후 유지 관리의 편리함까지 배려한 설계자의 의도가 엿보이는 부분이다. 이 주택만의 특징을 꼽자면 집 앞뒤로 놓인 '마당'이다. 아이들이 안전하게 뛰놀 수 있는 곳과 어른들이 편히 쉴 수 있는 공간이 있었으면 좋겠다는 건축주의 바람을 담아 누구에게도 방해받지 않는 가족만의 후정(後庭)과 옛 한옥처럼 하늘을 향해 활짝 열린 중정을 두었다. 이는 가족이 함께 모여 일상을 공유하고, 다양한 야외 활동도 즐길 수 있게 한다. 할머니와 큰 손녀네가 거주할 1층 내부는 따뜻한 느낌의 우드와 화이트 톤의 조합으로 담백하게 꾸몄다. 일곱 식구를 포함한 다른 가족들이 오더라도 복잡하지 않도록 거실과 주방은 이 집에서 가장 큰 비중을 차지한다. 외부 계단을 통해 연결된 작은 손녀네의 2층은 블랙&화이트 컬러 대비를 포인트 삼아 아래층과는 또 다른 분위기를 연출했다.

POINT 1 - **윈도우시트**

마당이 보이는 큰 창 앞으로 책을 수납할 수 있는 윈도우시트를 놓았다. 집안일 후 기대앉아 풍경을 즐기기에도 그만이다.

POINT 2 - **외부 세면대**

밖에서 뛰놀다 들어온 아이들의 사용을 고려해 세면대를 욕실 외부로 분리하여 건식으로 만들었다.

POINT 3 - **아늑한 다락**

경사지붕 아래 공간을 활용하여 다락을 배치했다. 아이들을 위해 설계 초기부터 요청했던 공간이다.

❺ 우드와 화이트 톤으로 인테리어한 큰 손녀네. 집에서 가장 넓게 구성한 거실은 가족들의 모임의 장소가 되어준다.

❻ 상부장을 없애고 선반만으로 단정하게 완성한 큰 손녀네 주방. 왼쪽 다용도실을 통해 할머니 공간과 한 집처럼 이어진다.

❼ 아이 방은 에메랄드빛 컬러를 더해 산뜻하게 마감했다.

❽ 2층에 마련한 작은 손녀네 세대의 거실.

❾ 아치형으로 만든 2층 안방 입구는 세련된 조형미를 자아내며, 덕분에 공간이 한층 더 풍성해졌다.

❿ 안방 앞에는 휴식을 위한 작은 테라스를 놓았다.

⓫ 블랙&화이트 콘셉트의 욕실. 블랙 프레임의 샤워실과 벽부터 바닥까지 이어진 직사각형의 타일이 인상적이다.

⓬ 주방 옆에는 마당으로 나갈 수 있는 별도의 문을 두어 동선의 편의를 배려했다.

DIAGRAM

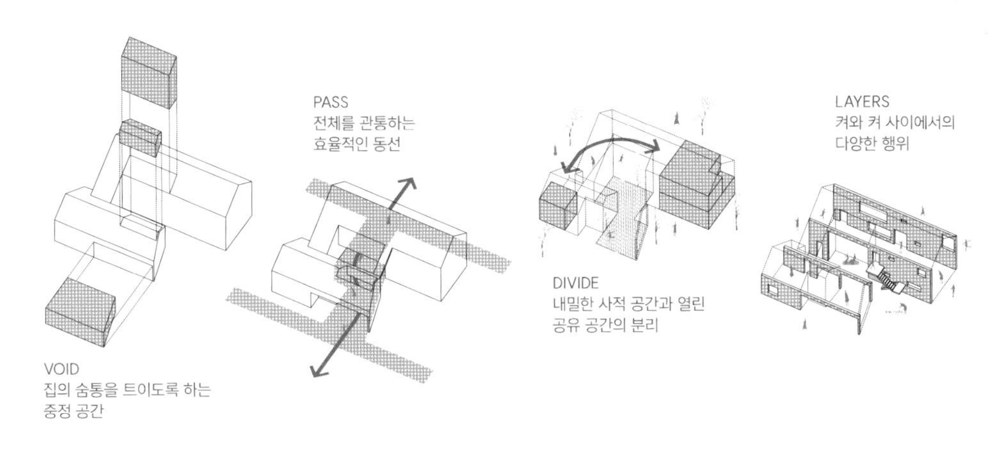

PLAN

① 현관 ② 거실 ③ 주방 ④ 전실 ⑤ 욕실 ⑥ 안방 ⑦ 자녀방
⑧ 다용도실 ⑨ 할머니방 ⑩ 중정 ⑪ 드레스룸 ⑫ 다락

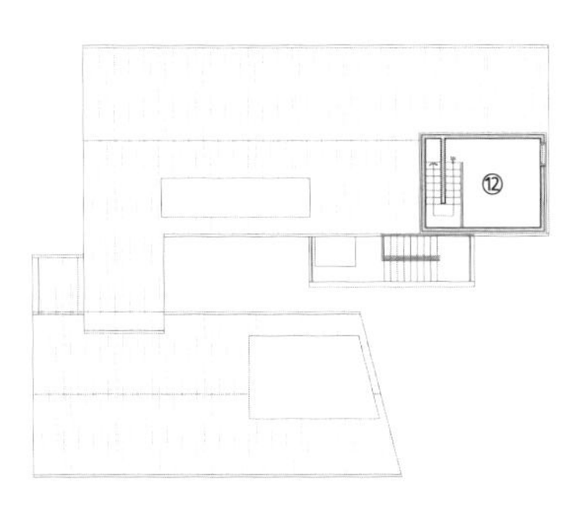

ATTIC - 13.01㎡

2F - 113.04m²

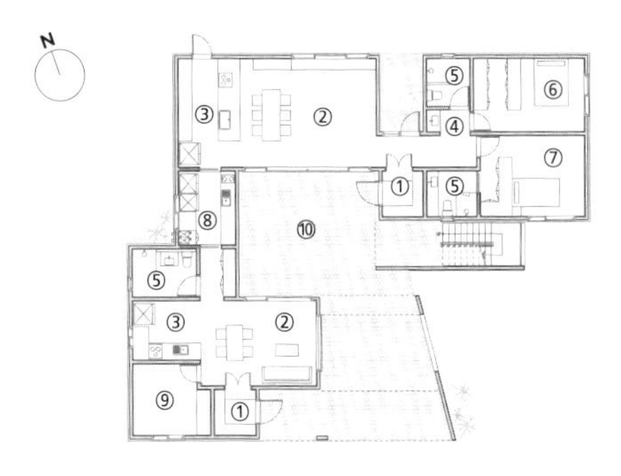

1F - 170.73m²

정원이 주는 삶의 위로
전주 헤렌하우스

여름엔 풀장을,
겨울엔 눈썰매장을
아이들을 위해 마당에
만들어줬던 부부.
외부 공간의 중요성을
일찌감치 깨달은 이들의
두 번째 주택은 가든하우스다.
플로리스트 아내의
손길이 더해져 사계절
다른 매력을 뽐내는 정원이
아름다운 집을 소개한다.

1

"아이들이 어릴 때 집은 좀 작았지만, 마당이 넓은 주택에서 4년 넘게 살았어요. 그 집을 팔고 아파트를 알아보러 다녔는데, 막상 살 생각을 하니 답답할 것 같더라고요. 그래서 다시 단독주택행을 결심했죠."

다시 짓는 집, 높이 차가 있는 지형, 어느덧 사춘기에 접어든 아이들, 꽃과 식물을 사랑하는 플로리스트 아내. 세월이 흐른 만큼 달라진 조건을 앞에 두고 공간디자인에 일가견이 있는 남편이 두 팔을 걷어붙였다. 그렇게 작년 초, 가족은 층마다 콘셉트가 다른 주택을 만났다. 1층은 아내의 작업실과 남편의 홈바, 가족이 함께 쓰는 A/V룸이 있는 활동 공간, 2층은 거실과 주방, 정원이 있는 공용 공간, 3층은 침실과 욕실로 채운 휴식 공간으로 구성되었다. 특히, 주변 사람들에게 부러움을 사는 공간은 단연 정원. 가든 디자이너의 도움을 받아 조성한 곳으로 아내의 직업에 도움이 되는 것은 물론, 지친 마음에 위로를 주는, 가족의 힐링 공간으로 거듭나는 장소다.

기능적으로는 단독주택의 장점이 최대한 살 수 있도록 여유롭고 시원시원하게 구성하되, 실용성과 쾌적성 모두 챙기고자 했다. 땅에 묻힌 1층은 이중벽 시공으로 습기를 차단하고, 음식 냄새가 위로 올라가지 않도록 유리 가벽을 설치했다. 또한, 실내 공기가 순환할 수 있게 상부에 전동 개폐형 고측창을 달고, 사소하게는 샹들리에 조명에 케이블을 설치해 전구 교체 시 버튼만 누르면 아래로 내릴 수 있게 신경 썼다.

사랑과 정성을 가득 담아 지어 안과 밖 모두 즐거운 집, 여기는 헤렌하우스다.

대지위치
전라북도 전주시

대지면적
453.8㎡(137.27평)

건물규모
지상 3층

거주인원
4명(부부 + 자녀 2) + 반려견 2

건축면적
174.96㎡(52.92평)

연면적
329.19㎡(99.57평)

건폐율
38.09%

용적률
72.54%

주차대수
3대

최고높이
12.7m

구조
철근콘크리트 매트기초 / 지상 - 철근콘크리트

단열재
비드법단열재 2종1호

외부마감재
외벽 - 나인스톤, 스터코 / 지붕- 컬러강판

창호재
LX하우시스

❶❹ 담백한 주택의 외관. 1층에는 웰컴가든을 조성, 외부 계단 중심에는 수형이 독특한 물푸레나무를 심었다.

❷❸ 결이 고운 대리석 타일과 화이트 바탕의 벽, 천장이 삼면의 창을 만나 더욱 환한 거실. 정원으로 출입이 가능해 외부와의 연결이 용이하다.

❺ 복도 한쪽 벽면에는 붙박이장을 설치, 드레스룸으로 쓴다.

❻❼ 헤링본 바닥 패턴을 이어 깔아 반건식으로 계획한 욕실. 이전 여행지 숙소에서 봤던 기억을 되살려 자재 선정에 공을 들였다.

내부마감재
벽 – 치장벽돌, LX하우시스 인테리어필름, 무늬목 패널, 대리석 복합타일 / 천장 – 수성페인트 VP 도장 / 바닥 – 수입 광폭 원목마루((주)좋은집좋은나무), 대리석 복합타일(한성도기)

욕실 및 주방 타일
한성도기 모자이크 타일 + 포세린 타일

수전 등 욕실기기
아메리칸스탠다드, 한성도기

주방 가구
훈증무늬목 + 에그쉘 도장(선앤문)

계단재·난간
멀바우 집성목 + 갈바 절곡, 강화유리

현관문 및 중문
현장 제작

방문
무늬목 도어 + 제작 프레임

데크재
방킬라이

사진
변종석

인테리어
이든컴퍼니 박태언

조경
가든웍스 김원희
www.instagram.com/wonheekim33

설계
율그룹건축사사무소

시공
건축주 직영

❽⓬ 테이블 또는 정원을 바라보며 식사를 준비할 수 있도록 구성한 주방 아일랜드와 팬트리. 냄새나는 음식은 우측 다용도실에서 조리한다.

❾ 2층에서 내려다 본 탁 트인 계단실. 웨인스코팅으로 마감한 벽면에 샹들리에 조명이 더해져 클래식함이 배가된다.

❿ 현관에서 거실을 바라본 모습. 오브제처럼 구현해 시원하게 뻗은 입체 계단은 이 집의 포인트 중 하나다.

⓫ 테라스 정원을 품은 3층 부부 침실. 거실 층고를 높인만큼 단차가 생겨 독특한 진입감을 선사한다.

11

12

FLOWER & GARDEN HOUSE

산책하고, 테라스에 앉아 커피를 마시고, 초록을 곁에 두고 바라보는 일들.
잘 가꾼 정원 하나로 가족은 마음에 위로를 얻고 일상의 부족함을 채운다.

사계절 내내 감상할 수 있는 관목과 숙근초 100여 종 이상을 심은 헤렌하우스의 정원. 배롱나무로 포인트를 주고 낮은 화단들을 나란히 배치해 산책하는 기분이 들 수 있도록 동선의 경우의 수를 늘렸다. 주택과 접한 곳은 석재 데크를 깔아 이동성과 관리 효율을 높이고, 주방 앞에 외부 테이블을 마련, 스카이 어닝 아래에서 커피를 마시는 여유를 즐긴다.

식물 위주로 꾸민 메인 정원과는 달리 여백의 미를 살린 소정원. 코르텐강 에지로 바닥면 레이아웃을 분리하고, 디딤돌과 암석, 마사토 등을 깔아 젠(zen)하게 연출했다. 중심에 참억새모닝라이트, 부처꽃, 에키네시아 등을 심었다.

꽃과 식물을 사랑하는 플로리스트 은숙 씨에게 정원은 힐링 장소이자 일터다. 정원은 특별히 모든 플로리스트의 로망, 본인이 가꾼 꽃을 작업에 바로 쓰는 '컷 플라워 가든(Cut Flower Garden)'역할도 겸하도록 조성했다. 이를 위해 다양한 종류의 장미를 포함, 화형을 풍성하게 만들어주는 식물들도 함께 심었다.

3층에서도 식물 생활을 이어갈 수 있도록 침실과 바로 연결되는 테라스 정원을 만들었다. 조망을 살리는 유리 난간, 그 아래 두른 데크, 야외가구와 러그 등이 초록의 싱그러움을 더해준다. 특히, 개방감을 위해 설치한 단열폴딩도어는 안방이 밖으로 확장되는 듯한 느낌을 줘 후회 없는 선택이라고.

현관과 주방 사이의 전실. 자칫 데드스페이스로 남을 수 있었지만, 벽면에 수납장을 배치하고 큰 창을 바라볼 수 있도록 의자를 두었더니 금세 스토리가 있는 공간으로 재탄생했다. 빈티지한 접이식 테이블 위 은숙 씨가 그때그때 직접 어레인지하는 꽃장식이 실내 분위기를 환기시켜준다.

1층 한쪽에 마련한 미니 홈바. 벽면은 파벽돌과 루버로 맨케이브 분위기를 조성하고 러프한 느낌의 선반을 설치했다. 여기에 바 체어만 몇 개 두면 웬만한 바(Bar)보다 집이 나을지도.

건축주 TIP.

실내외에 식물을 두루 배치한 건 정말 잘한 선택 같아요. 2층 정원은 말할 것도 없고, 3층 테라스 정원도 요긴하게 쓰고 있답니다. 1층 대문 앞 웰컴가든은 집 분위기를 드러내면서 시선을 차단하는 효과가 있고요. 웃을 일이 많이 없는 요즘, 집에 생기를 더해주고 싶다면 식물 생활을 시작해 보세요.

외부계단 아래의 상대적인 음지 또한 조경의 일부로 품었다.

SECTION

① 현관 ② A/V룸 ③ 작업실 ④ 보일러실 ⑤ 주차장 ⑥ 주방
⑦ 다용도실 ⑧ 거실 ⑨ 정원 ⑩ 욕실 ⑪ 방 ⑫ 테라스 ⑬ 세탁실
⑭ 드레스룸

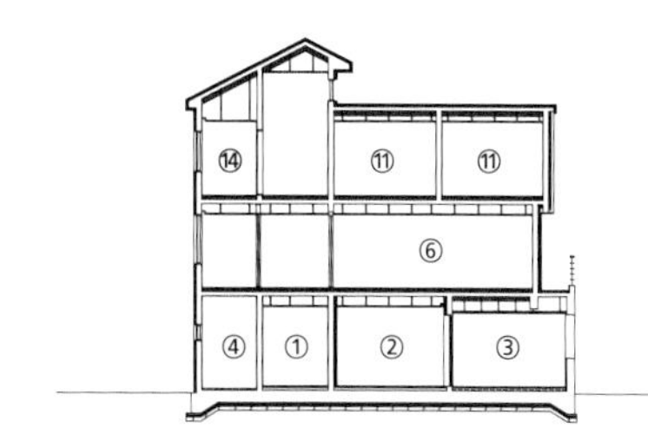

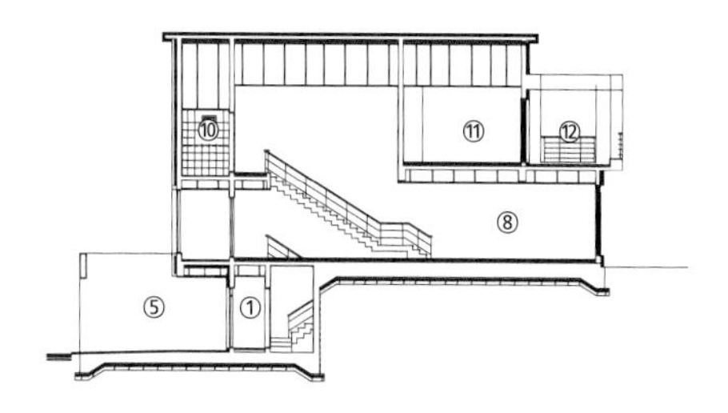

PLAN

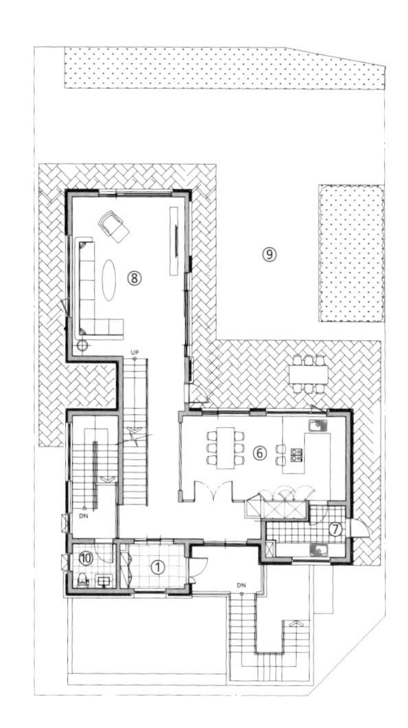

2F - 142.80m²

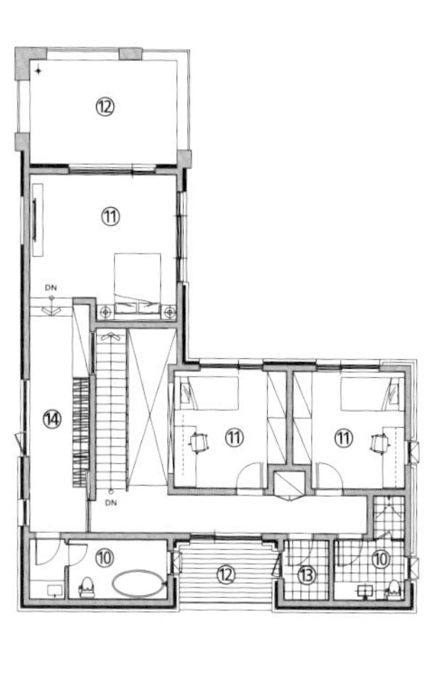

3F - 108.84m²

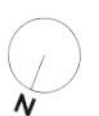

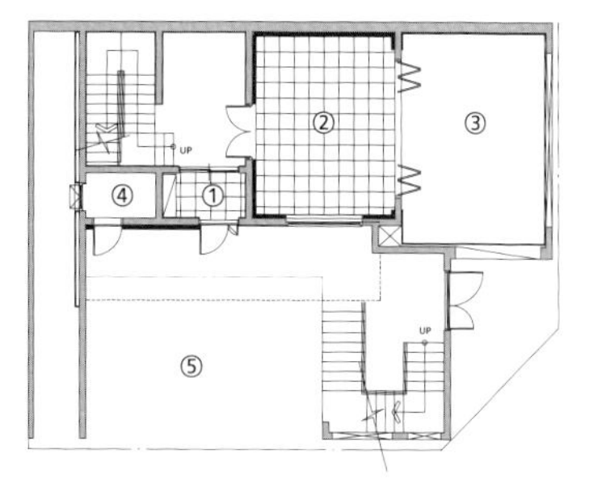

1F - 77.54m²

마당을 품고 가족을 서로 엮다
전주 펼쳐진 풍경집

푸른 공원을 마주 보고
넓게 펼쳐진 마당이
돋보이는 주택.
부모님과 자녀, 그리고
부부의 삶이 서로
교차하고 얽히며 가족 간
맥락과 내외부 관계를
풀어낸 입체적인 집을
만났다.

1

주택은 전북 전주 장동 택지지구 내 필지로 남쪽에 진입도로가 있고 북쪽으로 공원이 펼쳐져 있다. 건축주는 공원 풍경을 온전히 누리면서 채광과 길에서의 정면성을 살리고자 했다. 또한 부모님과 부부, 딸까지 3대가 같이 살지만, 각자 프라이빗한 일상 공간을 갖고자 했다. 여기서 설계는 '채광의 방향과 조망의 방향이 다른 맥락을 건축주의 삶과 어떻게 연결 짓는가'라는 질문으로 시작된다.

북쪽의 공원과 남쪽의 진입도로, 그리고 부채꼴 모양의 필지 상황을 고려하여 공원을 향해 펼쳐지도록 계획했다. 펼쳐진 배치는 공원 쪽으로 안마당을 만들어 거실과 주방, 부모님 방에서 툇마루나 데크로 바로 연계된다. 공원 풍경은 안마당 너머로 펼쳐지며 가족이 누리는 편안한 조망이 된다. 남쪽으로는 식당과 연계된 부엌마당을 만들어 남향의 채광을 확보하면서 마당 스스로 풍경이 된다. 이처럼 두 마당을 통해 남쪽 채광을 확보하면서 북쪽 공원 풍경을 누리는 '풍경집'이 되고 있다.
이 집에서 3대가 독립된 생활을 하면서도 같이 살 수 있는 집을 위해 우리는 펼쳐진 배치로 계획된 두 마당을 중심으로 방들의 관계를 조직했다. 1층 중심에 안마당과 연계된 거실과 식당을 두어 가족 전체가 공유하면서도 마당 좌우에 자녀 방과 부모님 방을 두어 영역을 구분하고 있다. 테라스 다른 한쪽은 부부 영역을

대지위치
전라북도 전주시

대지면적
344㎡(104.06평)

규모
지상 2층

거주인원
4명(부부, 부모님 1, 자녀 1)

건축면적
137.51㎡(40.68평)

연면적
197.29㎡(59.68평)

건폐율
39.97%(법정 40%)

용적률
57.35%(법정 100%)

구조
기초 – 철근콘크리트 매트기초 / 지상 – 철근콘크리트

단열재
준불연 EPS, 경질우레탄 2종1호

최고높이
9m

외부마감재
외벽 - 청고파벽돌 / 지붕 - 리얼징크

내부마감재
벤자민무어 비닐페인트 도장 / 바닥 – 포세린 타일

욕실 및 주방 타일
포세린 타일

수전 등 욕실기기
㈜더존테크, 아메리칸스탠다드

주방가구
에넥스

조명
다운라이트 4인치

계단재, 난간
타일 + 평철난간

❶ 주택 가운데 거실과 주방을 배치하고 좌우에 부모님 방과 자녀 방을 두어 모든 방에서 공원을 조망할 수 있게 했다.

❷ 영롱쌓기는 시선은 거르되 채광은 확보하는 요소 중 하나다.

❸ 도로에서 바라보는 주택의 모습. 넓게 구성한 포치 공간으로 궂은 날씨에도 출입이 편리하다.

❹ 경계 없이 공원의 녹음을 그대로 받아들일 수 있는 식당 겸 거실 뷰.

만들었다. 이처럼 남쪽 길과 북쪽 공원 방향으로 계획된 두 마당은 채광과 풍경을 누리는 3대의 삶을 관계하고 연결하는 장치가 된다.
집은 길에서 진입할 때 만나는 정면성을 지니게 된다. 우리는 남쪽 길에서 오는 축을 받으면서 공원으로 펼쳐진 집의 형태를 고려하여 길과 공원 두 면이 서로 다른 정면성을 지닌 형태를 계획했다. 길에서 오는 축성은 1층의 부엌마당과 2층의 테라스로 비워 내어 공원으로의 시선축이 이어지게 조형적인 정면성을 만들게 된다.
공원으로 펼쳐진 형태는 공원과의 경계가 없이 확장되는 열린 정면성을 만들고 있다. 맥락적 정면성은 우리의 전통 건축처럼 안과 밖의 관계성에 따라 삶의 좌향(방향성)이 유동적으로 바뀌고 있음을 보여 준다.

오늘날 라이프스타일의 요구와 변화는 다양하고 빠르다. 특히 집은 단순한 기능적 요구 외에 많은 관계적 언어를 요구한다. 중심과 주변, 위계적 분리와 연계, 공적 공간과 사적 공간, 가족 영역과 손님 영역, 부모 영역과 자녀 영역, 자연과 인공의 공존, 일과 주거의 복합, 일상과 탈 일상의 병치 등 빠른 사회적 변화와 함께 집의 역할이 복합화되는 것이다. 여기서 마당은 방들의 관계와 위계를 조직하면서 주변 환경과의 집 사이의 관계를 만드는 장치가 된다. 삶과 주변 환경은 조직된 마당의 부분적 질서의 연결을 통해 전체 맥락을 만들어 나간다. 마당은 안과 밖이 서로 연장되어 복합적인 행위가 일어나는 생산적 공간이다.
〈글 - 리슈건축사사무소 홍만식 소장〉

현관문
이건창호

중문
이건라움

붙박이장
에넥스

데크재
이페

창호재
이건창호 파사드 시리즈(AL)

주차대수
1대

전기·기계·설비
㈜코담기술단

구조설계
㈜라임

사진
김재윤

시공
㈜아키진

감리
T.S건축사사무소

설계
㈜리슈건축사사무소
https://blog.naver.com/richuehong2

주방 겸 식당과 거실 사이에는
단차를 줘 시야는 열어 놓되
공간은 구분해 주었다.

❺ 자녀방 내부에는 2층으로 향하는 별도의 계단을 둬 공간을 입체적으로 활용할 수 있다.

❻ 부부 영역은 공원 쪽으로 배치된 서재와 안방, 욕실, 전용 테라스까지 있어 독립된 생활이 가능하다.

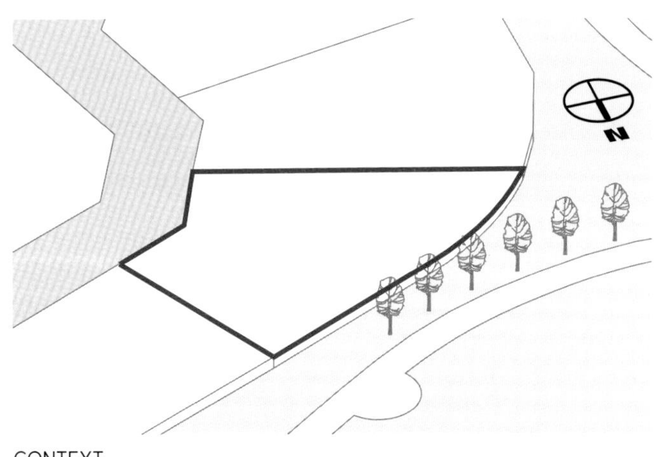

CONTEXT

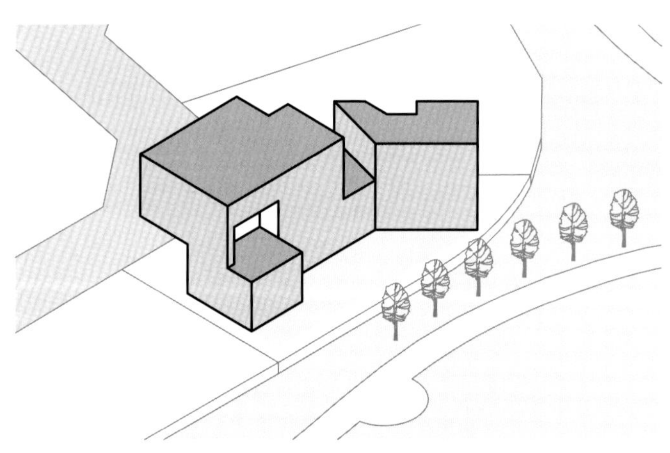

펼쳐진 MASS

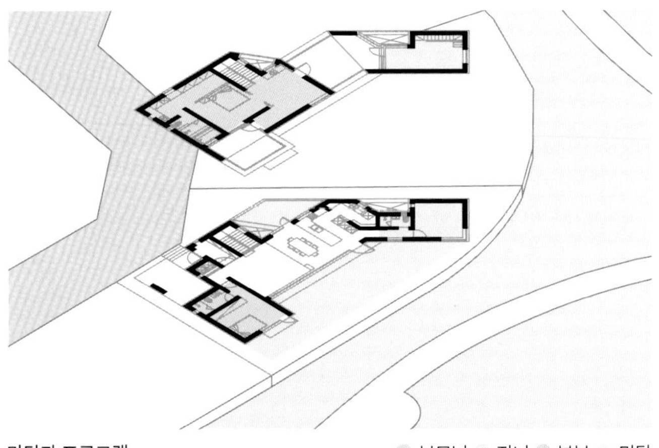

마당과 프로그램

부모님 자녀 부부 마당

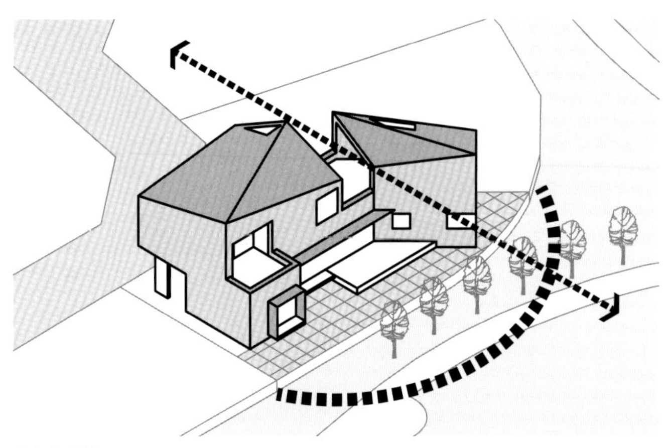

맥락적 좌향

각 방마다 따로, 또 서로 이어져 하나의 같은 공원 풍경을 누리는 마당.
툇마루, 계단 등의 요소로 마당 활용 편의를 높였다.

'맥락적 좌향'의 개념으로 비워져 형성된 테라스.

SECTION

①현관 ②거실 ③안방 ④욕실 ⑤주방/식당 ⑥부모님방 ⑦드레스룸
⑧서재 ⑨자녀방 ⑩부엌마당 ⑪테라스 ⑫안마당 ⑬주차장

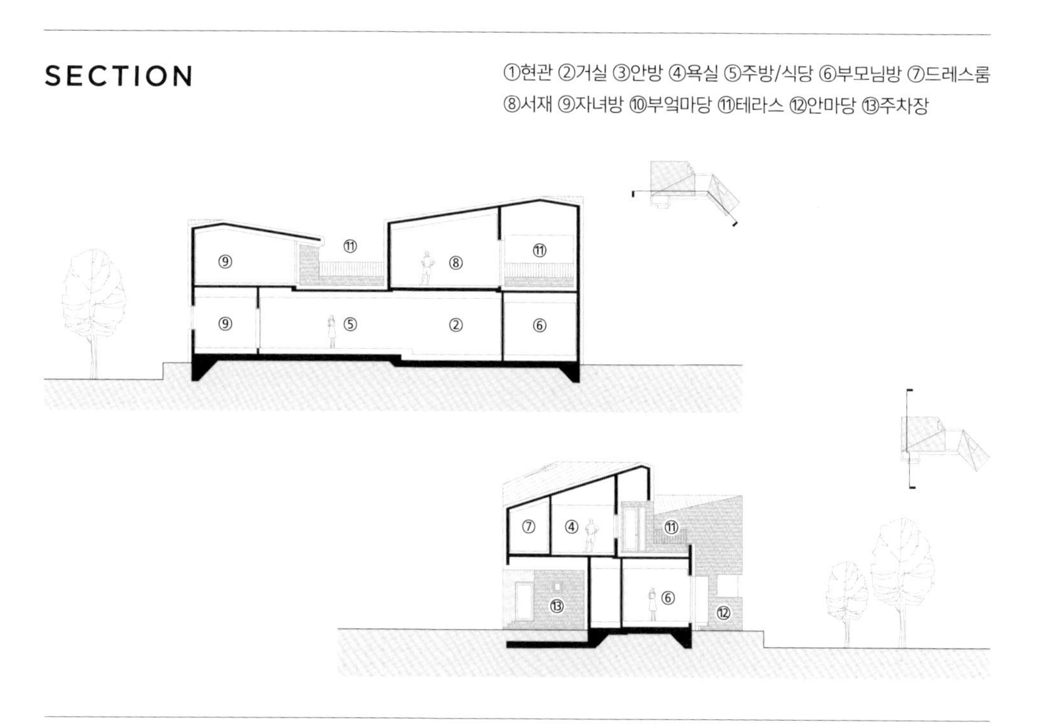

PLAN

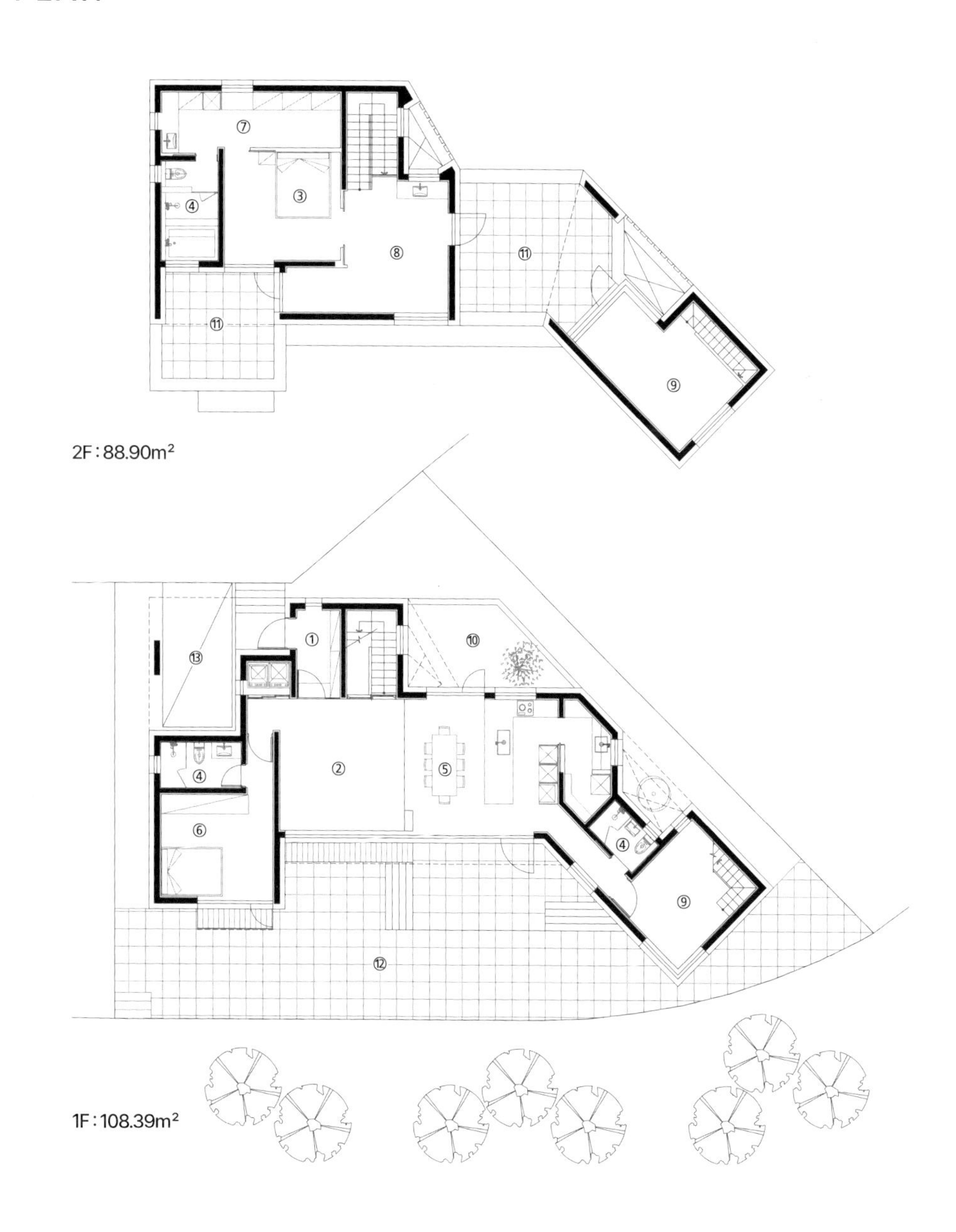

2F : 88.90m²

1F : 108.39m²

전형적이지 않은 집
월든하우스

둘만의 조용한 공간을 찾아
부부는 곡성으로 갔다.
그리고 몇 달 후
그곳엔 남다른
집 한 채가 생겼다.
지나가는 초등학생이
'이 집은 부잣집인가 봐'라고
할 만큼 있어 보이는
그런 집.

❶ 옥상에서 본 모습. 마당 중앙에 심은 살구나무는 아름다운 계절의 전이가 집 안 곳곳에 스며들 수 있도록 부부와 건축가가 함께 그 위치와 수종을 고심 끝에 선정한 것이다.

❷ 누가 봐도 집이겠구나 예측할 수 있는 전형적인 집 모양을 탈피하길 원했다는 부부의 주택. 2층 침실과 연결된 옥상 데크는 이 집에서 가장 개방된 공간이자 집 주변의 아름다운 경관을 한눈에 바라볼 수 있는 곳으로, 다양한 활용성을 염두하여 계획했다.

❸ 부부가 가장 좋아하는 것 중 하나인 대나무 담장. 돌계단이 향하는 정면에 대문이 있다.

대지위치
전라남도 곡성군

대지면적
613.7㎡(185.64평)

건물규모
지상 2층

거주인원
2명(부부)

건축면적
127.38㎡(38.53평)

연면적
130.96㎡(39.61평)

건폐율
20.75%

용적률
21.33%

주차대수
1대

최고높이
7.5m

구조
철근콘크리트 매트기초 / 지상 - 철근콘크리트(1층), 경량철골구조(2층)

단열재
비드법단열재 2종2호 100㎜, 경질우레탄폼 200㎜(0.020w/㎡k) 발포 등

외부마감재
노출콘크리트 위 발수코팅, 스터코 외단열시스템 등(벽), 컬러강판(지붕)

담장재
담양 구운 대나무

창호재
윈센 알루미늄 창호 + THK24 로이복층유리

에너지원
기름보일러

조경
정원담(김하나)

소음에서 자유로운 집을 찾아서

건축주에게 집을 짓게 된 계기를 물었을 때 돌아오는 답변 중 단연 1등은 '층간소음'. 이 부부 역시 같은 이유였다. 집을 짓겠다는 마음속 결심이 밖으로 나오기까지 수많은 인내와 고통의 시간을 거쳤고, 참을 수 없는 한계에 도달했을 때 비로소 실행에 옮긴 주택행이다. 첫 주택을 너무 외진 곳에서 시작하면 오히려 힘들 것 같아 부부는 광주와 30분 거리, 곡성의 한 주택단지 내 부지를 매입했다. 그리곤 관련 잡지를 정기구독하며 건축가를 물색해보았다.

"그날따라 설계자가 궁금해지는 집 한 채가 눈에 들어오더라고요. 틀에 박히지 않은 재료와 구조를 보고 건축사무소로 바로 연락을 취했죠. 다른 건축가는 만나볼 필요도 없이 첫 만남 때 확신이 들었어요."

도심을 벗어나 작은 공간이어도 호젓하고 여유를 즐길 수 있는 삶. 부부의 소박한 바람을 이뤄주기 위해 포머티브건축사사무소 이성범, 고영성 소장이 두 팔을 걷어붙였다.

부부가 계획 초기부터 건축가에게 요구했던 부분은 '집의 모든 공간에서 서로의 모습을 바라보고 싶다'는 것. 서로의 일거수일투족을 감시하려나라는 오해도 잠시, 늘 무언가를 함께 하는 생활에 익숙해진 두 사람이기에 그러한 생활패턴이 공간에도 고스란히 묻어나길 바란 것이었다.

3

내부마감재
친환경 도장, THK5 합판 2py 샌딩 위 수성바니시 / 바닥 - 이건 강마루, 포세린 타일 등

욕실 및 주방 타일
대선타일

수전 등 욕실기기
대림바스 위생도기, 더죤테크 수전

주방 가구·붙박이장
나무젠

조명
다음조명

계단·난간
멀바우 + 평철 난간

현관문
성우스타케이트 사면패킹단열도어

중문
영림 2연동 도어, 금속자재 + 도장 마감

방문
제작 목문 + 도장 마감

데크재
방킬라이 19㎜ 뒷면 마감

사진
고영성

시공
광성씨엔아이(지우택)

CM(건설사업관리)
하우스플래너(김종민)

구조설계
㈜드림구조

설계담당
한수정

설계
포머티브건축사사무소(이성범, 고영성)
www.formativearchitects.com

집은 주변 전원주택과는 다른 형태와 공간 구조를 가진다. 남향을 무작정 고수하기보다 실내 모든 공간이 마당을 품게 해 균일하게 밝은 빛을 들였다.
선큰처럼 아래로 내려와 있는 거실 하부는 수납공간으로 활용한다.

우리는 이 공간이 너무 좋습니다

부부의 요청대로 집은 문 등으로 실을 분리하지 않고, 모든 공간이 부드럽게 흐르는 동선을 가진다. 집이 넓어도 어차피 머무는 공간은 정해져 있다는 경험에 비춰 불필요한 실은 최대한 배제하고, 주방-주출입구-거실을 잇는 공간 모두 마당을 향해 열어 밝은 빛의 온기가 집 안에 담뿍 담기도록 했다. "보통 남측으로 너른 마당을 두고 북측으로 건축물을 배치하는 여느 집과 달리, 이 집은 대지 전체를 포근히 안는 형태의 담과 담양에서 공수해온 60㎜ 지름의 구운 대나무로 그 경계를 크게 둘러 부부의 프라이버시를 지켜주고자 했어요."

이러한 건축가의 배려 덕분에 두 사람은 블라인드나 커튼을 치지 않고도 주변의 간섭없이 내외부를 즐길 수 있게 되었고, 때에 따라선 담을 열고 마을과 소통할 수도 있다. 부부는 집에 '월든하우스(Walden House)'라는 이름을 지어주었다. 시인 헨리 데이비드 소로가 이상향 장소로 지칭하며 지낸 월든 호숫가처럼, 소음에서 벗어나 찾은 우리의 피난처 같은 곳이란 의미를 부여한 것이다. 집의 좋은 점을 모두 꼽기 힘들 만큼 만족스럽다는 두 사람. 그들의 첫 주택에 대한 설렘은 쉽게 사라지지 않는다.

4

5

❹ 딱히 방이라고 칭할 만한 공간이 없는 집. 모든 공간이 부드럽게 이어지는 동선을 가진다.

❺ 현관을 들어오면 마주하는 내부. 창 밖으로 보이는 1.2~2m 이상 길게 드리워진 처마는 여름에는 뜨거운 빛을 막아주고, 비오는 날에는 처마 끝에서 떨어지는 빗물을 바라보는 여유를 주기도 하는 이 집의 특별한 요소이다.

❻❾ 2층 부부 침실로, 이 집에서 가장 아름다운 원경을 바라볼 수 있는 공간이자 1층과는 또 다른 차원의 시각적 확장을 준다. 창 앞 침상에 걸터앉으면 외부로부터의 시각적인 간섭 없이 원경을 바라볼 수 있는 부부만의 공간이 된다. 침실 뒤쪽 숨겨진 문을 통해 옥상으로 이어진다.

❼ 주방과 단 차이가 나는 게스트룸은 가변적 공간으로, 필요에 의해 슬라이딩 도어로 열고 닫아 손님이 올 경우 방으로 활용 가능하다. 가벽을 세우지 않은 덕분에 실용적인 오픈형 공간이 될 수 있었다.

❽ 천창을 둔 덕분에 밝고 환한 욕실이 완성되었다. 옆으로 마련된 계단을 통해 2층 침실에 바로 연결되는 구조로, 침실로의 수증기 유입을 방지하고자 강화유리 칸막이를 설치해주었다.

❿ 1층 욕실에서 본 자쿠지(Jacuzzi). 폴딩 도어를 달아 분리와 확장이 용이하도록 했으며, 계절과 용도에 따라 개방감을 누리면서 자유롭게 쓸 수 있게 했다. 자연을 느끼며 몸과 마음의 피로를 풀기에 최적의 장소이다.

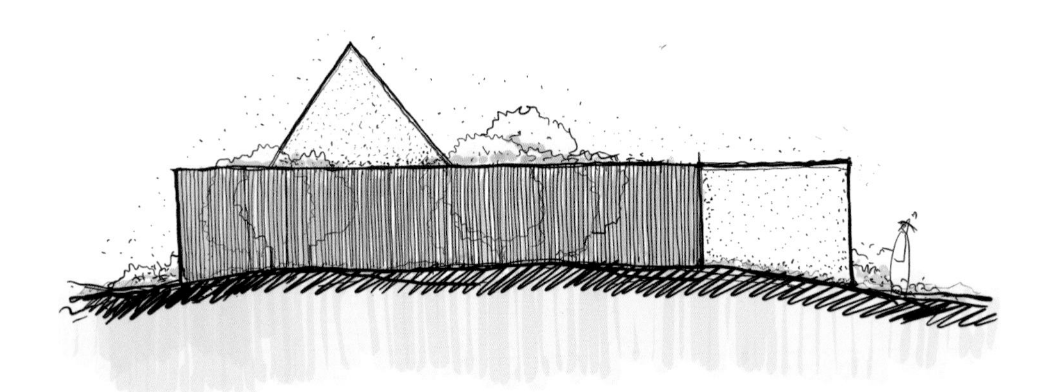

어둠이 내리자 더욱 돋보이는 외관. 인근 지역에서 쉽게 구할 수 있는 자연적인 소재로 시공해준
대나무 입면은 포근하면서도 차분한 느낌으로 집의 외부를 완성하며, 주변 풍경에 자연스레 녹아든다.

TIP

건축가가 소개하는
집 잘 짓는 법

건축은 '현장 제조'라는 특성을 가져 무수히 많은 변수를 시공단계에서 반드시 해결해야 나가야만 성공적인 건축을 할 수 있다. 이 주택의 경우 소규모 건축 현장에 최적화된 CM(Construction Management)시스템을 이용하여 실시간 CCTV, 공정표 관리, 기성금 관리, 작업 보고 등의 방식으로 현장과 건축주 그리고 건축사사무소 간의 긴밀한 협업이 가능했다. 특히 현장에 대한 스케줄을 실시간으로 파악하고 전체 공정을 한 눈에 알 수 있어 빠른 대응과 그에 따른 시공 품질과 관련된 사항을 놓치지 않고 협의할 수 있었다.

PLAN

①침실 ②다용도실 ③게스트룸 ④팬트리 ⑤주방/식당 ⑥보일러실/창고 ⑦화장실 ⑧현관 ⑨옥외창고 ⑩창고 ⑪거실 ⑫욕실

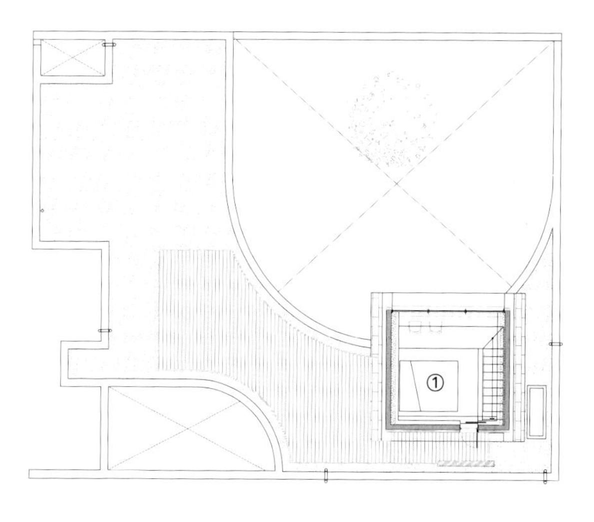

2F - 18.18㎡

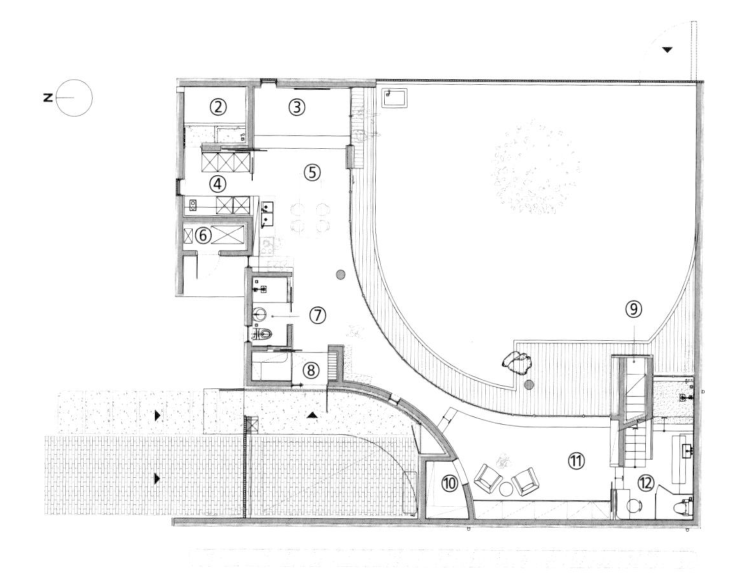

1F - 112.78㎡

집이라는 또 다른 여행
엠마오스[EMMAUS]의 집

많은 것을 내려놓고 지친
일상을 조금 더 특별하게
보낼 수 있는 곳.
집을 통한 즐거운 여정의
끝에는 가족의 행복이
자리하고 있었다.

건축주는 부산에 거주하며 집과 멀지 않은 한적한 곳에 주말주택을 겸해 결혼한 자녀들이나 가까운 지인들이 며칠 머물며 자연 속에서 쉬었다 재충전 후 일상으로 돌아갈 수 있는 공유공간을 마련하길 바랐다.
독실한 천주교 신자이기도 한 그는 이곳의 특별한 프로그램으로 조배실(기도하는 공간)을 두기를 원했다. 가족을 위한 공간이기도 하지만 수녀님과 수사님, 신부님들도 성직에서 벗어나 피정의 시간을 가질 수 있는 장소가 되었으면 좋겠다는 소망이 있었기 때문이다.
대지는 계곡에 접해 있었고, 그 너머 산과 하늘이 한눈에 들어오는 보기 드문 풍광을 가지고 있었다. 사이트에 있었던 기존 주택은 1998년에 완공된 집으로, 스페니쉬 기와의 박공 한 채와 별동으로 지어진 그 당시 전형적인 전원주택이었다. 별동의 경우, 초기에는 1층이었으나 나중에 2층으로 증축되었던 것으로 보였다.
개축(리노베이션) 설계는 모든 부분을 새롭게 설계할 수 있는 신축과는 달리 기존의 건물이 가지고 있는 가능성을 찾아내어 그것을 최대한 활용하는 것에 집중해야 한다.

❶ 거실에서 본 온실 쪽 뷰. 간이 싱크대를 설치해 간단한 요리를 위한 기능성을 더했다.

❷ 리모델링 전(위)과 후(아래) 모습. 분리되어 있던 주택과 별동 사이를 온실로 잇고, 별동 위에 조배실을 증축해 가족만의 새로운 공간을 완성해주었다.

❸ 별동을 증축해 만든 조배실. 종교적인 물건들이 놓인 수납장은 천창에서 떨어지는 빛으로 성스러운 분위기를 더하고, 필요에 따라 문을 여닫을 수 있게 제작했다.

❹ 주방 가구와 디자인적 통일감을 준 긴 세로창. 공간 깊숙이 따스한 볕을 들인다.

❺ 한식방 앞 아늑한 정원

❻ 창 너머 온실을 감상할 수 있는 한식방의 툇마루는 한옥에 온 듯 고즈넉한 분위기를 이끌어낸다.

대지위치
경상남도 양산시

대지면적
2,378㎡(719.34평)

건물규모
2동 / 지상 1층, 지상 2층

건축면적
305.57㎡(92.43평)

연면적
326.40㎡(98.73평)

건폐율
12.85%

용적률
13.73%

주차대수
2대

최고높이
6.7m

구조
기초 - 철근콘크리트 줄기초 / 지상 - 철골조

단열재
THK80 PF보드(기존 건축물 단열 보강) / 파빌리온 - THK75 우레탄 패널(준불연)

외부마감재
벽 - 모노쿠쉬 마감, THK15 이페목재 위 오일스테인 / 지붕 - THK15 이페목재 위 오일스테인, THK16 강화유리 + 열반사필름, 스페니쉬 기와

창호재
필로브 THK28 투명로이복층유리, THK39 투명삼중로이유리

에너지원
LPG

이 집은 주변의 독특한 자연환경을 가진 쪽으로 원래 창의 방향과 크기를 변경하여 각 실에서 그곳만의 고유한 외부 풍경을 볼 수 있도록 하였다. 예를 들어 한식방의 경우 창의 방향을 옆집 지붕 너머 봉우리와 하늘을 향하게 하였고, 일식방은 축대의 큰 바위를 향해 조정하여 외부의 경관이 각각의 방을 특별하게 만들도록 했다. 외관은 성능이 다한 드라이비트를 철거하고 단열재를 보강한 뒤 모노쿠쉬로 마감 처리하였다. 또한, 부분 누수가 계속되는 20년이 지난 기와도 단열과 방수를 더해 새로운 기와로 마감했다. 이를 통해 오래된 집들의 고질적인 냉난방과 누수 문제를 현대적 공법으로 성능 보강하면서 마감의 품질을 높임으로써 외관의 완성도를 높였다.

기존의 두 건물 중 주택 부분은 다른 성격의 4개의 방과 높은 층고의 거실로 계획하였으며, 별동은 주방-욕실-세면실로 구분하여 서비스 영역과 사적 영역을 명확히 나누었다. 두 건물 사이에는 두 영역의 중간 성격인 교류 공간으로서 반 외부 공간인 온실을 설치하여 다수의 인원이 동시에 휴식하며 사적 시간을 가지고 머무를 수 있는 장소로 확장하였다.

조경석
상주석

조경
디자인 – 서울가드닝클럽 / 시공 – 보타니컬 스튜디오삼

전기·기계·설비
㈜수양 엔지니어링

내부마감재
벽 – 석고보드 위 벤자민무어 페인트 / 바닥 – 윤현상재 바닥 타일, 상주석, 한지 장판, 다다미, 이건마루 등

욕실 타일
윤현상재 수입 타일

수전 등 욕실기기
바스데이 수입 수전, 로얄앤컴퍼니㈜

주방 가구
한신퍼니처

조명
라이마스

계단재·난간
목재 손잡이 + 평철 난간

현관문
필로브 THK28 알루미늄 도어

방문
제작 목문 / 운담공방

붙박이장
제작 붙박이장 / 천수기업

데크재
천연목재데크

사진
변종석

토목
㈜에프엠이엔씨

구조설계(내진)
㈜은구조 기술사사무소

시공
네스티지(nestige)

설계
㈜건축사사무소 유니트유에이(units ua)
이승윤, 최정우, 김영주
www.units-ua.com

가족의 쓰임에 맞게 리모델링한 기존 주택 부분의 거실. 푸른 정원이 창 프레임 안에 고스란히 담긴다.

7

8

9

10

11

그뿐만 아니라 가족, 지인, 성직자가 피정 기간 중 기도를 드릴 수 있는 조배실은 별동 2층에 별도의 채로 계획하여 독립성을 주었고, 아름다운 계곡 옆에 파빌리온을 따로 설치해 주변의 수려한 자연을 경험할 수 있는 거점으로 사용할 수 있도록 했다.
이 집의 인테리어 콘셉트는 '일상 속의 여행'이다. 이를 위해 평소 자주 접할 수 없는 한식방과 일식방을 온실을 바라보는 쪽에 만들어 두고 온실의 정원은 특정한 지역색을 가지진 않지만, 조용히 바라볼 수 있는 비일상적인 정원 형식으로 완성되었다.
서비스 공간인 별동 1층에는 4인이 동시에 사용 가능한 세면실과 온실로 열린 노천탕 분위기의 넓은 욕실을 두어 잠시나마 아주 먼 곳으로 여행 온 느낌이 들 수 있게 배려했다.
전통창호의 가느다란 창살에서 모티브를 따온 디자인적 요소는 각각의 공간에 맞게 조금씩 변형하여 문, 주방 가구, 붙박이장, 싱크대, 목욕탕 벽면 등에 적용하고, 실내 마감재는 흰색 벽면과 자작나무 합판으로 한정하여 인테리어의 통일성과 시각적 안정감을 가질 수 있도록 하였다.
완공 후 가족, 지인 그리고 성직자들이 따로 또 같이 피정의 시간을 잘 보냈다는 건축주의 감사 인사에 보람을 느꼈다. 이 건물이 그전의 20년처럼, 또다시 20년을 넘어 새로운 모습으로 앞으로의 소명을 다하기를 바라본다.
〈글_이승윤〉

12

13

❼ 마당을 향해 열린 침실

❽ 일식방의 창. 기존 창의 방향과 크기 등을 변경하여 각 방에서 그곳만의 고유한 외부 자연을 눈에 담을 수 있도록 했다.

❾❿ 박공 지붕선이 그대로 드러난 거실. 자작나무로 마감된 부분에 화장실이 자리한다.

⓫ 나무 틈으로 쏟아지는 빛이 내부에 멋진 그림자를 드리운다.

⓬ 집 어느 곳에서도 주변 풍경을 막힘없이 즐길 수 있도록 주택 아래 위치한 반듯한 터에 파빌리온을 마련했다.

⓭ 안쪽에는 또 하나의 조배실을 놓고, 앉았을 때의 눈높이에 맞춰 창을 크게 내주었다.

온실을 향해 열린, 나무향 가득한 욕실. 자연을 바라보며 즐기는 반식욕은 일상의 피로를 말끔히 씻어준다.

SECTION

① 현관 ② 온실 ③ 거실 ④ 침실 ⑤ 한식방 ⑥ 일식방 ⑦ 주방
⑧ 욕실 ⑨ 욕실전실 ⑩ 화장실 ⑪ 샤워실 ⑫ 기도실 ⑬ 준비실

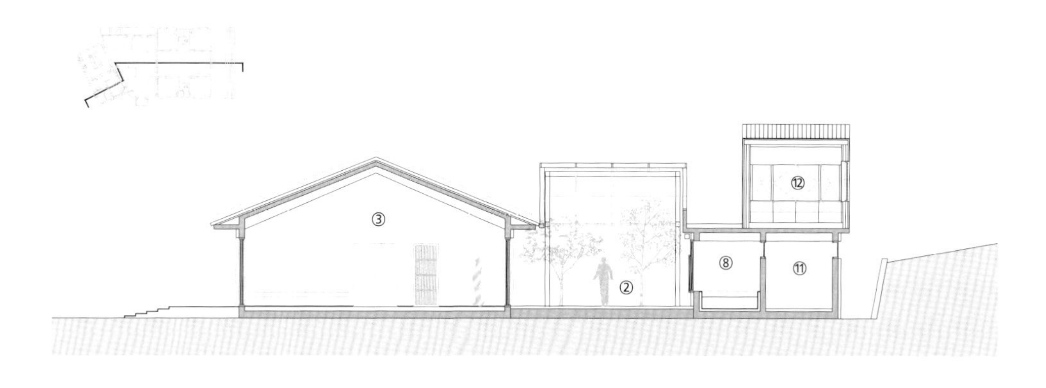

PLAN

HOUSE

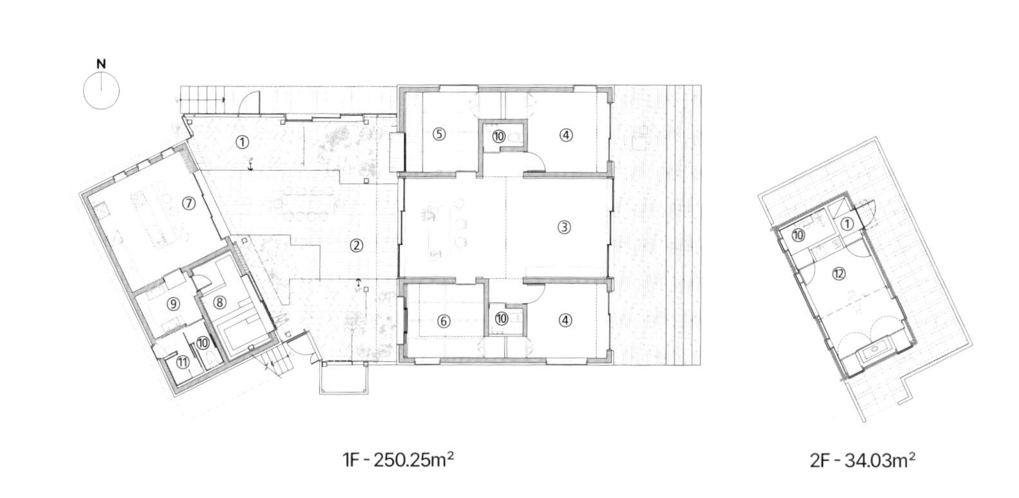

1F - 250.25m²

2F - 34.03m²

PAVILION

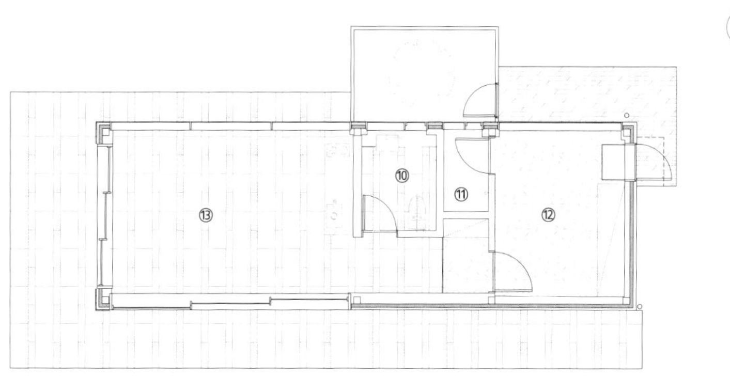

1F - 42.12m²

닿는 시선마다 풍성하게
세종 다온:당

틀에 박힌 공간에서 벗어나
재미있는 집을 지었다.
아이들이 자라면서 다양한
영감을 받을 수 있는
집이기를 바랐다. 직선과
곡선의 조화, 수평과
수직으로 연결되는 시선,
다양한 창을 통해 들어오는
빛이 한 곳에 어우러져
그 어떤 곳보다 풍성한
공간감을 만들어 낸다.

1

2

지그재그로 겹친 하얀색 매스 위로 다채로운 빛의 변화를 감상할 수 있는 집, '다온:당'. 입체감 있는 겉모습과 함께 집의 내부에서도 빛과 공간의 변주가 재미있게 펼쳐진다.
건축주 서시연, 홍성민 씨 부부는 아파트를 떠나며, 아이들에게 틀에 박히지 않고 긍정적인 자극과 영감을 받을 수 있는 공간을 만들어주고 싶었다. 건축사사무소와 미팅을 통해 자연스럽게 '재미있는 집'에 대해 이야기를 나누었다. 아파트에서는 경험할 수 없는 열린 공간을 원했고, 1층은 온전히 아이들을 위한 '플레이그라운드'로 만들고자 했다. 호림건축사사무소는 이러한 건축주의 콘셉트를 반영해 오픈 공간과 재미, 그리고 기능까지 충족시키는 공간을 설계했다.

현관으로 들어서면 하나로 트인 1층 공간이 한눈에 담긴다. 가족의 공용공간이자 아이들의 놀이터인 이곳은 과감한 사선의 이미지, 천장과 바닥 높이의 변화로 동적인 분위기가 가득하다. 거실은 주방과 단차를 주어 분리된 공간감을 형성하고 있다. 창으로 둘러싸인 거실 안쪽에서 현관 방향을 바라보면, 다락 계단실까지 시선이 닿아 수평, 수직으로 모든 공간이 연결된 느낌이 든다. 또한 1층 가족 욕실은 야외 데크와 곧바로 연결되어 있어 집에서도 색다른 물놀이 시간을 즐길 수 있다.

대지위치
세종특별자치시

대지면적
335.4㎡(101.46평)

건물규모
지상 2층 + 다락

거주인원
4명(부부, 자녀2)

건축면적
129.25㎡(39.10평)

연면적
198.19㎡(59.95평)

건폐율
38.54%

용적률
59.09%

주차대수
2대

구조
기초 - 철근콘크리트 줄기초, 철근콘크리트 / 지상 - 철근콘크리트

단열재
바닥 - THK130 비드법단열재 가등급 / 벽 - THK135 외단열시스템(STO) 준불연등급 이상 / 지붕 - THK220 비드법단열재 가등급

외부마감재
벽 - STO Linear 미장 마감 / 지붕 - THK0.5 포맥스 컬러강판 돌출이음

창호재
필로브 알루미늄창호

에너지원
도시가스

내부마감재
벽 - 벤자민무어 친환경 도장, 실크벽지 / 바닥 - 강마루

욕실 및 주방 타일
윤현상재 수입타일

건축주의 취향과 고민을 알차게 담아낸 집

"놓칠 수 없는 것들을 몇 가지 정해 놓고, 그것만은 끝까지 포기하지 마세요." 건축주 서시연 씨는 창호, 스위치, 수전, 외부마감재 등 절대 포기할 수 없는 취향들을 확실하게 결정하고, 그 외의 것들에서 타협을 보는 방식으로 집짓기를 진행했다. 그렇게 되니 우선순위도 명확해지고, 입주 후 스스로 만족스럽게 지낼 수 있는 집을 완성시킬 수 있었다고.

설계 측면에서도 몇가지 디테일한 사항들을 심사숙고해서 결정했다. 1층과 2층으로 생활 공간이 나뉜 것을 고려해 세탁실을 각층에 하나씩 두기를 원했다. 덕분에 필요 없는 동선을 줄일 수 있었다. 또한 어렸을 적 주택에서 살았던 경험상 가족이 다 함께 화장실을 사용하는 것이 여간 불편한 게 아니었다. 그래서 두 자매만의 욕실을 따로 구성하는 것도 놓칠 수 없는 부분이었다. 두 아이의 방 사이에 세면 공간과 화장실, 욕실 공간을 모두 따로 분리해 최대한 편리하게 이용할 수 있도록 구성했다.

1층 거실 공간의 한쪽 구석을 별도의 바닥재로 마감한 것도 건축주의 아이디어였다. 아이들이 구석진 자리를 좋아한다는 점을 반영해 코너 부분에 포인트를 주었다. 그렇게 오랜 고민 끝에 아이들과 가족에 대한 배려가 곳곳에 묻어나는 개성 가득한 집이 탄생하게 됐다.

❶ 남측 도로로부터의 시선을 차단하고 프라이버시를 지키기 위해 틀어진 형태의 변형된 중정형 구조로 배치되었다. 공중에 떠 있는 듯한 가벽은 일사량을 조절하면서 시선을 분산시키는 효과를 가져온다.

❷❸ 거실 안쪽에서 현관 방향을 바라본 모습. 다락 계단실까지 시선이 연결되고, 꺾인 구조로 인해 중정 너머 가족 욕실도 시선에 들어온다. 계단은 투명 강화유리에 금속 발판으로 가벼움을 연출하고 보이드 공간으로 돌출된 2층 복도는 그 자체로 실내에 다채로운 형태를 부여해 장식적인 역할을 더한다.

수전 등 욕실기기
아메리칸스탠다드

주방가구 및 붙박이장
미소디자인

조명
트웰브라이팅

계단재
애쉬집성판 + 도장

난간
유리난간 및 금속난간

현관문
커널시스텍

중문
와이우드 금속스윙중문

방문
우드원코리아 제작도어 + 우레탄 도장

데크재
합성목재 및 까르미 데크

사진
변종석

시공
호멘토(HOMENTO)
www.homento.co.kr

설계·감리
호림건축사사무소
http://horim.pro

현관으로 들어서면 사선으로 과감하게 뻗어 올라가는 계단이 눈길을 사로잡는다. 곡선으로 처리한 오픈 공간과 바닥 단차 등이 합쳐져 역동적인 이미지를 만든다.

❹ 높은 천장을 가진 거실. 두 면에 큰 창을 설치해 마당과의 연결성을 높였다. 작은 창 앞으로는 삼각형의 윈도우시트 공간을 만들어 소소한 변주의 재미를 주었다.

❺ 현관에서 바로 연결되는 주방과 다이닝 공간. 주방 뒤쪽으로 다용도실이 마련되어 있다.

❻ 겹겹이 겹쳐 올라가는 구조와 다양하게 쏟아지는 햇빛이 집 안 풍경을 풍성하게 만들어 낸다.

❼ 2층은 부부 공간과 아이들 공간을 확실하게 구분해 서로의 프라이버시를 지킬 수 있게 했다.

❽ 두 아이의 방 사이에 더블 세면대와 화장실, 욕실을 각각 따로 분리해서 구성했다.

❾ 1층의 가족 욕실. 한쪽 면을 창으로 구성해 이국적인 욕실 공간을 조성했다.

공중 가벽은 그 자체로 인상적인 장식이면서 효과적 [illegible] 역할도 함께 수행한다.

SECTION

①현관 ②거실 ③부부침실 ④욕실 ⑤주방 ⑥다이닝 ⑦아이방 ⑧드레스룸 ⑨가족욕실 ⑩세면실 ⑪세탁실 ⑫다용도실 ⑬복도 ⑭중정 ⑮옥상테라스 ⑯다락

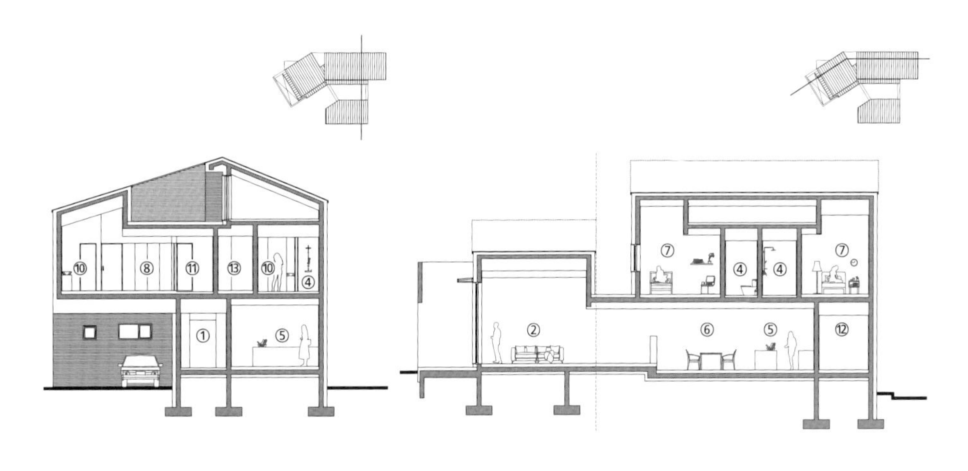

PLAN

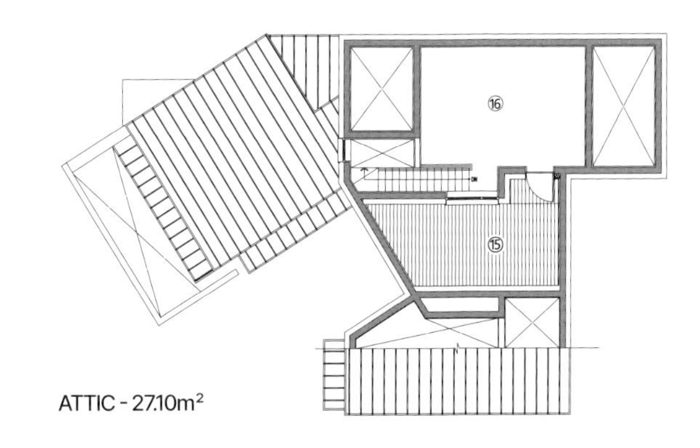

ATTIC - 27.10m²

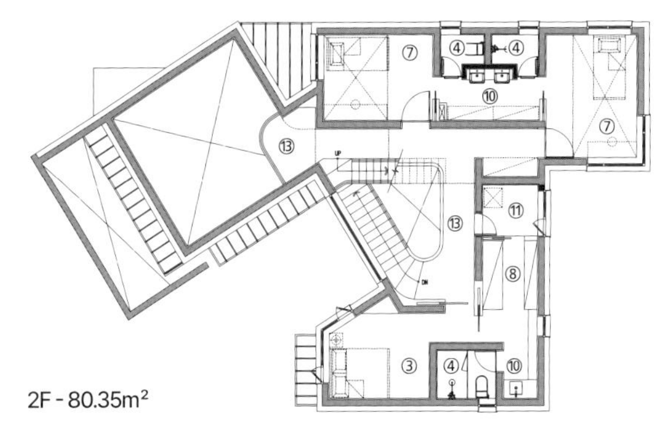

2F - 80.35m²

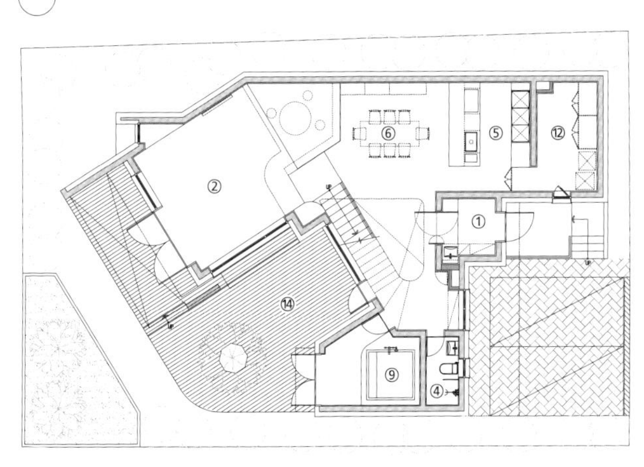

1F - 117.84m²

삼각형 땅 위에 만든 풍경
마당 품은 집

누구가에겐
그저 불편한 형태였던
삼각형 대지 위에
두 개의 마당을 품은
주택이 세워졌다.
쌓아 올린 벽돌 벽,
그 뒤에 가려진
세 식구의 집을 들여다본다.

❹ 2층은 거실과 주방, 다이닝룸이 벽체의 구분 없이 어우러진 올인원 구성이다. 최소한의 동선으로 생활공간 속에서 필지가 가진 이점인 풍경과 뷰를 누릴 수 있도록 의도했다.
2층의 유일한 '길'인 안방과 거실을 잇는 복도는 동선의 최소화가 시작되는 지점이다.

❺ 주방과 거실이 직관적으로 이어지며 시선이 분산되지 않는다.

❻ 1층은 부부가 음악과 유화라는 취미 생활을 즐길 수 있는 작업실과, 독립한 아들이 머물 수 있도록 준비해둔 게스트룸이 있다. 작업실의 경우 악기 연주의 소음을 고려해 폴딩 도어를 채택해 필요할 때는 공간을 분리할 수 있도록 구성했다.

동시에 은퇴 후 두 사람의 삶에 집중한 공간을 품길 바라는 요구에 걸맞게, 내부 공간 또한 두 사람의 생활과 취향에 초점을 맞췄다. 유화와 악기연주라는 취미를 위해 준비한 작업실이 1층에 배치되었다. 건축주 부부는 건축가와 회의를 진행하면 할수록 그저 난해하기만 한 줄 알았던 필지의 매력을 발견하게 됐다고 전한다. 그러나 건축주와 건축가 모두가 가장 특별히 여기는 것은 집의 동선과 경험에 있다. 구만재 소장은 건축주 부부가 집에 머무는 시간이 특별한 경험이 되길 원했다. 취미 공간을 1층에 배치하고 2층으로 생활공간을 배치한 것 또한 그런 이유에서다. 아래에서 위를 제대로 볼 수 없을 정도의 필지 경사를 이용해, 1층에서 보는 시야를 줄이고 밖으로부터 단단하게 감쌌다. 동시에 2층에서는 고지대의 뷰를 누릴 수 있도록 3면에 창문을 내어 시간의 변화와 자연의 풍경을 일상 속으로 들여온다. 마치 단단한 판석 위에 얹어진 빛을 품은 유리 상자의 모양새다. 남향 채광과 관련해서 언뜻 불편할 수도 있는 생활감에 대해서 묻자, 르 씨지엠 측이 제시한 디테일한 설비 선택과 공간의 디테일한 조성으로 문제될 게 없다는 건축주 부부. 오히려 바뀐 생활공간 덕분에 전과 다른 라이프스타일을 즐기고 있다.
"들어서는 모든 순간마다 소풍 가는 것 같은 설렘이 있는 집입니다."

두 사람은 공간의 아름다움만이 아닌, 이 집에서 보내는 모든 시간에 감사하다고 전한다. 여러 사람이 하나의 집을 위해 같은 마음으로 모이기가 쉽지 않음을 알기에 더 기쁘고 만족스럽다. 동시에 집을 위해서는 자신의 취향을 확고히 해야 한다고, 예비 건축주들에게 조언하기도 했다. 주택을 지은 후 새로운 세계를 향해 발걸음을 뗀 기분이라 표현한 부부의 미래가, 유리 상자 속에서 어떻게 빛을 발할지 기대해본다.

산 중턱에 걸린 필지는 맞은편의 산세와 자연을 마음껏 누릴 수 있는 이점이 있다.

SECTION

① 작업실 ② 연주실 ③ 손님방 ④ 욕실 ⑤ 보일러실 ⑥ 현관 ⑦ 계단실 ⑧ 거실 ⑨ 주방 ⑩ 다용도실
⑪ 드레스룸 ⑫ 안방 ⑬ 뒷마당 ⑭ 정원 ⑮ 정원 계단 ⑯ 테라스

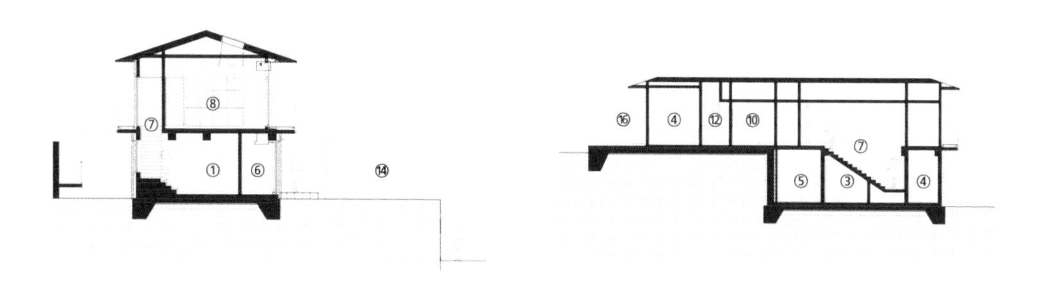

PLAN

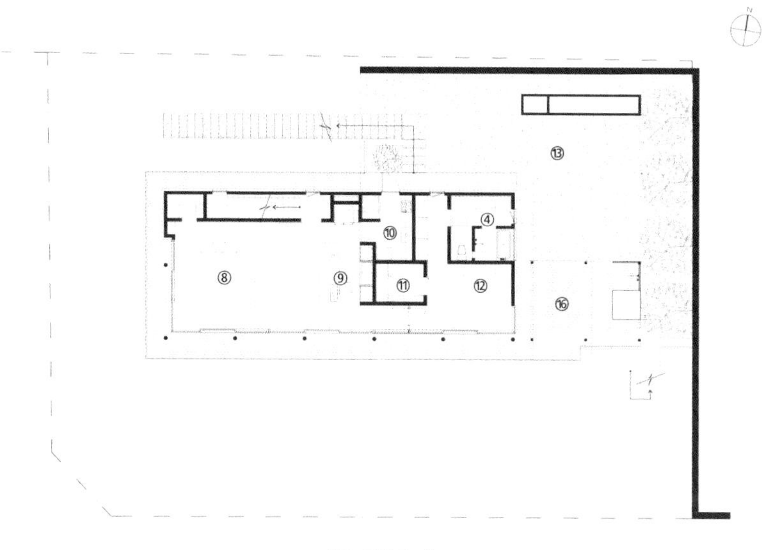

2F - 122.5m²

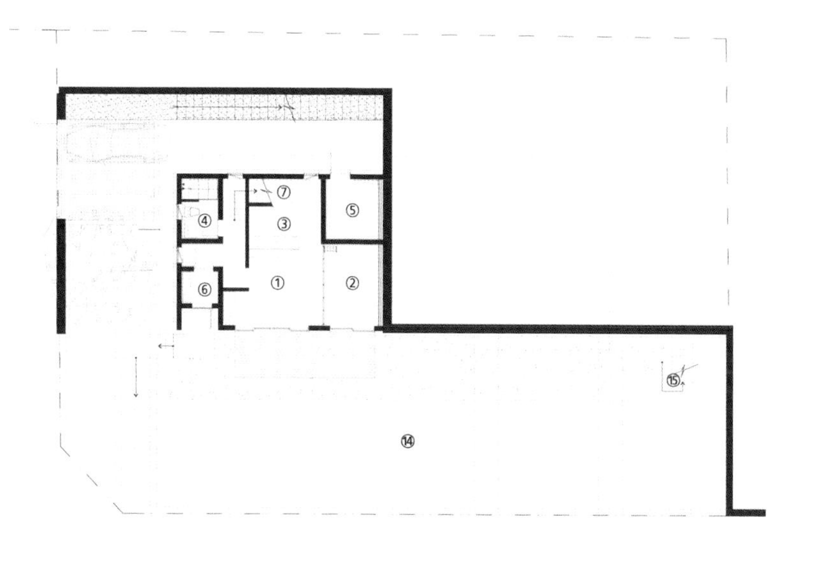

1F - 70m²

경량목구조와 SIP 공법의 결합
TEACOZY HOUSE

짓고 싶은 집이
무엇이냐는 질문에,
건축가는 SIP 공법으로 지은
패시브하우스라 답했다.
따뜻한 차의 온기를
오래도록 품는 티코지 같은,
가족의 새집이 지어졌다.

1

"동경이자 평생의 로망이었다고 할까요?"
건축주 최종우, 고미경 씨 부부는 평생 도시에서 살아왔다. 그래서였을까 주택에 대한 동경이 컸다. 특히 남편 최종우 씨는 집을 짓기 전까지 문산에 텃밭을 두고 일주일에 두 번씩 꼬박꼬박 서울과 문산을 오갔을 정도였다고. 그러다 직장도 파주로 옮겨가면서 부부의 집짓기 계획은 급물살을 탔다.
부지를 찾으며 평소 즐겨보던 주택전문지에 게재된 기사도 꼼꼼히 읽었다. 그러다 오랫동안 눈에 밟혀 스크랩해둔 한 주택의 건축·시공사에 전화를 걸었다.
"건축주께선 예산 제한이 없다면, 집을 어떻게 짓겠는가라는 질문을 제게 던지셨어요."
서현건설 박명현 대표, 건축디자인그룹 몸의 임보라 대표는 첫 미팅에서 강렬했던 건축주의 질문에 '독립된 목구조에 SIP 외단열 공법을 적용한 패시브하우스'를 짓겠다고 대답했다.

대지위치
경기도 파주시

대지면적
402㎡(121.81평)

건물규모
지상 2층

건축면적
154.85㎡(46.92평)

연면적
241.31㎡(73.12평)

건폐율
38.52%

용적률
60.03%

주차대수
2대(옥내 1대, 옥외 1대)

최고높이
8.13m

구조
기초 - 철근콘크리트 복합기초 / 지상 - 외벽 : 2×6 구조목 + SIP 패널, 내벽 : 2×6 S.P.F 구조목 / 지붕 - 2×12 S.P.F 구조목 + SIP 패널

단열재
벽 - 외벽 : 비드법단열재 2종(네오폴) 140㎜ + T10 열반사단열재, 내벽 : 그라스울 R19 / 지붕 - 비드법단열재 2종(네오폴) 140㎜ + 그라스울 R37

외부마감재
외벽 : 브릭코 고벽돌, KMEW 세라믹사이딩 T16, KD우드테크 탄화목사이딩(애쉬), 지붕 : 컬러강판

담장재
브릭코 메탈, 두라스택 큐블록

창호재
케멀링 88㎜ PVC 시스템창호 + 삼중유리 + 로이코팅(에너지등급 1등급)

열회수환기장치
SHERPA Aircle-R500V(상부토출형)

에너지원
도시가스

조경석
오석, 현무암 판석, 고흥석 등

조경
초원조경

이 공법의 장점은 크게 세 가지로 요약될 수 있었다. '튼튼한 구조'와 '열교 없는 단열', 그리고 '연면적 대비 공간 효율 증가'. 기본적으로 두 공법을 함께 적용하면 경량목구조 골조 외부에 SIP를 부착하여 단열이 끊기지 않고, 높은 천장고와 넓은 스팬도 자유로운 골조 보강으로 가능했다. 덕분에 SIP 단독 공법보다 튼튼한 구조와 열교 차단을 달성할 수 있다. 이때 SIP는 구조재가 아닌 외단열이기 때문에 벽체 두께와 신고 면적 대비 넓은 공간도 누릴 수 있다는 장점도 가진다. 충분히 설명을 들은 부부는 그 자리에서 바로 OK 결정을 내렸다. 종우 씨는 "이전에 공장 건물을 지으면서 설계와 단열, 구조의 중요성을 깨달았다"며 "건물 목적은 다르지만, 기본은 같다고 생각해 납득할 수 있었다"고 선택의 이유를 설명했다. 여기에 패시브하우스 수준의 성능을 달성하기 위해 에너지등급 1등급 3중 로이유리 시스템 창호로 단열을 확보하고, 열회수환기장치에도 많은 투자를 했다. 그 결과 부부는 작년 10월에 입주해 겨울을 났지만, "매서운 추위로 유명한 파주에서도 훈훈하게 지낼 수 있었다"며 흡족해한다.

주택 디자인에 대해서 부부는 "전반적으로 막힘없이 환했으면 좋겠다"고 주문했고, 이 부분은 집의 가장 중요한 콘셉트가 되었다.

❶ 심플한 후면에 다양한 크기의 창이 리듬감 있게 배치되었다.

❷ 살짝 단차가 생긴 주차박스 위는 넉넉한 크기의 마당 작업장으로 쓰고 장독도 두었다.

❸ 매스 틈 사이로 아늑하게 안긴 주출입구. 주방 앞 데크는 포치를 길게 내 날씨에 구애받지 않는 야외 티타임 장소로 제격이다.

내부마감재
벽 - 친환경 페인트 도장, 에덴바이오 벽지 / 바닥 - 노바마루 원목마루W

욕실 및 주방 타일
수입타일

수전 등 욕실기기
대림

주방 가구
한샘 키친바흐

조명
KD라이팅, 등불조명

계단재·난간
오크 집성목 + 단조난간

현관문
성우스타게이트 단열현관문

중문
늘품도어 스윙도어

방문
영림도어몰딩

붙박이장
한샘 키친바흐

데크재
KD우드테크 탄화목 데크(애쉬)

사진
변종석

구조설계(내진)
마루건축구조

설계
건축디자인그룹 몸
https://blog.naver.com/archibody

시공
서현건설
https://cafe.naver.com/shc1310

주택 외부는 붉은 톤 벽돌을 바탕으로 돌출된 매스의 전면은 밝은 백색, 측면은 회색 세라믹사이딩으로 마감해 안정적인 색 조화를 이룬다.

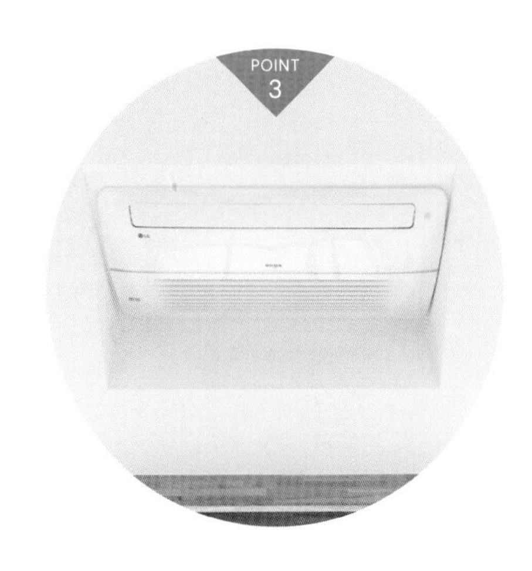

POINT 1 - **SIP 공법**

이 집에는 SIP(Structural Insulated Panels)를 외단열처럼 외부 전체를 감싸는 방식을 적용했다. SIP는 OSB를 양면에 놓고 가운데 EPS 단열재(네오폴)를 결합한 자재로, 목구조에서 충분한 내진구조 성능을 갖추면서 열교 없는 단열이 가능하다.

POINT 2 - **아홉 칸 구성의 평면과 단면**

경량목구조 + SIP 공법의 이중구조는 향상된 단열성능 외에 건축 디자인에도 영향을 준다. 두터워진 외벽은 창문 등의 개구부에 깊이감을 형성, 파사드에 입체적인 재미를 부여한다.

POINT 3 - **지붕선 살린 에어컨**

지붕의 경사를 살린 디자인을 구현하기 위해 환기배관을 고려하면서 그 안에 에어컨을 설치했다. 지붕을 4중으로 마감하는 등 쉽지 않은 세부 마감 작업이 요구됐다.

❺ 오픈 공간에는 고창과 함께 측창도 배치해 아침부터 늦은 오후까지 햇살을 고루 받는다.

❻ 오픈 천장의 개방감을 최대한 누리기 위해 2층 난간은 투명한 강화유리를 적용했다.

❼ 주방 싱크 앞으로는 가로로 긴 창을 배치해 자칫 갑갑해질 수 있는 주방에 개방감을 선사한다.

❽ 현관에 들어서자마자 보이는 창은 바깥 풍경을 담은 그림이 된다.

❾ 지붕선을 그대로 살린 서재. 전용 테라스도 갖추고 있어 안과 밖을 자연스럽게 연결한다.

❿ 최소한의 가구만 남겨 심플하게 구성한 안방.

외관은 따뜻한 붉은 톤의 벽돌을 바탕으로 돌출된 매스의 전면은 환한 백색, 측면은 회색 세라믹사이딩을 적용해 적당히 무게감을 주는 마감을 선택했다. 주요 공간은 풍부한 자연광을 받을 수 있도록 남쪽으로 배치하면서 내·외부 공간의 자연스러운 소통을 위해 테라스와 발코니를 연계했다.
주방과 거실은 개방감 있게 트여있으며, 내벽은 화이트 톤으로 정갈하게 정리했다. 시선 닿는 곳마다 배치한 창을 통해 들어오는 풍부한 채광은 실내 전체의 밝은 분위기를 배가한다. 게스트룸을 제외하고 1층의 안방과 2층의 2개 침실은 각각 드레스룸과 욕실을 사용할 수 있게 배치해 구성원 간 독립적인 생활 거리를 존중하고 불필요하게 드러나는 가구를 줄였다.

꿈을 현실로 이뤄낸 부부는 이제 봄 준비로 바쁘다. 남편 종우 씨의 올봄 목표는 마당에 여러 토종 야생화를 키워내는 것. 주방 창밖으로 서 있는 라일락, 단풍나무 옆의 남천과 화살나무를 하나하나 소개하는 그의 모습에서 설렘 가득한 봄기운이 느껴진다. 따뜻한 차의 온기를 오래도록 품는 티코지처럼, 집도 봄을 준비하는 부부의 일상 속 온기도 오래도록 품을 수 있길 바라본다.

11

12

SECTION

①현관 ②거실 ③주방/식당 ④복도 ⑤방 ⑥욕실 ⑦드레스룸
⑧다용도실 ⑨가족실 ⑩게스트룸 ⑪테라스 ⑫창고

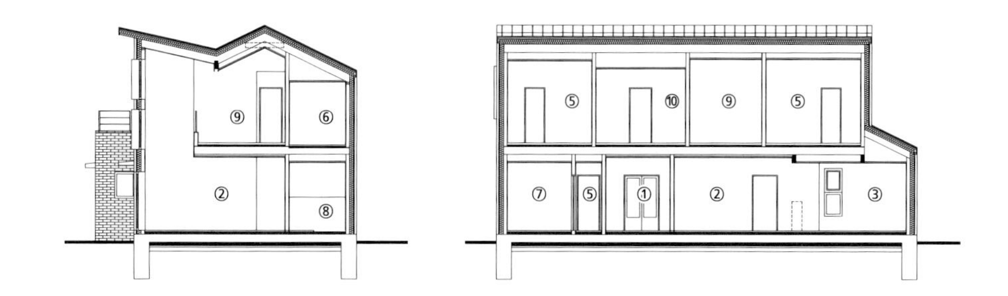

PLAN

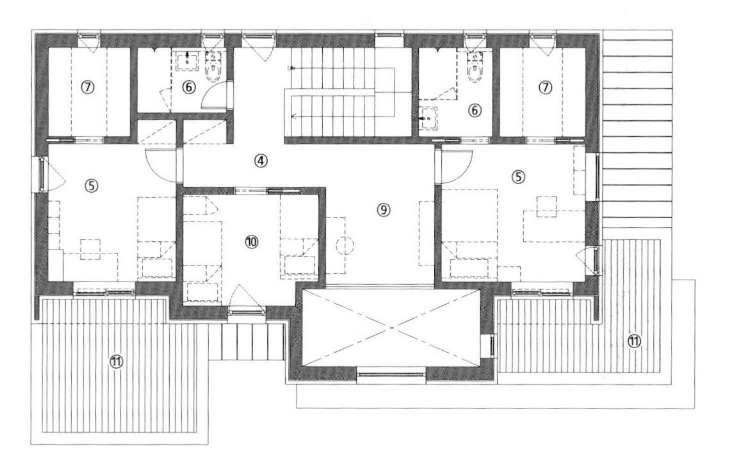

2F - 86.46m²

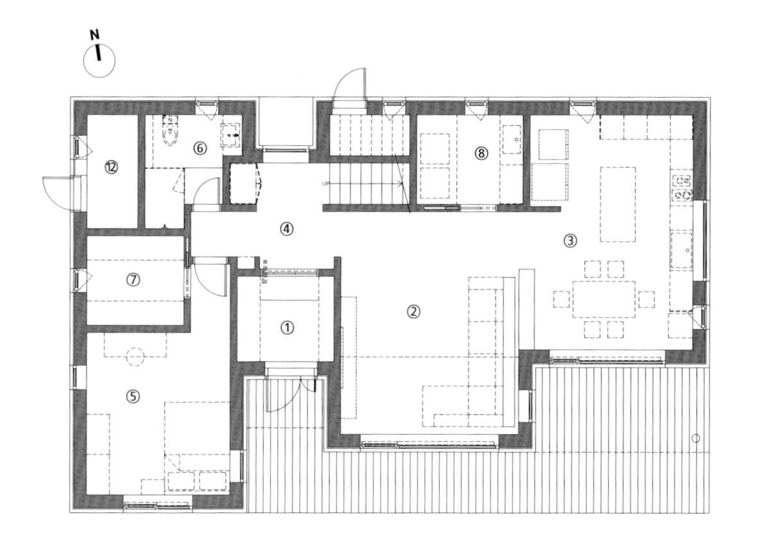

1F - 154.85m²

⓫ 2층 서재 맞은편의 아들 침실 앞에도 넉넉하게 테라스를 놓았다.

⓬ 반려견 초롱이와 여유로운 오후 시간을 즐기는 건축주 부부

서로에 대한 존중으로 빛나는 집
김천 해담家

인상적인 붉은 벽돌집은
세 가지를 재료삼아
지어졌다.
일곱 식구의 유쾌함과
기본에 충실한 시공,
그리고 배려를 담은 설계.

1

2

정영균, 손희경 씨 부부의 집짓기는 이번이 처음은 아니었다. 일곱 식구를 품기에 아파트는 한계가 컸고, 부부는 그때도 어느 하우징 업체를 통해 집을 지었다. 하지만 첫술에 배부르기 어렵듯, 첫 주택은 처음이라 시행착오가 적잖았다. 또 아이들이 어렸을 때 지어져 지금의 가족을 품기에는 여러모로 불편한 점이 많았다. 아이들도 커가며 자기만의 공간이 필요했고, 부부도 일상을 보내면서 보충하고 싶은 부분이 점점 눈에 보였다. 마치 넘칠 듯 가득 찬 물컵 같은 날을 보내던 어느 날 넷째 다인이의 외침이 하나의 물방울이 되어 흘러넘쳤다. "왜 내 방은 없어요?"

그날로 부부는 여러 건축가와 시공사를 수소문했다. 부부는 설계와 시공이 긴밀하게 소통할 수 있는 건축가였으면 했고, 가격보다 원하는 것을 발견해주는 건축가를 찾았다. 부부는 "평당 얼마"로 대화를 시작하는 시공사를 예닐곱 군데 거치고 나서야, '슬기로운 건축생활'이라는 이름으로 협업해 활동하는 'GA건축사사무소'와 '공간디자인큐브'를 만났다. 그들의 첫 마디는 "어떤 집을 짓고 싶습니까?"였고, 그 뒤로 내리 두 시간 넘게 그동안의 갈증을 채우듯 질문과 답을 이어나갔다. 그리고 7달 뒤 가족은 그들의 손을 거친 '해담가'를 만나게 되었다.

대지위치
경북 김천시

대지면적
589.00㎡(178.17평)

건물규모
지상 2층

거주인원
7명(부부, 자녀 5)

건축면적
139.60㎡(42.22평)

연면적
260.45㎡(78.78평)

건폐율
23.70%

용적률
44.22%

주차대수
2대

최고높이
8.73m

구조
기초 - 철근콘크리트 매트기초 / 지상 - 철근콘크리트

단열재
기초 - 압출법보온판 특호 125T / 벽체 - 비드법난열재 가등급 75T 누겹 시공 / 지붕 - 경질폼 170㎜

외부마감재
외벽 - 두라스택 S500 / 지붕 - 알루미늄징크

창호재
살라만더 독일식 시스템창호 82㎜

열회수환기장치
ZEHNDER ComfoAir

에너지원
LPG

조경석
현무암, 화산석

❶ ㄷ자 모양이 선명한 주택의 입면. 돌출된 매스의 중간에는 특별히 디자인한 주소판이 배치됐다.

❷ 안마당 데크는 파고라와 폴딩도어를 두어 안과 밖을 잇는 전위공간의 기능을 충실히 이행한다. 티룸이 되기도 하고, 때론 물놀이 공간이 되기도 한다.

❸ 바깥에서 보는 발코니. 수전과 전기를 배치해 간단한 캠핑 느낌도 낼 수 있다.

POINT 1 - **수분 침투를 막는 기초 처리**

콘크리트 수분이 지반에 침투하면 바닥 강도가 저하돼 기초가 부러질 수도 있다. PE비닐은 0.1㎜ 이상 겹시공하고, 단열재도 꼼꼼히 테이핑한다.

POINT 2 - **빈틈없는 단열재 접착**

단열재를 부착할 때 면의 40% 이상, 테두리는 100% 채워 부착한다. 단열재의 수축·팽창을 최소화하고, 화재 확산 방지에 중요한 역할을 한다.

POINT 3 - **도장 마감의 완성은 모서리**

모서리 부분에는 코너비드로 각을 살려야 한다. 코너비드를 재단해 부착하고 퍼티를 펴 발라 고정 및 빈틈을 메우고 그 위에 도장을 한다.

내부마감재
벽체 - 던에드워드 친환경 페인트 / 바닥 - 포세린타일, 구정마루

욕실·주방타일
포세린타일

수전·욕실기기
아메리칸스탠다드, 더죤테크

주방가구
공간디자인큐브 자체제작(싱크대, 수납장), 보컨셉(식탁)

거실가구
디바쎄(소파)

아이방가구·붙박이장
공간디자인큐브 자체제작

계단재·난간
구정마루, 평철 및 환봉 난간

현관문
㈜성우스타게이트

방문
무늬목 제작도어

데크재
합성목재

사진
변종석

조경
비오토프 갤러리

설계·시공
GA건축사사무소 × 공간디자인큐브
green_a2016@hanmail.net,
cube40006@gmail.com

4

해담가는 '예산의 합리화', '하자의 최소화', '편의성의 극대화'라는 세 가지 원칙에 방점을 두고, 가족의 요구사항을 녹여내는 과정을 거쳤다. 그 과정에서 다락이나 평지붕, 차고 등 여러 가지 로망이 생략되거나 바뀌었지만, 부부는 건축가의 판단을 존중했다.
공간디자인큐브의 김진호 대표와 GA건축사사무소 김지아 소장은 "결국 큰 비용을 들이고, 평생을 살아가야 할 것은 건축주"라며 "하자 가능성이 보이는 데도 건축주의 로망에만 맞춰 집을 짓는 것은 전문가의 직무유기"라고 힘주어 설명했다. 하자는 세 주체 간 정보격차에서부터 생긴다고 생각한 그들은 건축사와 시공사, 건축주라는 삼각관계에서 SNS나 메신저 등을 통해 숨기는 것 없이 투명하게 서로 정보를 공유했다.

그것은 편리하면서도 재밌는 공간과 안정적인 주택 성능, 디테일에서 세심한 실내외 마감 품질로 돌아왔다.
엄마의 주방은 여럿이서 쉽게 모일 수 있는 넉넉한 규모와 편리한 동선, 사용감 좋은 하드웨어를 적용한 주방가구를 갖춰 머무르고 싶은 공간이 되었다. 아이들 방은 프라이버시를 존중한 동선과 입체적인 복층으로 흥미를 자극하는 유쾌한 공간이 되었다. 패시브하우스에 가까운 든든한 단열과 기밀, 걱정 없는 방수층, 쾌적한 실내 공기를 유지시켜주는 열회수환기시스템은 주택의 성능을 중시한 아빠를 만족시켰다. 장인의 손을 거쳐 모서리에 크랙 하나 없이 온전한 실내 마감은 특별한 고가의 자재가 아니어도 공간의 심미적 완성도를 높일 수 있음을 증명해보였다.

❹ 가족의 또 다른 실내 속 야외공간인 2층 발코니. 벽면에는 네온사인으로 다섯 남매에게 하고 싶은 엄마의 말이 적혔다.섯 남매가 머무르는 2층 가족실에서는 서로 모여 공부를 봐주기도 한다.

❺ 다섯 남매가 머무르는 2층 가족실에서는 서로 모여 공부를 봐주기도 한다.

6
7
8
9
10
11

입주한 지 얼마 되지 않았지만, 가족은 어느새 새집에 자연스럽게 스며들었다. 학교를 마치면 식당에 모여 서로의 숙제를 봐주고, 데크 위에는 여름을 맞아 오 남매 전용 워터파크가 개장해 설렘을 더한다. 그리고 아이들이 재밌게 에너지를 쏟아내는 모습을 거실에서 부부는 흐뭇하게 바라본다. 그러다 가끔 일상에 치여 지치거나 기분이 가라앉으면 2층 발코니에 둘러앉아 가족끼리 마음을 나눈다. 아이들이 해를 담을만큼 깊고 넓은 마음을 가진 사람으로 자라길 바라며 지은 집 이름, '해담가'. 해담가의 일곱 식구는 어른도 아이들도 집만큼이나 넉넉한 마음으로 오늘도 그만큼 자랄 것이다.

❻ 현관에 들어서자마자 그라스로 꾸민 작은 웰컴가든이 분위기를 자연스럽게 만든다.

❼ 주방과 안방의 사이에는 가족실이 놓였다.

❽❾⓫ 주방은 아내의 주 활동 공간. 다섯 아이들을 챙기는 베이스캠프이기도 하고, 대외관계를 다지는 사교의 장이 되기도 한다.

❿ 가족들에게는 '편의점'으로 통하는 주방 수납장. Blum의 고급 주방하드웨어가 적용되어 넉넉한 수납공간과 사용감이 우수하다.

⓬ 자신을 가꾸는 데 점점 관심이 많아질 시기이기에 아이들 욕실에도 따로 파우더룸을 마련했다.

⓭ 아이방들이 놓인 2층 복도의 중간에 세탁공간을 마련해 동선 효율성을 높였다.

⓮⓰ 1층에는 침대를, 2층에 책상을 두는 2층 구조의 아이방. 다락 대신 층고를 높여 가능한 구조였다.

⓯ 층고가 낮은 부분에서의 아이방.

12

13

14

15

16

SECTION

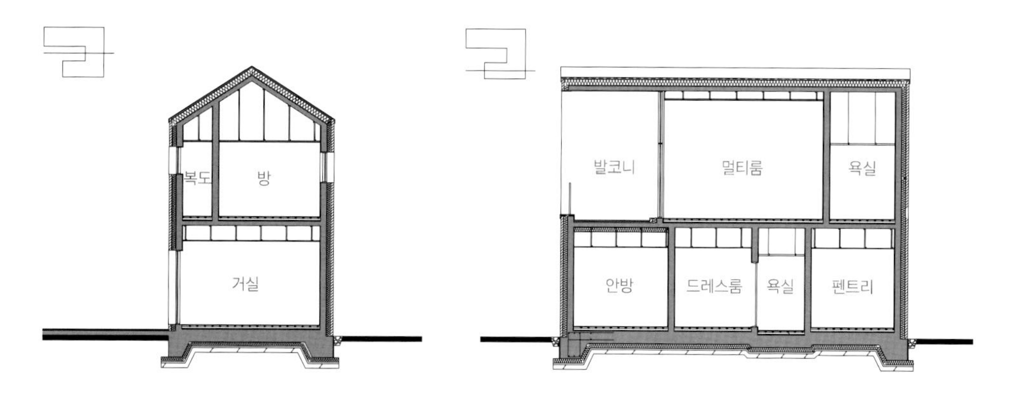

PLAN

2F - 120.85m²

1F - 139.60m²

내정[內庭]과 별채가 있는 집
용인 경량목구조 주택

따뜻한 집을 최우선으로
생각하며 결정했던 목조주택.
아파트에 살 때보다
훨씬 줄어든 난방비를 보며
그 선택이 옳았음을 다시금
되새긴다는 가족의 집은
시간이 지날수록
자연스러움을 더하며
마을 속에 녹아든다.

중정을 품은 특별한 집이 되기까지

신도시 단독 주택지에 지어지는 주택들은 건축주의 바람과 달리 의외로 프라이버시 확보가 쉽지 않다. 대지의 모양과 크기가 대부분 비슷해 각 집들이 충분히 이격되기 어렵고, 넓은 마당을 가지고 싶지만 그런 여건이 가능한 땅을 찾기도 힘들다.

이직 후 직장과 가까운 곳으로 집을 알아보다 대지를 마련하게 된 건축주 역시 이런 고민을 가지고 오피스경 권경은 소장을 찾았다.

"위요감 있는 외부 공간을 어떻게 확보하느냐가 하나의 과제였고, 나름의 해법을 찾은 것이 중정형의 집이었어요. 대신 일반 중정 주택과 달리 집 안에 중정을 품는다는 개념으로 설계를 시작했죠."

먼저 1층을 도로와 직각이 아닌 사선으로 만나도록 했다. 이렇게 만들어진 사다리꼴의 두 외부 공간 중 도로와 접한 곳은 입구와 주차장을, 대지 안쪽 인접 대지에 면한 곳은 작지만 아늑한 가족만의 마당을 두었다. 그리고 2층은 'ㄷ'자의 평면으로, 매스가 감싸는 중앙을 마당이 아닌 비워진 실내 공간으로 계획하여 마치 중정처럼 빛 잘 드는 높은 층고의 거실을 완성해주었다.

❶ 다양한 집들로 둘러싸인 단지 내에서도 유독 눈에 띄는 주택이 바로 세 식구의 보금자리.

❷❸ 새로 증축한 별채는 본채와 닮은 고깔 모양의 높은 지붕을 가진다. 3평 정도의 아담한 공간이지만, 4m의 층고와 작은 천창이 있어 시원한 공간감이 느껴진다. 창은 폴딩도어로 하여 별채 안으로 외부 공간이 적극 연결되도록 했다. 벽을 백색 페인트로 마감하고 지붕의 컬러강판도 화이트로 택해 지붕과 벽체가 일체감 있는 하나의 매스로 보여진다.

❹❺ 1층 양 끝에 식재를 심어 외부로부터의 시선을 걸러주는 작은 정원을 두었다. 덕분에 내부에서는 두 정원을 함께 마주할 수 있다.

대지위치
경기도 용인시

대지면적
223.2㎡(67.51평)

건물규모
지상 2층

거주인원
3명(부부 + 자녀 1)

건축면적
97.49㎡(29.49평)

연면적
148.63㎡(44.96평) - 별채(10.25㎡) 포함

건폐율
43.67%

용적률
66.59%

주차대수
1대

최고높이
8m

구조
철근콘크리트 매트기초 / 지상 - 경량목구조 외벽 2×6 구조목 + 내벽 S.P.F 구조목 / 지붕 - 2×8 구조목

단열재
그라스울 24K

외부마감재
벽 - 점토 벽돌, 콘크리트 벽돌(두라스택 큐블록), 적삼목 무절 사이딩, 시멘트 사이딩 / 지붕 - 컬러강판

담장재
두라스택 큐블럭 S시리즈

창호재
케멀링 PVC

에너지원
도시가스

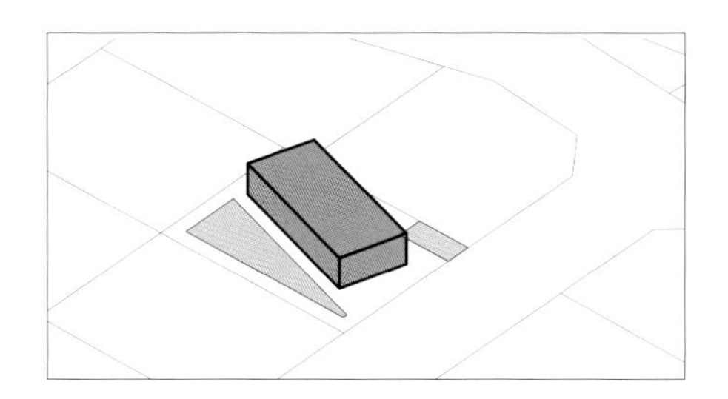

① 도로와 사선으로 만나도록 1층 매스를 만들어 외부 공간을 둘로 나누었다. 도로에 면한 외부는 진입 공간, 안쪽 인접 대지와 만나는 외부 공간은 마당으로 계획하였다.

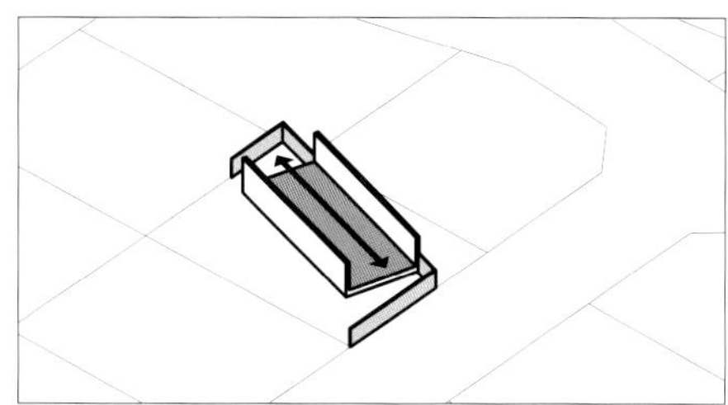

② 1층에 만들어진 매스에 긴 거실과 주방을 통합으로 배치하고 양 끝에는 담장으로 둘러싸인 작은 데크를 두어 주방과 거실에서 각각 바로 접근이 가능한 외부 공간으로 쓴다.

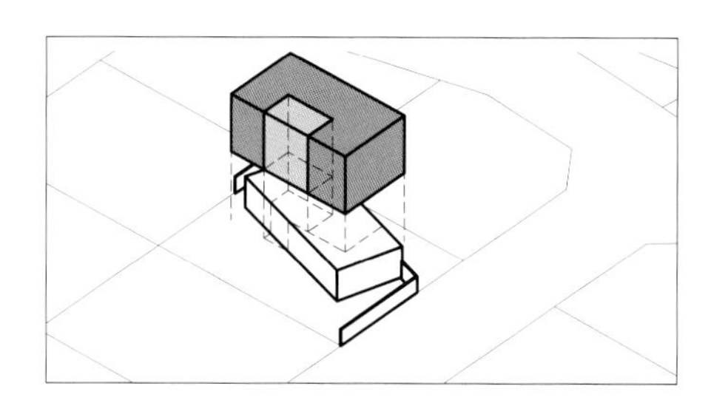

③ 2층은 남쪽으로 열린 'ㄷ' 자형 매스를 도로와 직각으로 배치하여 1층에 적층하였다. 중앙은 복층 공간이 되어 형태가 다른 1층과 2층이 공간적으로 연결된다.

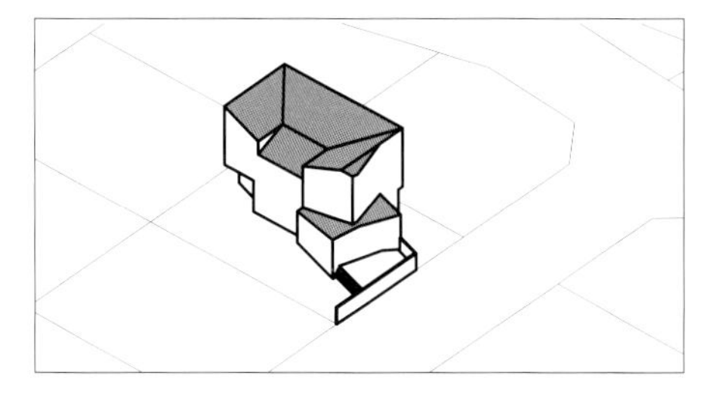

③ 지붕면은 경사지붕으로 하고, 2층 각 방에 다락을 배치하였다.

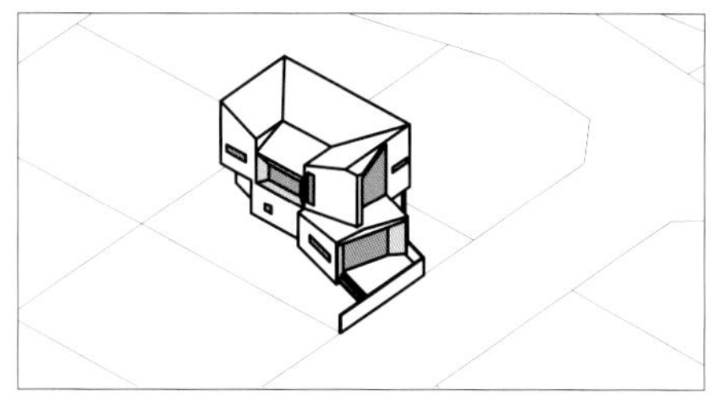

⑤ 면마다 실과 용도에 맞는 특징적인 창들을 설계해주었다.

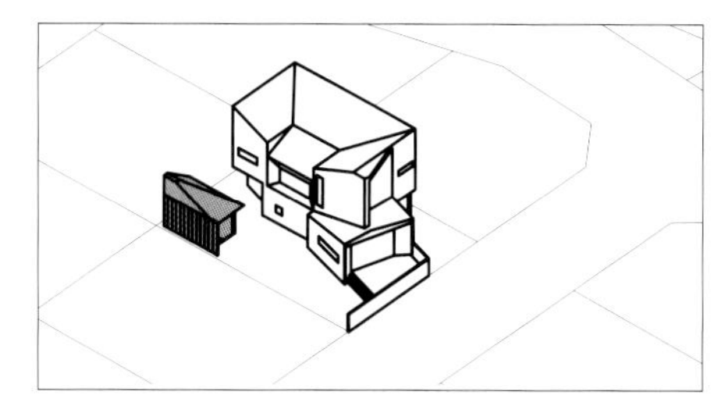

⑥ 마당에 별채를 증축하여 거실과 마당이 자연스럽게 이어진다.

2

3

4

5

내부마감재
도장, 강마루, 포세린 타일

욕실 및 주방 타일
윤현상재 수입 타일

수전 등 욕실기기
아메리칸스탠다드

주방 가구·붙박이장
희원디자인

조명
필립스

계단재·난간
오크 집성목 + 평철 난간

현관문
YKK

방문
영림도어

데크재
방킬라이

사진
변종석

시공
브랜드하우징

설계
오피스경 권경은
http://okarchitecture.com

2층까지 오픈된, 높은 천장고의 실내. 사생활을 고려해 2층 높이에 설치한 큰 창은 거실로 충분한 빛을 끌어들이며 밝은 내부 공간을 조성해준다. 지형으로 인해 생긴 주방과 거실의 단차는 두 영역을 분리하는 동시에 공간적 재미를 더하는 효과를 주었다.

6

7

8

9

10

살면서 바꿔 가는 가족만의 주택 생활

세 식구에게 필요한 실만으로 채운 연면적 40여 평의 2층 주택. 층별로 철저히 기능을 분리해 1층은 공용 공간인 주방과 거실, 2층은 사적 공간인 부부 침실과 딸의 방으로 꾸몄다.

모노톤의 깨끗한 배경의 집이 지루하지 않게 느껴지는 건 집 안 곳곳의 남다른 요소들 덕분. 대지의 형태를 그대로 살려 주방과 단차를 둔 거실, 두 층을 연결하는 유리 난간의 계단, 인접한 집에 영향을 받지 않도록 2층 높이에 둔 창 등으로 인해 밋밋함은 덜어내고 디테일을 살릴 수 있었다.

마당에서 하고 싶은 일이 많아지면서 건축주는 얼마 전 권 소장과 다시 한번 손을 맞잡고 기존 후면 데크의 연장선상에 아담한 별채 하나를 증축했다. 이곳은 본채와 마당의 연결고리 역할을 하며 가족에게 또 하나의 힐링 공간이 되어준다.

여전히 할 일 많은 주택 생활이지만, 가족 에게 맞춰 조금씩 바꿔 가는 과정이 그저 즐겁다는 건축주. 세 식구의 행복한 시간과 이야기는 오늘도 집에 차곡차곡 쌓여간다.

❻ 집의 첫인상을 좌우하는 만큼 깔끔하게 정돈된 현관

❼ 현관에서 들어와 마주하게 되는 유리 난간의 계단. 계단 좌측으로 주방과 다이닝룸, 우측으로 거실이 자리한다.

❽ 외부 공간과 연결되는 거실 한쪽 벽에는 갤러리 레일을 설치해 감각 있는 아트 작품을 걸 수 있도록 했다.

❾❿ 채광 좋은 곳에 배치된 다이닝룸과 주방. 주방은 넓고 긴 아일랜드와 빌트인 장을 활용해 넉넉한 수납공간을 확보했고, 덕분에 쾌적한 공간이 완성되었다.

⓫ 2층으로 오르는 계단에서 바라본 풍경. 적재적소에 둔 창 덕분에 실내 깊숙이 빛이 든다.

⓬ 딸 아이의 방답게 핑크 컬러로 포인트를 주며 아기자기하게 꾸몄다. 높은 층고와 경사지붕을 활용해 방 위에는 아늑한 다락도 마련해주었다.

⓭ 전반적으로 심플한 분위기를 유지한 부부 침실. 거실 쪽으로 조그마한 창을 내어 맞은편 아이방을 포함해 아래층과의 소통도 가능토록 했다.

⓮ 세면대를 중심으로 양쪽에 샤워실과 화장실을 계획했다.

11
12

13

14

15

16

SECTION

① 현관 ② 거실 ③ 주방/식당 ④ 화장실 ⑤ 다용도실 ⑥ 별채
⑦ 침실 ⑧ 드레스룸 ⑨ 욕실 ⑩ 다락

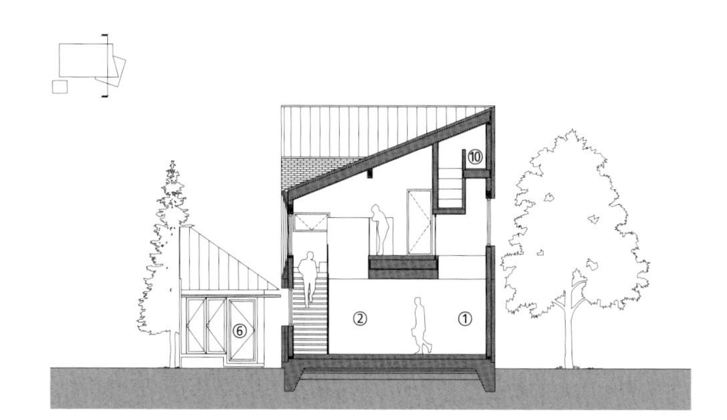

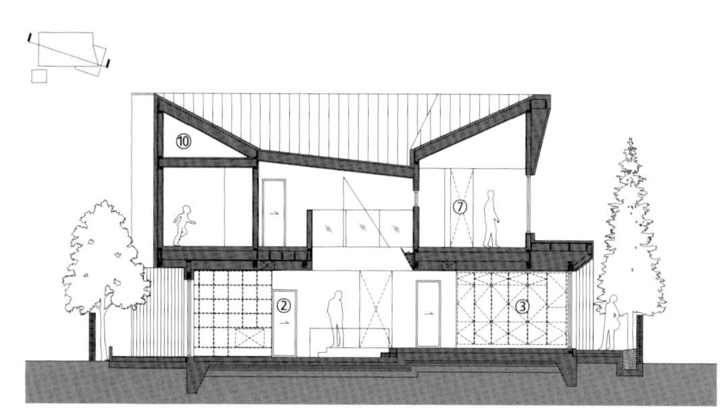

PLAN

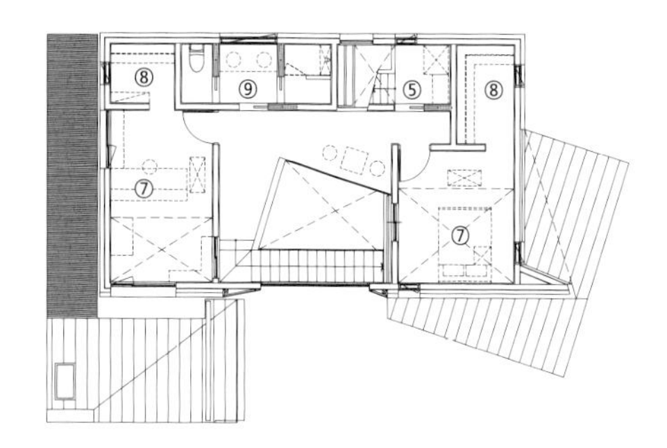

2F - 61.38m²

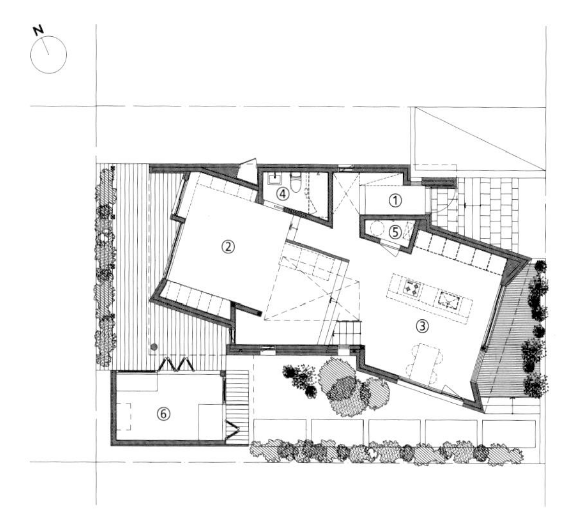

1F - 77m²

⑮⑯ 점토 벽돌과 콘크리트 벽돌, 적삼목 무절 사이딩 등 다른 소재의 마감재가 서로 잘 어우러져 집의 외관에 입체감을 더한다. 벌써 지어진 지 2년이 넘었지만, 소재 특성상 여전히 잘 관리된 모습이다.

가장 특별한 포트폴리오
양평 지우네집

패시브하우스와 서재.
간결히 정한 목표에
취향과 확신이 쌓이며
완성된 세 가족의 집은
부드럽지만 선명하게,
마을에 가족의 표정을
새겨나간다.

집을 짓고 싶다는 마음은 여러 계기에서 온다. 지역의 인프라, 가족의 변화, 도시 생활에서의 염증 등. 그러나 또 어떤 경우에는 찰나의 한 바람이 집의 완공까지 시간을 이끌 때도 있는 법이다. 양평의 경사진 주택가 속, 자연스럽게 섞인 듯 스스로의 색으로 선명한 박성일 소장의 패시브하우스, 지우네집 또한 그렇게 출발했다.

❶ 주택의 모든 면은 벽돌타일로 톤을 유지했다. 처마의 선과 함께 단조로운 듯 뚜렷한 인상을 준다.

❷ 주택은 도로를 면한 남서향의 경사진 대지에 위치해 있다.

❸ 갈바륨 소재의 담장은 도로로부터의 프라이버시를 지키고, 심플한 집의 분위기를 함께 조성한다.

양평에 집을 지은 계기가 있나

박성일 소장(이하 생략) : 사실 단순한 이유다. 사무실이 강동구에 위치해 있어서 반경 30km 내외로 원을 그었다. 양수리를 기점으로 남쪽에 신원리, 북쪽에 문호리, 수입리 정도가 걸리더라. 그 중 고속도로와 국도를 모두 이용하기 편리한 문호리가 가장 출퇴근에 적합하다고 판단했다.

땅을 고르는 과정은 어땠나

대지를 많이 보다보니 어떤 게 좋은지 자연스럽게 결정이 됐다. 지금 땅을 본 게 4월 초였는데 앞집에 목련꽃이 활짝 핀 시기였다. 처음 계획한 예산에서 조금 벗어나는 땅이었지만, 그 목련꽃에 마음을 뺏겨 결국은 여기로 결정하게 됐다.

대지위치
경기도 양평군

대지면적
365㎡(110.41평)

건물규모
지상 2층

거주인원
3명(부부 + 자녀1)

건축면적
83.66㎡(25.31평)

연면적
139.15㎡(42.09평)

건폐율
22.92%

주차대수
1대

최고높이
6.7m

구조
기초 - 철근콘크리트 매트기초 / 지상 - 철근콘크리트(벽, 슬라브, 지붕)

단열재
압출법보온판 특호, 비드법보온판 2종3호

외부마감재
벽돌타일(스페인산)

담장재
갈바륨

창호재
레하우 pvc 시스템창호(47mm 로이삼중유리)

에너지원
도시가스

3

서재 때문에 집을 지었다고

이전에 살던 곳이 나쁜 집은 아니었다. 층간소음에 시달렸다거나 한 것도 아니고, 사무실이 엄청 멀어 고생한 것도 아니었다. 그런데 방이 세 칸뿐이라 내 공간, 서재에 대한 욕망이 커졌다. 설계의 중심축을 서재에 두다 보니 구성에 많은 변경이 따랐다. 처음에는 별개의 동으로도 계획해보는 등 다양한 시도를 하다가 지금처럼 현관을 기준으로 거실과 분리되게 만들었다. 주로 업무나 개인적인 시간을 보내는 곳이니 사랑채처럼 신발을 벗고 드나드는 방식이길 바란 것도 있다.

아내의 요구사항은 없었는지

단 하나, 나와 같이 '본인의 서재를 만들어달라'가 전부였고 2층에 만들게 됐다. 처음에는 창문이 없길 원했는데 추후의 용도 변경 가능성을 고려해 작은 창문을 내는 것으로 타협했다. 그 외에는 내가 이끄는 대로 많은 부분을 잘 따라와줬다. 오히려 내가 내 자신에게 요구사항이 더 많은 작업이었다.

실내에 노출 콘크리트를 적용했다

본래 건축 작업을 할 때도 최소한의 디자인을 추구하는 편이다. 표면적인 미니멀리즘이라기보다 시공과 준공 이후 더 많은 가능성을 품을 수 있도록 하는 것이다. 또 스스로가 본래 원초적인 자재 하나에 꽂히는 성향이 있다.(웃음) 동시에 쓸 수 있는 예산 내에서 최대치를 끌어낼 수 있도록 단순한 형태와 최소한의 보수 외에는 마감의 생략 등을 감행했고, 노출 콘크리트가 그런 요소다.

건축가 본인의 집이라 가능했던 것 같다

아무래도 일반적인 건축주분들에게는 낯설고 쉽지 않은 선택지이긴 하다. 처음 거푸집을 칠 때부터 콘센트의 위치 같은 걸 변경 없이 진행해야 하고, 뭔가 넣을 자리도 다 고려해야 한다. 콘크리트 면을 깔끔하게 유지하기 위해서 새 거푸집을 썼다. 또 거실의 경우에는 크랙 하자가 있어 한번 갈아내고 보수를 했었는데, 서재를 시공할 때와 양생 온도가 안 맞아서 다른 곳보다 콘크리트의 색이 연해졌다. 집을 지으면서 재료에 대해 배우게 된 격이다. 구로철판 계단이나 갈바륨으로 마감한 담장도 모두 재료의 물성을 더 적극적으로 활용한 부분이다.

내부마감재
벽 - 노출콘크리트, 아우로 천연페인트 / 바닥 - 빈스데코 솔리드, 장림우드 베르데 원목마루(22mm) / 천장 - 노출콘크리트

욕실 및 주방 타일
수입 포세린타일

수전 등 욕실기기
아메리칸스탠다드, 대림바스

주방 가구
리바트 키친

계단재·난간
계단재 - 열연강판(구로철판), 내부난간 - 강관, 외부난간 - 평철+간봉

중문·방문
영림도어

붙박이장
리바트

데크재
방킬라이 19mm

도어하드웨어
헤펠레

조경
오가든

전기·기계·설비
협신이엔지

구조설계
금나구조

사진
이재우, 변종석

시공
이에코건설

설계·감리
선아키텍처 건축사사무소
http://sunarchitecture.co.kr

©변종석

벽과 천장처럼 계단재 또한 주택에 잘 쓰이지 않는 구로철판 소재를 적용해 분위기를 맞췄다.

4

5

서재가 업무공간을 겸하고 있나

일주일에 3일에서 4일은 재택 근무를 목표로 진행 중이라 어느 정도는 그런 성격이 있긴 하다. 개인적인 취향이지만 일하는 곳은 물리적으로 떨어져 있어야 한다고 생각한다. 완전 재택 근무는 경험상 잘 맞지 않았다.(웃음) 그럼에도 여러가지 가능성을 이 집에 담아 뒀다. 사무소 용도가 가능하게 만들기도 했고, 2층 같은 경우에는 필요한 몇 개 말고는 모든 벽체가 오픈 플랜이다. 아이를 위한 곳이 될 수도 있고, 어쩌면 취향이 또 바뀌어서 온전한 직주일치를 실현할 수도 있다.

지으면서 애로사항 같은 건 없었나

통상적인 집짓기의 문제 사항은 다 겪어본 것 같다. 오수처리 시설의 범위에 해당되지 않는 문제 때문에 설계 변경을 거쳤고, 그 다음 허가 과정 중에서 차질이 생기기도 했다. 또 진행 도중 자재비 급등으로 인해 5% 가량 이상 공사비가 상승하기도 했고, 외장을 해야 하는 시점에 비가 많이 내려서 공사가 다시 지연되기도 했다. 지금 생각해보면 그리 크지 않지만, 당시에는 스트레스였다.

패시브하우스 측면에서 고려한 디테일이 있다면

기본적으로 고단열, 고기밀, 고성능창호, 열교 없는 디테일, 열회수환기장치로 꼽는다. 최대한 단순한 형태로 계획했을 때 열교 디테일은 물론 공사비도 줄일 수 있다. 노출 콘크리트를 선택한 것 또한 축열 성능을 올리기 위함이기도 했다. 외관은 벽돌이 아닌 벽돌타일을 선택했다. 치장벽돌은 수많은 고정물이기 때문에 열교가 발생해 효율이 낮아 타일을 접착하는 방식으로 마감했다. 수치로는 0.34/h라는 기밀성능으로 3.2L 하우스가 됐다.

패시브하우스가 어려운 건축주들에게 조언한다면

합리적으로 진행하려면 디자인에 제약이 생기는 것은 사실이다. 그러나 뭔가 못하고 포기한다기보다는 덜어낸다고 생각하면 쉬워질 것이라 생각한다. 또 패시브하우스가 너무 큰 이점을 줄 것이라고 기대하기보다는, 조금 더 쾌적한 집을 위한 요소들을 처음부터 놓치지 않고 신경써서 짓고, 그것들을 살면서 누려본다고 생각하면 좋을 것 같다.

평소 건축 철학이 이 집에도 묻어났을까

주로 공공건축 작업을 많이 진행해왔다. 기본적으로 공공 건축과 주택의 차이점은 레벨의 크고 작음이다. 여기에 더 나아가 주된 사용 시간이나, 사용자와 관리자가 나뉘는지 여부에서도 갈린다. 중요한 차이은 주택은 사용자도 나고, 관리자도 나인 건축물이다. 공공 건축물은 절차의 진행이 주를 이룬다면, 주택은 계획과 동시에 설득이 필요한 작업이다. 계획하는 것도, 그 계획을 가지고 설득하는 것도, 설득 당해야 하는 것도 '나'다. 또 주택이라 해서 공공성이 없는 것도 아니다. 누가 지나가면서 볼 수도 있고, 전체의 풍경에 영향을 미치기도 하니까. 그 공공성 안에서 개성을 죽이지 않고, 스스로의 취향을 녹여내는 게 바람직하다고 생각한다.

❹ 천장까지 이어진 노출 콘크리트는 최적의 면 품질을 위해 모두 새 거푸집으로 양생했다.
❺ 거실 초입에서 바라본 현관과 서재. 문을 닫으면 별동의 공간처럼 작동한다.
❻ 2층의 아이 방에는 항상 적절한 양의 햇살이 머문다.
❼ 욕실 등을 제외한 2층 방들은 추후 다양한 공간으로 쓰일 수 있도록 가벽 형태로 구성됐다.
❽ 현관을 통해 주 생활공간과 분리되는 1층 서재는 또 다른 각도로 마당을 누리는 곳이다.
❾ 2층 욕실은 노출 콘크리트와 타일이 공존하며 독특한 색감과 분위기를 자아낸다.

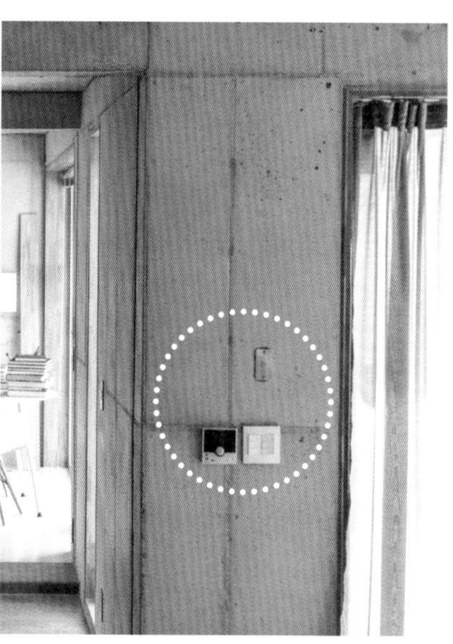

양평 지우네집 패시브하우스 TIP

패시브하우스를 위해서는 준비해야 할 부분이 많은 건 사실이지만, 너무 어렵게 접근할 필요가 없다. 저에너지의 효율을 높이는 데에는 여러 방법이 있다. 노출 콘크리트 또한 그 일환으로, 축열의 역할을 해 단열 효율을 높여준다. 주의할 점은 타설 전에 모든 콘센트, 조명 등 설비의 위치를 미리 파악하고 계획해야 한다. 에너지 효율을 위해 남쪽으로 크게 낸 창에 처마와 차양 등의 옵션을 더하면 여름철에 더욱 쾌적한 효과를 누릴 수 있다.

결국 중요한건 '나'인 것 같다

맞다. 스스로 설득과 타협을 반복하면서 내가 진정으로 원하는 게 무엇인지 계속 생각해야 했다. 또 건축가로서의 경험으로 건축주가 됨을 택한 측면도 있다. 저명한 건축가 루이스 칸이 주택을 건축의 기본으로 삼았던 것처럼 주택 설계에 주력하고 싶었다. 그런데 누가 의뢰를 안 주더라(웃음). 그래서 내 집으로 시작해본 것이다.

건축가, 혹은 건축주로서 추후 계획은 어떻게 되나

사실 아주 긴 계획은 잡지 않았다. 건축주로서는 아무래도 아이가 자람에 따라 거취 방향을 다시 한번 결정하게 될 것 같다. 초등학교 입학할 때 쯤이 아닐까? 건축가로서는 이번에는 이렇게 했으니 다음에는 또 새로운 시도를 해보고 싶기도 하다. 우스갯소리로 3년마다 한번씩 새로 짓자고도 한다.(웃음) 기존처럼 공공건축과 주택건축을 함께 아우르는 포트폴리오를 계속 유지해 나가고 싶다.

SECTION

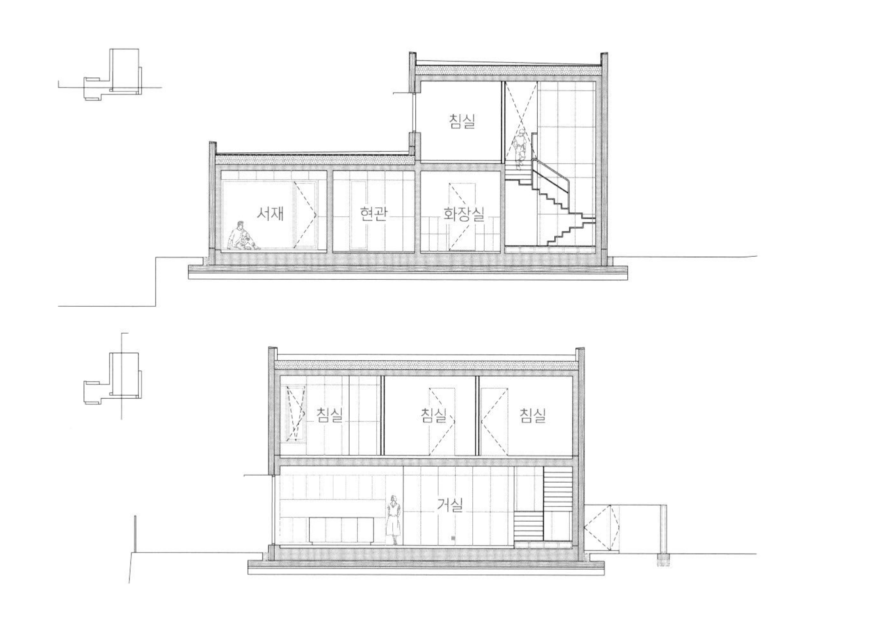

PLAN

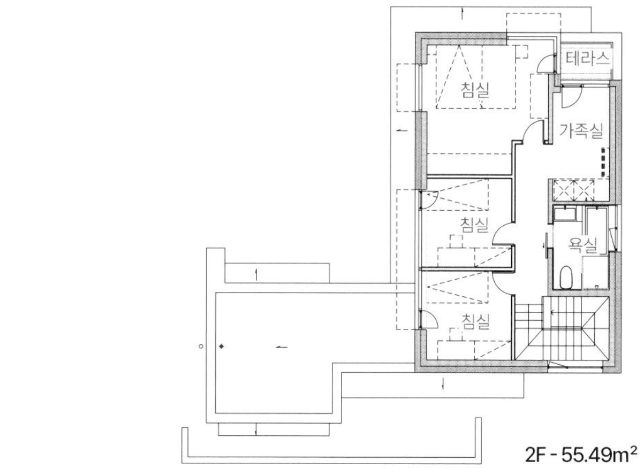

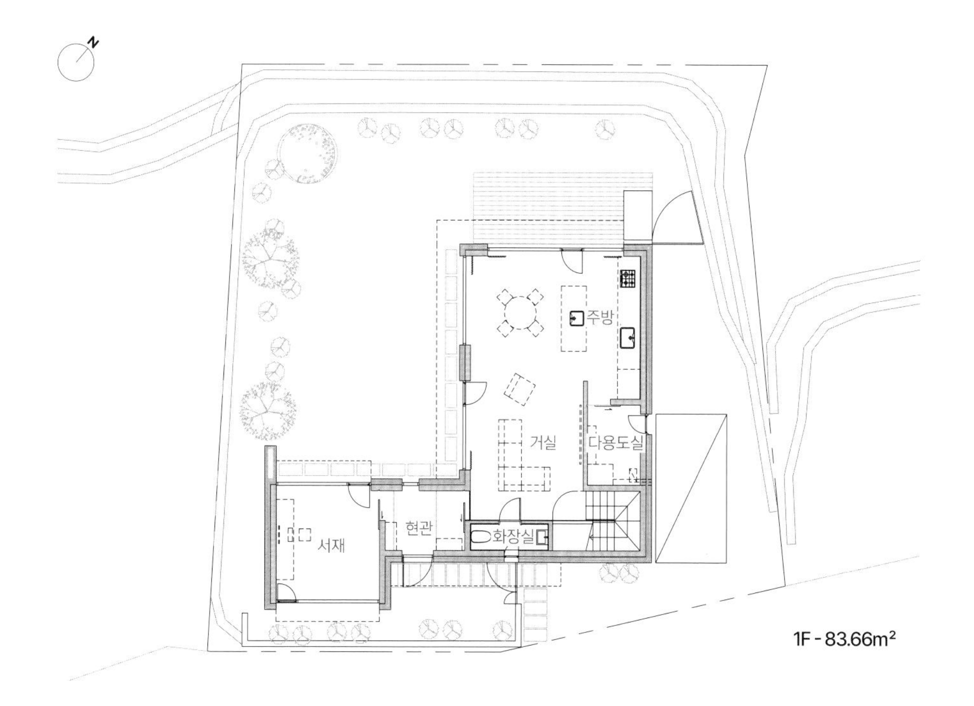

⑩ 주변의 자연 풍경이 언제나 집 한 편을 그림처럼 채운다.

내가 설계해 사는 캠핑하우스
부산 애몰 6211

전국을 다니며
캠핑을 즐겼던 건축가.
직접 만든 집과 가족만의
프라이빗한 캠핑장에서,
아늑한 중정과 우아한
곡선으로 이뤄진 공간에서,
건축가로서의
연구와 도전 정신이 담긴
도면을 그려나간다.

좋이 위에 수십 층이 넘는 마천루를 그려내는 건축가라고 해서 별세계에 사는 것은 아니다. '디엘에스 건축사사무소' 이영민 소장도 마찬가지다. 남들처럼 집짓기를 결정하고, 땅에 대해 고민하고, 취향을 녹여내며, 자의든 타의든 쉽지 않은 과정을 넘었다. 그런 그가 남들과 다른 점은 직접 집을 지어본 경험으로 더 촘촘하고 단단해진 건축가가 되었다는 것이다.

캠핑을 좋아하는 것으로 알고 있다

이영민 소장 : 한여름에 8주 연속 캠핑을 다닐 정도로 좋아했다. 요즘은 캠핑 잘 안 간다. 주말 없이 공사를 하고, 업무도 보고, 현장 컨테이너에서 화상 강의를 했을 정도니까. (웃음) 물론 아예 안 하는 것은 아니다. 이제는 보다시피 중정에서의 홈캠핑은 문전성시, 바깥 캠핑은 개점휴업이다.

❶ 담백하지만, 모서리를 감싸는 곡선이 독특한 존재감을 드러낸다.

❷ 차고문으로 개폐되는 중정 진입로는 주차장의 역할을 겸한다.

❸ 쇼윈도는 외부를 향해 건축사사무소라는 사실을 드러내는 유일한 요소다.

❹ 2층 발코니에서 보는 중정. 키 큰 단풍나무 덕분에 달리 그늘을 위한 익스테리어가 필요 없다고.

대지위치
부산광역시 기장군

대지면적
234.13m²(70.82평)

건물규모
지상 2층 + 다락

거주인원
3명(부부, 자녀 1)

건축면적
140.19m²(42.40평)

연면적
198.91m²(60.17평)

건폐율
59.87%

용적률
84.95%

최고높이
9.23m

구조
기초 - 철근콘크리트 매트기초 / 지상 - 철근콘크리트

단열재
준불연단열재 난연2급 100mm, 압출법보온판 특호 180mm, 경질우레탄폼 180mm 등

외부마감재
외벽 - STO 리니어, 폴리카보네이트 40T / 지붕 - 쇄석, 알루미늄징크

창호재
위드지스 창호 76mm 알루미늄 3중 유리(에너지등급 1등급)

에너지원
도시가스

2

3

4

부지 선택에 고민이 많았다고

사적 공간의 외부 노출을 크게 꺼리는 우리에게는 중정주택 외의 선택지가 없었다. 그래서 중정형 주택이 들어설 만한 땅을 찾았다. 여기에 아이의 통학 거리, 면적 등도 고려 대상이었다. 반년 동안 온·오프라인을 넘나들며 토지이용계획도를 열람하고 수십 곳의 땅을 답사했다. 그러다 이 마을에 왔다. 처음 부산에 정착할 때 들렀던 기억이 났다. 마을 분위기가 좋아 '언젠가 여기에 집과 사무실을 짓고 싶다' 생각했던 곳이었다. 지금껏 잊고 있었는데, 인연이었는지 이렇게 다시 만나게 됐다.

주택의 외관은 꽤 담백하다

아내와도 공유하고 있는 취향이지만, 바깥으로 뭔가 나와 보이는 게 싫었다. 밖에서 안이 엿보일 수 있는 틈도 좋아하지 않는다. 그래서 건물의 요철도, 창도 정말 필요한 수준으로만 잡았다. 외부 마감은 원래는 벽돌을 써보고 싶었다. 하지만, 비용을 고민하다 포기했다. 그나마 비교적 가격이 맞는 외단열미장마감재로 타협을 봤다.

건축가도 비용 고민이 큰가

건축가라고 건축비가 어디서 솟아 나오는 것은 아니지 않나(웃음). 대출받아도 토지부터 건축까지 예산이 넉넉지는 않았다. 집은 기본에서 시작해 원하는 공간만 만들고 최대한 비용은 아끼는 방향으로 설계를 시작했다. 토지가 원의 1/4 모양으로 북쪽 도로제척과 대지 안의 공지만 이격 후 땅 모양대로 최대한 바깥으로 둘러 경계를 지었다. 그러다 보니 의도치 않게 곡선이 많은 집이 되어 버렸다. 그렇게 모든 실이 마당을 중심으로 배치된 지금의 집이 만들어졌다.

집이 곡선이라 시공이 여러모로 힘들었겠다

타설도 일이었고, 거기에 맞춰 단열재를 부착하는 것도 일이었다. 단열재는 현장에서 일일이 칼집을 낸 다음 붙였는데, 단열 성능에 차이가 크게 나진 않지만 손이 가는 것은 사실이니까. 실내 천장 조명 레일도 기성 곡선 제품을 사용한 게 아니라 고주파 처리로 휘어놓은 것이다. 직선 레일보다 한 10배 이상 가격이 들었다. 바닥도 타일이나 마루는 곡면 특성상 로스율이 상당히 높아 포기해야 했고, 실내용 수성 에폭시 코팅 등을 고려했다.

그래서 직영 건축을 선택한 것인가

비용도 무시할 수 없지만, 계기도 따로 있긴 하다. 현장과 건축사사무소 사이에는 가끔 거리감이 생긴다. 현장에 따라서는

내부마감재
벽 - 노출콘크리트, 벤자민무어 / 바닥 - 마페이 울트라플랜

욕실 타일·주방 마감
아줄타일 수입타일, 블랙SUS

수전 등 욕실기기
아메리칸스탠다드, VALDAMA

조명
인터넷 및 해외직구

스위치·콘센트
Jung, Panasonic

계단재·난간
구로강판, 강화유리 난간12mm

현관문
위드지스 76mm 삼중유리 시스템도어

중문
위드지스 중문

방문
영림도어 + 벤자민무어, emtek 도어락

조경
Bota

전기·기계·설비
보명엔지니어링㈜

구조설계(내진)
주안엔지니어링

사진
변종석

시공
건축주 직영

설계·감리
디엘에스 건축사사무소
www.archdls.com

아내의 디렉팅으로 구성된 주방 겸 식당.

6

도면을 못 따라가는 시공사도 있고, 시공 편의를 위해 디테일을 생략해 버리는 시공사도 종종 있다. 물론 현장에서의 풍부한 경험을 토대로 논의한 판단이 옳을 때도 자주 있다. 하지만, 일부에선 건축주를 상대로 비용을 아낄 수 있다는 설득에 디테일을 포기하도록 유도하기도 하고, 건축주도 슬쩍 동의하는 경우가 많다. 난처하지만, 비용 앞에서는 이를 마냥 반대하기가 어렵다. 그런 상황에서 이제 내가 설계부터 시공까지 전부 해볼 기회가 온 것이다. 건축가로서 연구하고 공부했던 공법과 디테일을 타협하지 않고 한번 직접 해볼 수 있는 상황. 흔히 말하는 '내돈내산'과 같다고 할까? 일부 작업은 내가 직접 하기도 했다. 힘들었지만 즐거웠다.

'타협하지 않고 한번 해본' 디테일은 무엇인가

가장 기억에 남고 두드러지는 건 평지붕 외단열, '역전지붕'이라고도 하는 요소다. 원래 다수의 평지붕 상황에서는 단열재가 안으로 들어가게 된다. 그 위에 우리가 흔히 아는 녹색 방수를 하는 것이다. 이유는 간단하다. 시공이 용이하니까. 그런데 거기서 반대로 단열재를 위로 올려 디테일을 풀어보고 싶었다. 외단열을 하고자 했으니 벽체부터 지붕까지 단열재가 끊기지 않게 해보고 싶었다. 단열재가 위로 올라가면서 생길 수 있는 방수 등의 디테일에서도 자신이 있었다. 그렇다고 이게 새롭고 파격적인 디테일은 아니다. 패시브하우스 시공에서는 자주 볼 수 있는 디테일이다.

실내에 광범위하게 적용한 노출콘크리트도 놀랍다

우리 부부 모두가 '고유의 물성'을 드러내는 공법을 좋아한다. 어느 정도는 비용적인 측면이 작용한 것도 사실이지만, 이게 저렴한 공법은 아니다. 재료는 덜 들어갈지라도, 손이 더 많이 가는 시공이다.

품질 좋은 노출콘크리트는 어떻게 만들어야 하나

거푸집의 상태부터 가장 좋아야 한다. 중고 거푸집을 쓰면 그 자국이 그대로 마감으로 남기 때문이다. 인더스트리얼 비주얼이 취향인 아내는 더 거친 모습이 좋다고 해서 설득하느라 애를 먹기도 했다(웃음). 거푸집 조립에도 숙련된 전문가가 붙어야 한다. 제대로 조립하지 않으면 표면 단차가 심해져 보기 안 좋다. 레미콘도 더 높은 강도의 시멘트를 쓰면서 노출콘크리트를 위한 배합을 따로 주문해야 한다. 거푸집을 해체한 후에는 거칠게 양생된 부분을 일부 갈아내고, 거푸집을 지지했던 핀을 잘라낸다. 파내어 잘라낸 자리 위로는 실리콘을 쏘고 전반적으로 발수 코팅도 해야 한다. 이렇게 여러 손이 거치다보니 감리도 신경을 써야 했다.

❺ 의뢰인과 소통이 이뤄지는 미팅 공간.

❻ 본격적인 작업 공간 또한 외부인이 접하는 미팅 공간과 수직으로 분리되었다.

❼ 현관 옆에는 간단한 짐을 정리할 수 있는 창고가 놓였다. 골조 타설 때 쓰고 남은 배관용 거푸집으로 재치 있는 틈새를 만들었다.

❽ 계단 챌판(수직면)에는 구로철판을 대 차분한 톤을 더했다.

❾ 계단실은 큰 창 덕분에 늘 밝아 아이는 이곳을 벤치삼아 책을 읽기도 한다.

❿ 욕실과 부부침실 사이, 계단실 옆에 드레스룸을 둬 가족 모두가 최적의 동선으로 드레스룸을 이용한다.

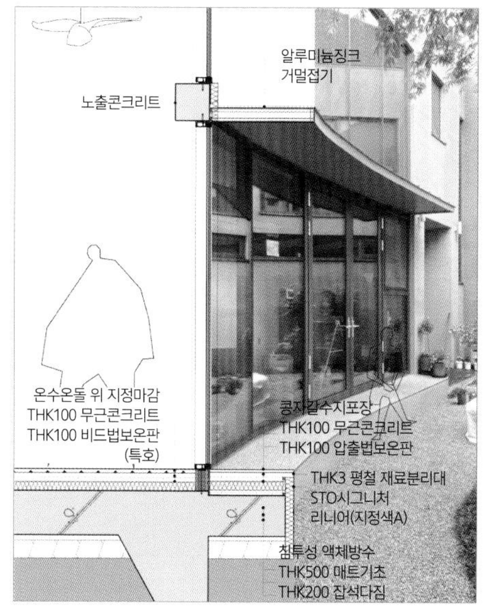

기장 애몰6211 단열 TIP

저에너지 주택을 짓고자 할 때, 단열에서 가장 핵심은 '단열층이 끊어지지 않게 하는 것'이다. 끊어진 단열은 열교와 결로로 이어지기 쉽다. 이를 위해 상대적으로 연속된 단열층에 유리한 외단열을 선택했고, 툇마루, 평지붕 외단열(역전지붕) 등의 디테일에 많은 고민을 거듭하기도 했다.
평지붕의 경우 콘크리트 슬래브 위 방수시트, 단열재를 취부하고, 그 위에 방수시트, 테이핑으로 방수층을 꼼꼼히 형성했다. 그 다음 쇄석을 얹어 자외선과 외기에 직접 노출되지 않는 반영구적 방수·단열시스템을 갖췄다.

11

12

13

업무와 일상을 모두 집에서 해결하는데 아이 케어하기도 편하고, 출퇴근으로 소요되는 시간도 최소화할 수 있다. 온전히 몰입해야 할 때 시간을 더 쓸 수 있다는 점도 장점이다. 하지만, 일과 삶의 경계를 좀 더 철저히 분리해야 할 필요가 있다고 본다. 이사 후 초창기에는 문득 긴장감을 가져야 할 타이밍에 느슨해지는 걸 느끼고 놀란 적이 있었다. 그러면서도 사무실과 마당, 거실, 마을 등 장소를 바꿔가며 리프레시하다가 아이디어를 떠올리곤 하는 것은 새로 발견한 장점이다.

⓫ 자칫 지루해지기 쉬운 노출콘크리트 실내에서 강렬한 색 배치는 공간에 생동감을 더했다.

⓬ 2층을 부드러운 곡선으로 감싸는 강화유리 난간. 긴 복도는 아이의 또 다른 놀이 공간이 되었다.

⓭ 테라스에 낸 작은 개구부로는 시시각각 변하는 소나무 숲과 한옥이 매력적인 뷰를 만든다.

⓮ 어두운 톤의 한식 고가구가 노출 콘크리트 공간 안에서 독특한 분위기를 자아낸다.

⓯ 아이가 직접 골랐다는 컬러로 꾸민 아이방. 다락에도 작은 놀이방을 만들어줬다.

⓰ 곡선이 두드러지는 2층 욕실.

평지붕은 단열재를 외부에 취부한 뒤 그 위로 쇄석을 [illegible]지지 않는 외단열을 구현했다.

SECTION

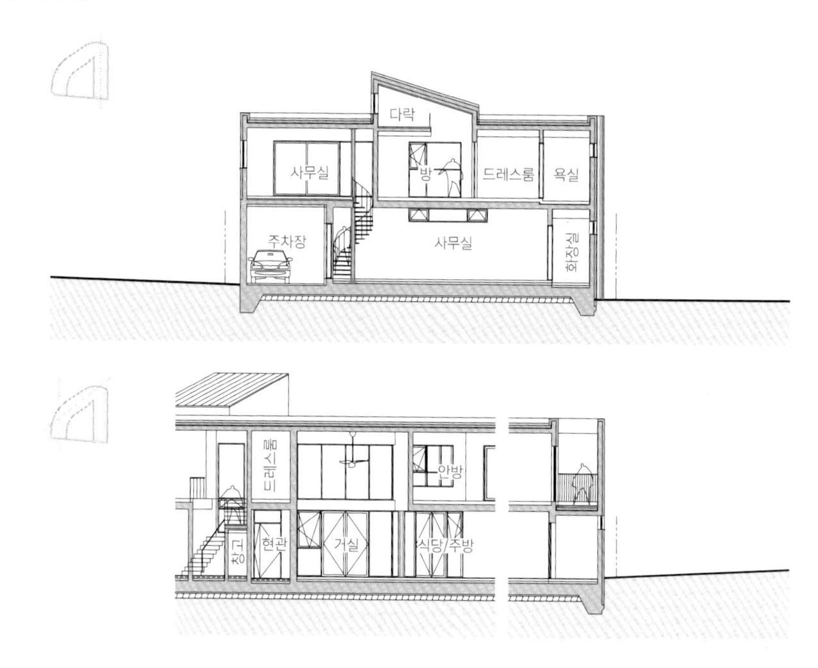

PLAN

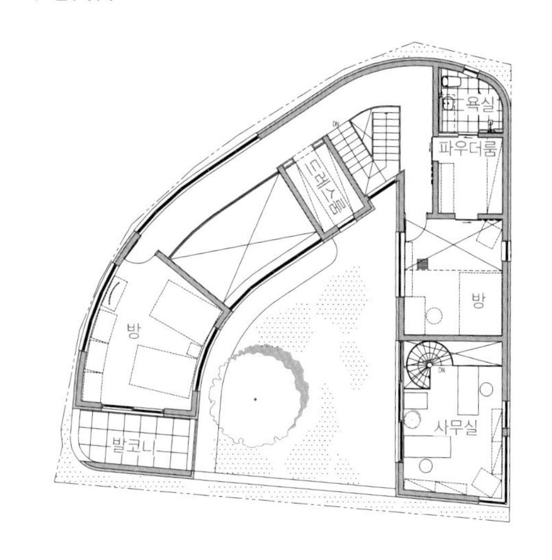

2F - 92.15m²

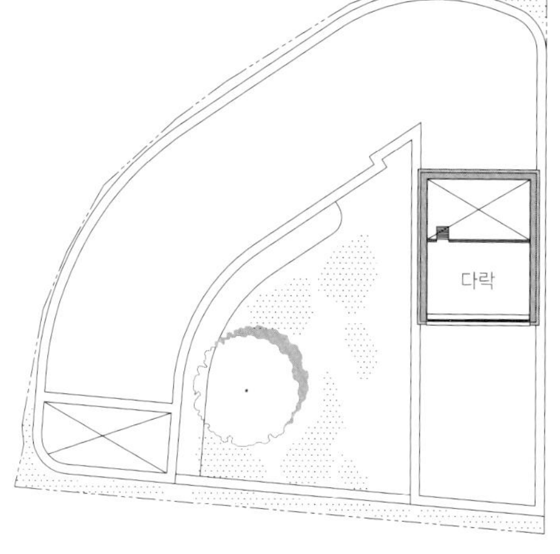

ATTIC - 9.00m²

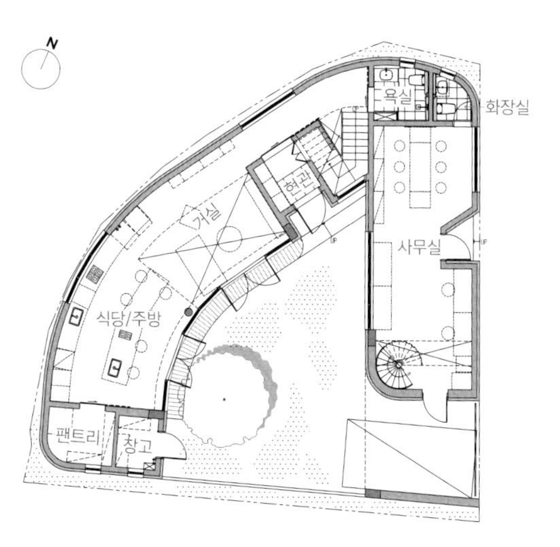

1F - 106.76m²

다채로운 즐거움, 일상이 되다
파주 다숨하우스

'주택이 체질'이라는
맞벌이 부부가 두 번째
단독주택 짓기에 도전했다.
첫 집에서 아쉬웠던 점을
잊지 않고 꼼꼼하게
반영한 덕분에
풍성하게 안팎을 누리는,
다채로움이 숨 쉬는 집,
다숨하우스다.

1

2

"지금 집에서 가까운 타운하우스에서 몇 년 살아보며 주택 생활이 저희 가족에게 잘 맞는단 걸 알았어요. 정원을 가꾸고, 아이가 층간소음 걱정 없이 뛰어다니며 동네 또래 친구들과 어울리는 것도 좋았고요."

결혼 후 아파트, 오피스텔 등 다양한 주거유형을 경험한 가족의 종착지, 단독주택. 맞벌이인 부부는 첫째 아이가 점점 크면서 걸어서 등교할 수 있는 곳, 좀 더 라이프스타일에 맞는 공간의 필요성을 느끼게 되었고, 한번 집을 지어봤으니 원하는 것이 더 분명한 상태에서 두 번째 주택을 지어보자며, 호기롭게 도전을 결심하게 된다.

집짓기에 있어서 땅과 건축가는 각각 제 짝이 있다는 말을 실천이라도 하듯, 부부는 가족에게 꼭 맞는 대상을 찾는 여정이었다고 당시를 회고한다.

"앞에 쓰레기 자동집하처리시스템이 있는 땅이라 불편하지 않느냐고들 하시는데, 다 자기땅이 있나 봐요. 어차피 인도라 그쪽으로는 큰 창을 내지 않고, 조경으로 가릴 수 있을 것 같았어요. 실제로 냄새나 소음도 거의 없고요. 땅 모양도 신발처럼 생겨 다른 건축가들은 난색을 표했는데, 재귀당 박현근 소장님은 '안 좋은 땅은 없다, 그에 맞게 설계하면 된다'고 담담하게 솔루션을 제안해주셨어요."

대지위치
경기도 파주시

대지면적
289.70㎡(87.63평)

건물규모
지상 2층

거주인원
4명(부부 + 자녀 2)

건축면적
133.47㎡(40.37평)

연면적
236.63㎡(71.58평)

건폐율
46.07%

용적률
81.68%

주차대수
2대

최고높이
8.9m

구조
철근콘크리트 / 지상 - 경량목구조

단열재
수성연질폼

외부마감재
외벽 - 외단열 미장 마감, 벽돌 타일 /
지붕- 컬러강판

창호재
E-PLUS 삼중유리

열회수환기장치
SSK

에너지원
도시가스

전기
세원엔지니어링

그렇게 가족에 대한 기본사항부터 정말 원하는 것이 무엇인지, 평소에 어떻게 지내는지, 앞으로 이 공간에서 어떤 인생을 살고 싶은지 등 가족의 과거와 현재, 미래를 돌아보며 치열한 소통 과정 끝에 나온 결과물이 바로 이 집이다.

평면은 대지 형상을 따라 자연스레 배치되었다. 1층은 현관을 중심으로 가족의 프라이빗한 공간과 손님들이 편하게 쉬고 갈 수 있는 외부 거실로 구분되는 것이 특징이다. 이를 자연스럽게 한데 어우러지게 만들어주는 정원 역시 큰 비중을 차지하는 공간이다.
특이하게도 일반 주택의 거실의 역할을 하는 가족실은 2층에 자리한다. 보이드를 통해 1층 주방과 소통할 수 있으며, 다각형의 창이 실내에 채광을 들이는 동시에 재미를 더해준다. 윈도우시트와 그물침대, 클라이밍 월 등 아이들을 위한 놀이요소를 포함해 '안방-드레스룸-세탁실-욕실'을 연결해 살림의 부담을 덜어주는 동선, 남녀로 구분한 화장실, 가변형으로 쓸 수 있는 아이방 등은 오직 가족맞춤형으로 계획된 공간들이다.

다양한 공간들 덕분에 일상이 다채로워진 가족의 두 번째 집짓기, 두말할 것 없이 대성공이다.

3

4

5

❶ 보행 현관과 차고를 통한 별도의 출입구를 분리해 각각 진입이 가능하다.

❷ 인도쪽 시선 차단을 위해 소나무들을 앞쪽에 심고, 아치형 출입구에 장미와 아이비 덩굴이 타고 올라가도록 담장을 조성했다.

❸ 마당으로 편히 오갈 수 있도록 출입구에 폴딩도어와 셔터형 방충망을 달았다.

❹ 현관을 따라 들어오면 우측에는 신발을 신고 다닐 수 있는 외부 거실이 자리한다. 손님들이 오면 마당, 조리대, 평상 등을 편히 이용하면서도 주거공간은 침범 받지 않을 수 있다.

❺ 하루 대부분의 시간을 보내는 장소임을 고려해 1층 전체를 주방 공간으로 할애했다.

내부마감재
벽 - LX하우시스 실크벽지 / 바닥 - 마데라 빈티지 강마루(호인우드)

욕실 및 주방 타일
바스디포

수전 등 욕실기기
아메리칸스탠다드

주방 가구·붙박이장
이케아

조명 및 실링팬
해외직구

계단재·난간
오크재 + 평철 제작

현관문
엘더도어

중문·방문
자체 제작(맑은주택)

외부 거실 출입문
프로젝트 가라지(자재)

데크재
방킬라이

구조
㈜두항구조

사진
이한울, 변종석

설계
재귀당건축사사무소
www.jaeguidang.com

시공
맑은주택
http://cafe.naver.com/purehouse07

❻ 현관을 따라 들어오면 우측에는 신발을 신고 다닐 수 있는 외부 거실이 자리한다. 손님들이 오면 마당, 조리대, 평상 등을 편히 이용하면서도 주거공간은 침범 받지 않을 수 있나.

❼ 비록 남들에게는 쓸모 없는 데드스페이스일지라도 그런 여유공간을 원했던 가족. 주방과 계단실 사이 자투리 공간은 아직 어린 아이들의 아지트 공간으로 꾸몄다. 모험심과 힘을 길러줄 클라이밍 월 아래에는 이후 푹신한 볼풀을 만들어 안전하게 조성했다.

❽ 2층까지 층고를 높여 개방감이 느껴지는 주방 및 식당

ALL IN ONE HOUSE

아빠는 재택근무, 아이들은 원격 수업. 예상치 못한 '집콕'생활이었지만, 전혀 답답하지 않았다는 가족. 비밀은 즐길거리로 가득 채운 우리집에 있다?

현관 앞 벤치와 세면대는 짓고 나서 만들기 참 잘했다고 여겨지는 공간 중 하나다. 아직 어린아이들이 신발을 신고 벗을 때 편하며, 비옷이나 책가방, 마스크 등을 챙기기에도 유용하다. 신발을 벗자마자 마주하는 세면대 역시 아이들의 손 씻는 습관을 유도하는 좋은 장치가 되어준다.

ⓒ변종석

정원 한편에 마련한 연못은 부부의 회심작 중 하나다. 2년째인데 잉어들이 새끼까지 낳고 잘살고 있다고. 수련과 물칸나 등 수생식물도 심어 아이들에게는 생활 속 생태학습의 현장이 되기도 한다.

ⓒ변종석

원하는 꽃과 나무로 직접 꾸미고 싶어서 기본 조경만 업체에 맡기고 장미, 조팝나무, 매화, 수국, 셀릭스 등 30가지가 넘는 식재들로 마당을 채웠다. 파주의 기후를 고려, 월동이 가능한 종류를 골라 정성스레 가꾸는 중이다. 주방과 가까운 곳에는 미니 텃밭을 조성해 쉽게 수확할 수 있는 작물들을 심었다.

식재를 심지 않은 쪽은 무작정 잔디를 심기보다 블록을 깔아 다양한 외부 활동을 담고자 했다. 특히, 대형 프레임 풀장을 설치하면 잔디가 고사했던 이전 주택 생활 경험이 결정에 주효했다. 담장에 연결해 남편이 직접 제작한 그네, 대형 프레임 풀장 덕분에 이동이 쉽지 않았던 올여름, 정원이 아이들에게 충분한 놀이터 역할을 톡톡히 했다.

신발을 신고 이용하는 데다 폴딩도어를 달아 안과 밖의 경계가 모호한 외부 거실. 이번 코로나19 사태 이후 재택근무를 해야 했던 남편은 노트북만 옮기면 이곳저곳에서 일할 수 있어 불편함이 덜했다는 후문이다.

최근 고성능 빔프로젝터와 소파를 설치해 영화관 부럽지 않은 공간으로 재탄생한 가족실. 이번 여름 주말 스케줄은 무조건 '수영-바비큐-영화감상'이 코스였을 정도로 어른아이할 것 없이 인기 만점이었다.

건축주 TIP.

아무리 가족이라도 나만의 시간과 공간이 필요하고, 가끔은 좀 떨어져 있을 필요가 있다고 생각해요. 그래서 공간의 분리와 연결에 신경 썼어요. 또, 아이들이 컸을 때를 고려해 조금 크게 지은 것이 부담으로 돌아오진 않을까 걱정하기도 했는데, 예상치 못한 '집콕'생활 동안 그 효과를 톡톡히 누렸어요.

9

❾ 2층 자투리 보이드 공간에 그물을 달아 또 다른 놀이 공간으로 만들었다.

❿ 초등학교에 다니는 첫째와 터울이 있는 둘째에게 원하는 시기에 방을 구분해 줄 수 있도록 큰 방 하나에 문을 두 개 달아 유연성을 높였다.

⓫ 귀가 후 '욕실-드레스룸-세탁실-침실'로 이동하는 습관을 반영해 순환 동선을 적용했다.

SECTION

① 현관 ② 화장실 ③ 외부 거실 ④ 세면실 ⑤ 아지트 ⑥ 다용도실 ⑦ 주방 ⑧ 응접실 ⑨ 창고 ⑩ 연못 ⑪ 차고 ⑫ 마당 ⑬ 텃밭 ⑭ 가족실 ⑮ 방 가족실 ⑮ 방 ⑯ 전실 ⑰ 세탁실 ⑱ 드레스룸 ⑲ 욕실

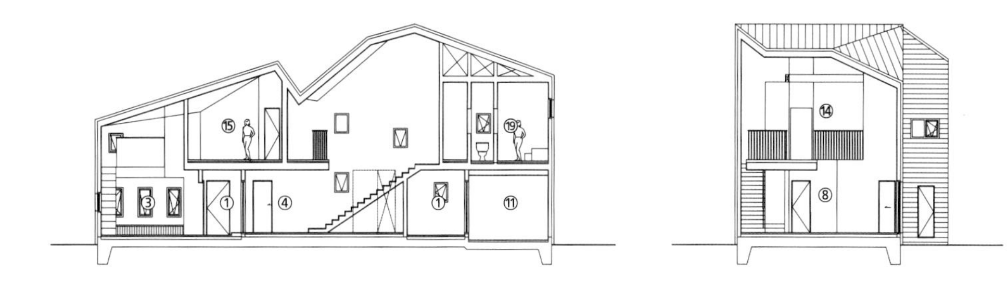

PLAN

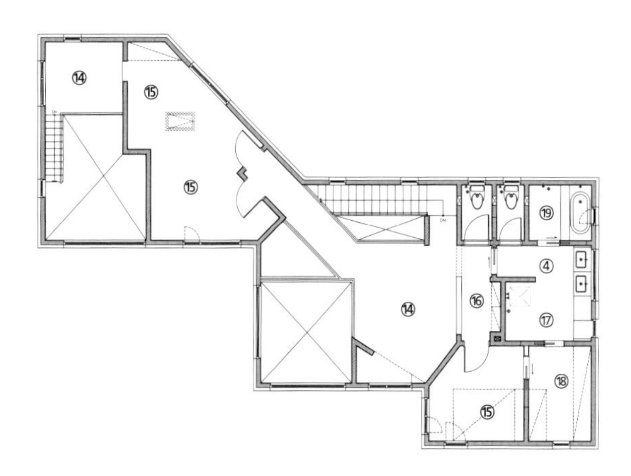

2F - 103.16m²

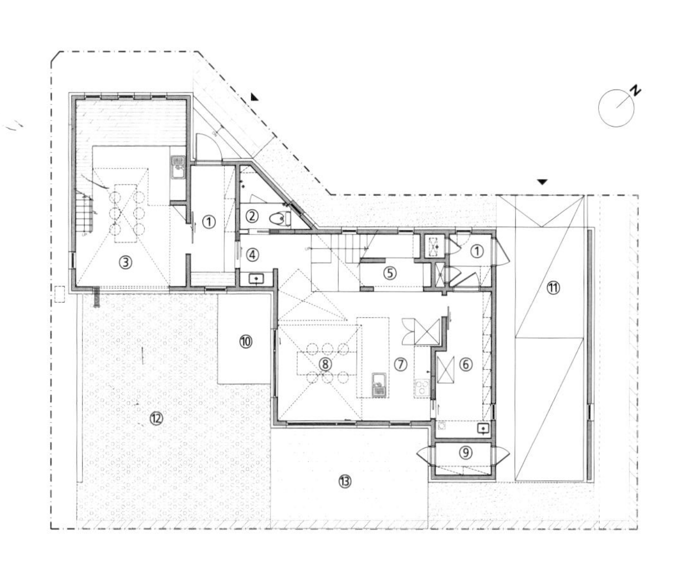

1F - 133.47m²

은빛 상자가 품은 또 다른 세계
METAL FAÇADE

겉으로 금속 소재가
드러내는 절제 속에
안으로 초록이 만드는
안온함이 빛으로 깃든다.

1

본 건물은 주택과 아파트 단지가 혼재된 전형적인 도심의 단지형 택지지구에 위치한다.
주변의 밀도 높은 다양한 주거형식과 환경으로부터 거주자의 사생활을 보호하고, 밝고 쾌적한 공간을 위한 일조량 확보가 필요해 보였다.
일반적인 네모반듯한 형태로 조성된 택지지구의 부지와 다르게 마름모꼴을 한 본 부지의 모양과 선들은 앞으로 전개될 공간 구성에 중요한 단서가 되었다.
건축주가 요구한 각각의 공간을 한정된 부지에 담기 위해 본 건물은 부정형 부지에서 데드스페이스가 발생하는 직각의 레이아웃이 아닌 부지 그대로의 모양에 순응하기를 택했다.
부지가 갖는 고유의 선들을 인정하고 공간에 적극적으로 들여서 나타나는 공간의 다양성을 의도했다. 또한 본 건물이 본 부지에서 억지스러운 모습이 아닌 자연스러운 형상으로 선들이 드러나기를 원했다.
우선 주거공간을 부지 전체로 확대하고, 지역에 규정된 건폐율과 건축주로부터 요구된 필요면적을 충족시키기 위한 빈 공간을 내부 공간과의 관계 속에서 하나씩 만들어 나갔다. 이렇게 만들어진 빈

대지위치
대전광역시

대지면적
267.4㎡(80.88평)

건물규모
지상 2층

거주인원
5명(부부, 자녀3)

건축면적
129.73㎡(39.24평)

연면적
235.27㎡(71.16평)

건폐율
48.51%

용적률
74.47%

주차대수
2대

최고높이
6.55m

구조
기초 - 철근콘크리트 매트기초 / 지상 - 철근콘크리트

단열재
외벽 - THK150 비드법보온판 / 지붕 - THK220 비드법보온판

외부마감재
스테인리스루버, 럭스틸(컬러강판), 스터코플렉스, 노출콘크리트

창호재
이건 시스템창호 THK43 삼중로이유리

에너지원
도시가스

조경석
조경석(자연석,산석,호박돌등)

조경
베르트엠

전기
대양이엔씨

기계
서원이엔씨

2

공간은 하나씩 빛과 자연으로 채워지며 거주자의 사생활 보호와 함께 밝고 쾌적한 공간을 제공하는 중정의 역할을 하게 된다.

외부의 스테인리스 문을 열고 들어오면 여러 가지의 돌과 자작나무로 채워진 좁고 기다란 공간을 맞이한다. 여기가 잠시나마 도심임을 잊게 하는 눈앞의 작은 자작나무숲은 주거공간과 외부 도로와의 완충 지대의 기능도 담당한다.
내부로 이어지는 두 번째 문을 열고 들어오면 커다란 산단풍이 식재된 중정을 중심축으로 배치된 거실, 다이닝, 주방이 나타난다. 산단풍과 작은 자작나무숲 사이에 위치한 거실과 항시 자연을 느낄 수 있는 주방과 다이닝 공간은 도심의 일상에서 벗어나 거주자가 리프레쉬 할 수 있는 쉼터가 되어 준다.
1층과 다른 스케일로 가꾸어진 2층의 작은 화단은 아이 방들 사이에 배치되어 서로의 존재를 인지시키고, 서로의 거리를 조율한다.
아이 방과 화단으로 둘러싸인 다목적룸은 공부에 지친 아이, 혹은 가끔 와인 한 잔 생각나는 부부에게 거실과 다른 또 하나의 작은 쉼터가 되어주기도 한다.

개구부를 극대화한 각 중정과 내부의 흐트러진 경계 사이로 내부의 공간은 외부로, 외부의 공간은 내부로 확장되어 나가며, 중정의 빛과 하늘, 나무, 돌 등은 자연스레 인테리어가 된다.
의도적으로 장식을 배제한 1층의 화이트 톤으로 마감된 바닥과 벽은 중정으로부터 들어오는 빛과 자연의 배경이 되며, 주로 침실이 배치된 2층은 바닥을 베이지 톤의 타일로 마감하여 차분하고 따뜻한 느낌을 주었다.

❶ 금속 소재지만, 다른 종류의 외장재로 인해, 엇갈린 매스가 더 도드라져 보인다.

❷ 안에 주차 공간을 따로 마련해, 입면에서의 일체감을 높였다.

내부마감재
벽·천장 – VP도장(벤자민무어) /
바닥 – 아진세라믹 수입타일

욕실 및 주방 타일
아진세라믹 수입타일

수전 등 욕실기기
더존테크, 아메리칸스탠다드

주방가구·붙박이장
림하우스(맞춤제작가구)

조명
LED조명

계단재·난간
철제계단(우레탄도장) + 강화유리

현관문
이건 시스템도어

중문
이건라움 스윙도어

방문
제작목문 도장 마감

데크재
아진세라믹 수입타일

사진
천영택

구조설계
자연구조엔지니어링

실시설계·감리
FBL건축사사무소

시공
㈜아키진

디자인
아키리에(ARCHIRIE) 정윤채
www.archirie.com

투명유리와 철제 계단의 조합이 공간에
가벼움을 더한다.

❸ 극대화된 개구부와 중정을 통해, 돌과 나무 등 자연물은 그대로 인테리어 요소가 된다.

❹ 투명유리와 철제 계단의 조합이 공간에 가벼움을 더한다.

❺ 아이 방에서 다목적룸과 화단을 통해 건너 아이 방이 보인다. 다목적룸은 건축주 부부에게 또 하나의 쉼 공간이 되어 준다.

❻ 조적식으로 넉넉하게 마련된 욕실 욕조.

❼ 중정의 커다란 산단풍은 종종 이곳이 도시 한복판임을 잊게 한다.

부지에 순응하여 배치된 1층 매스와 달리 셋 백(set back) 되어서 살짝 비틀어진 2층의 매스는 보행자가 느끼는 가로환경의 무게감을 줄여준다. 1층과 2층의 뒤틀어진 매스 사이로 얼굴을 보이는 자작나무는 2개의 매스의 경계를 규정하고, 보는 이로 하여금 공간에 대한 궁금증을 자아낸다. 뒤틀어진 매스의 형상을 도드라지게 하고, 자칫 단조로울 수 있는 가로환경에 변화를 주고자 메탈 소재를 외장재로 택했다.
1층의 매스는 건물의 기단으로서 톤 다운된 럭스틸(컬러강판)을 적용하여 무게감을 주었고, 2층은 밝고 무게감을 줄이고자 스테인리스 루버를 적용하였다. 스테인리스 루버로 둘러싸인 2층의 매스는 스테인리스 고유의 물성으로 인하여 시간의 흐름에 따라 빛과 함께 모습을 달리하며 주변 환경에 리듬감을 제공한다. 본연의 물성과 표현의 밀도가 다른 두가지 메탈의 조합은 살짝 어긋난 2개의 매스와 비슷한 듯 다른 오묘한 조화를 이룬다.
본 프로젝트의 시작은 젊은 부부와 2명의 딸 아이와 같이 하였으나, 마무리 즈음에서 막둥이 사내아이가 한 명 더 찾아와주어서 다섯 식구와 같이 피날레를 장식하였다. 첫 만남부터 설계, 시공, 입주까지 같이 한 긴 여정의 시간이었지만 이제부터 본 건물에서 앞으로 이어질 다섯 식구만의 특별한 여정이 기대된다. 〈글_정윤채〉

8

9

DIAGRAM

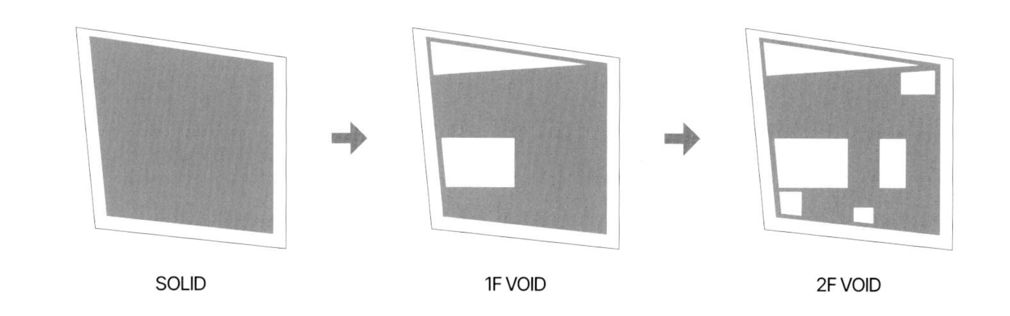

SECTION

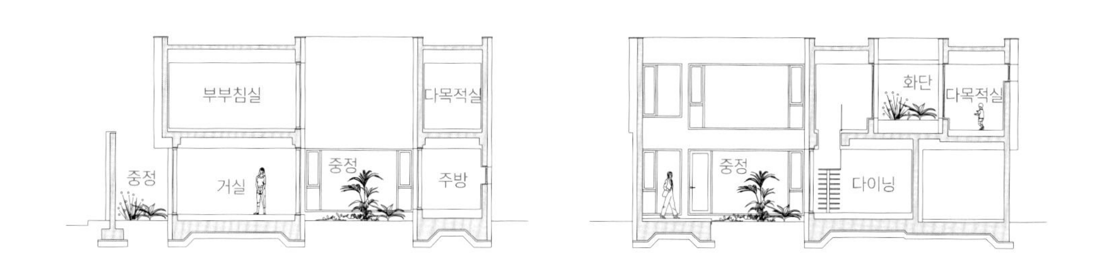

PLAN

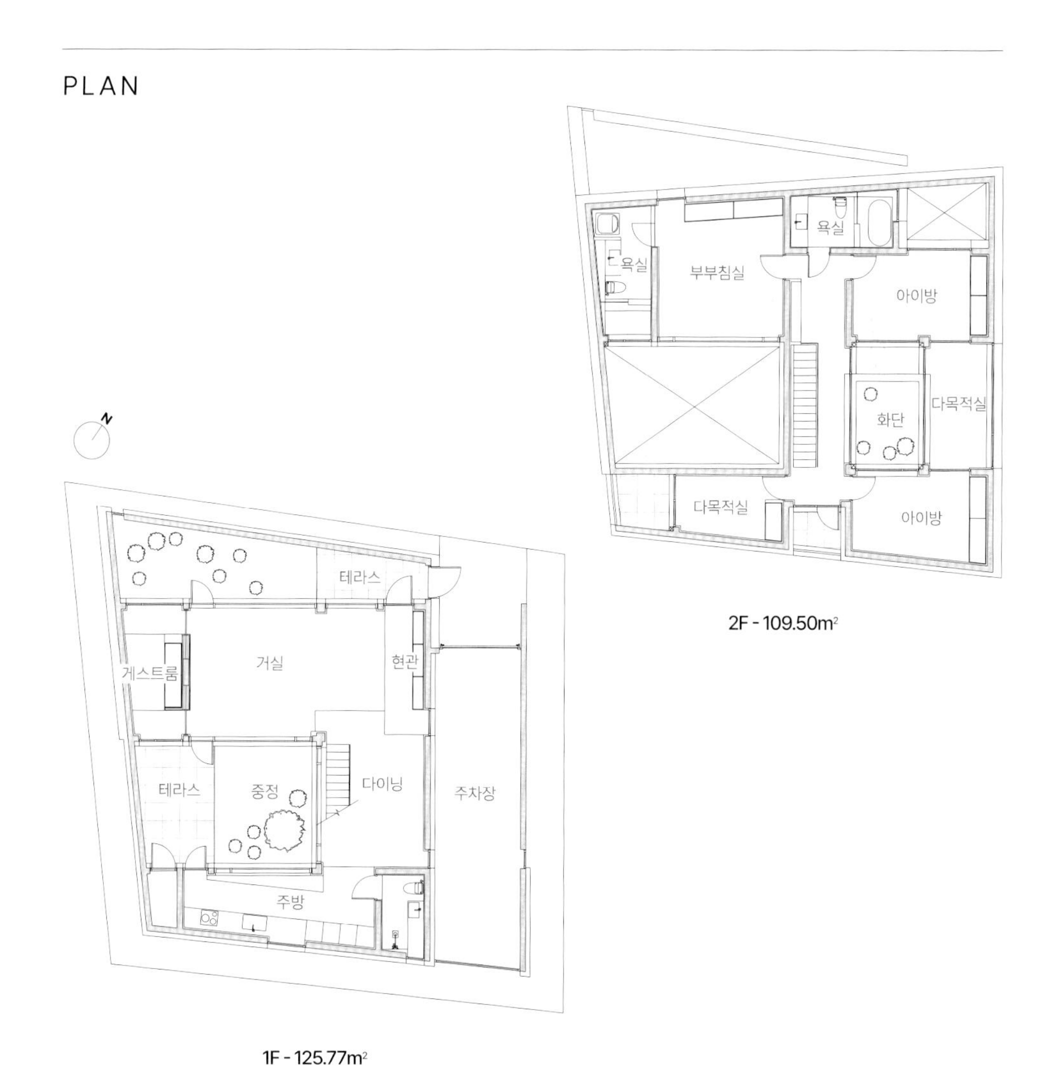

❽ 골강판이 산란시키는 빛에서 입면의 독특한 리듬감을 느낀다.

❾ 엇갈린 매스 사이로 자작나무와 실내의 빛이 스며나온다.

삼대가 만들어가는 새로운 이야기
전주 대기만성[大器晩成]

'따로 또 같이'의
콘셉트를 위해 다양한
아이디어를 적용한 집.
듀플렉스 하우스만의
장점을 모두 살린 공간 속,
두 가족의 시간을
천천히 채워간다.

1

2

3

❶ 현관이 있는 주택의 정면. 깔끔하게 떨어지는 입면이 돋보인다.

❷ 마당과 테라스가 보이는 주택의 남측 전경. 다양한 모양의 창과 마당의 곡면, 영롱쌓기 등이 적용돼 다채로움을 느낄 수 있다.

❸ 입구의 깊은 공간은 목재로 일부분을 마감해 색다른 공간감을 선사한다.

❹❺ 1층 마당은 프라이버시를 지키기 위해 벽을 높게 올렸다. 마당에서는 슬라이딩 간살문을 통해 외부로 출입이 가능하다. 거실과도 연결되어 있어 순환하는 동선을 만든다.

❻ 유리문을 설치해 서재 겸 회의실의 분위기가 느껴지는 1층의 알파룸. 마당으로 바로 연결된다.

대지위치
전라북도 전주시

대지면적
277.20㎡(83.85평)

건물규모
지상 3층

건축면적
109.74㎡(33.20평)

연면적
247.79㎡(74.96평)

거주인원
1층 - 2명(부부) / 2,3층 - 4명(부부+자녀2)

건폐율
39.59%

용적률
89.39%

주차대수
3대

최고높이
11.40m

구조
기초 - 철근콘크리트 매트기초 / 지상 - 철근콘크리트

단열재
기초 - 압출법보온판 특호 125T / 벽체 - 준불연 단열재 135T

외부마감재
외벽 - 두라스택 S500 서울화이트 / 지붕 - 링클수지 0.5T

창호재
살라민더 독일식 시스템창호

에너지원
도시가스

©양우상 4

5

6

하나의 주택, 두 개의 가구. 듀플렉스 하우스를 지을 때 가장 신경 써야 하는 부분은 어떤 것일까. 전주시의 듀플렉스 주택 '대기만성'에서는 가족 관계인 두 가구의 생활 공간을 완벽하게 분리하면서도, 연결성 또한 놓치지 않은 공간 아이디어를 엿볼 수 있다. 각자 아파트에 살고 있었던 심훈, 박영선 건축주 가족과 부모님 세대는 층간 소음 등의 애로점이 있었던 아파트 생활을 정리하고 그들만의 집을 짓기로 했다. 하지만 오랜 시간 따로 살아오던 가족이 갑자기 한 집에서 살기란 어려운 일. 그렇게 두 가구의 생활이 완전히 구분될 수 있도록 현관문부터 두 개인 듀플렉스 하우스를 선택했다. 1층은 부모님의 집, 2층과 3층은 건축주 가족의 집으로 구성되었다. 예전부터 주택 생활에 관심이 많았던 박영선 씨는 다양한 매체를 통해 정보를 모으던 중 '공간기록'의 프로젝트에 마음이 움직였다. 그는 공간에 대한 진심이 느껴지는 디테일과 디자인, 그리고 설계부터 시공까지 꼼꼼하게 살펴볼 수 있다는 점에서 고민 없이 공간기록과의 작업을 시작했다고 전했다. 레이어드 건축사사무소의 김선용 건축가, 그리고 공간기록과 프로젝트를 진행하면서 설계안은 많은 변화를 겪었다. 건축 자재 비용이 급상승했던 것이 가장 큰 변수였다. 그럴 때마다 건축주와 건축가는 상의를 통해 설계의 세부적인 부분을 수정해 나갔다. 또한 공간 구성에 있어서 단순히 두 세대를 분리하려고 했던 초기 콘셉트에서 나아가, 야외 공간과 보이드 공간을 활용해 두 가족의 공간적 연결성 또한 놓치지 않는 균형 잡힌 집을 완성했다. "주택에서만 누릴 수 있는 요소들을 최대한 누리고 싶었어요." 주택 생활에서만 만끽할 수 있는 요소이자, 건축주 부부가 가장 애정하는 공간은 바로 야외 공간이다. 하나로 연결된 주방과 거실, 침실과 알파룸으로 간결하게 구성된 1층의 부모님 집에는 매력적인 마당이 조성되어 있다. 곡면이 돋보이는 마당은 도로에 인접해 있어 프라이버시를 확보하기 위해 벽을 높이고, 일부분은 영롱쌓기로 답답함을 줄였다. 도로 방향으로는 간살 슬라이딩 도어가 있어 편리하게 바깥으로 출입도 가능하다.

내부마감재
벽체, 천장 – 실크벽지 / 바닥 – 포세린 타일, 노바마루

욕실·주방타일
나무인터내셔널

수전·욕실기기
아메리칸스탠다드, 더죤테크

주방가구
RATIO 제작가구, Muuto workshop

조명
Muuto, George Nelson

계단재·난간
오크 집성목

현관문
성우스타게이트

중문
이노핸즈

방문
영림도어, 자체제작 도어

데크재
고흥석 30T

조경
건축주직영

사진
변종석, 양우상

설계
레이어드 건축사사무소
https://www.youtube.com/c/건축사김선용

시공
㈜공간기록 www.ggglog.com

2층의 거실과 주방, 다이닝 공간. 거실은 모노톤으로 차분하게 꾸미고, 주방은 우드톤으로 벽면 붙박이장과 가구를 제작했다. 두 가지의 콘셉트가 조화를 이루면서 공간 사이에 구분감을 형성한다.

소방관 진입

7 8

©양우상 9 10

11 12

마당이 특별한 이유는 2층의 야외 테라스가 수직으로 같은 위치에 놓여 있어, 두 세대의 교류가 가능한 접점을 만들었다는 것이다. 창을 모두 열어 두면 위층과 아래층의 소리가 들려 가족이 서로 가까이에 있다는 것을 느낄 수 있다고. 왼쪽의 현관문을 통해 곧바로 건축주 가족의 집인 2층으로 올라서면 거실과 주방 그리고 다이닝 공간이 한눈에 펼쳐진다. 테라스 앞의 작은 영역은 복층구조의 느낌으로 3층까지 천장을 열고, 높은 창을 설치해 시원한 공간감을 형성한다. 이곳을 통해 2층과 3층의 보이드 공간이 연결되고, 생활공간의 분리와 연결이라는 집 전체의 콘셉트를 이어 나간다. 2층 거실의 안쪽으로는 양쪽에 한 살 터울인 두 자녀의 방이 수납장부터 침대, 빌트인 책상까지 완전한 대칭으로 디자인되어 있다. 3층에는 부부의 침실과 다락방처럼 아늑한 느낌의 알파룸이 있다. 2층과 달리 어두운 톤의 바닥재를 적용해 한층 차분한 분위기로 전환된다. 부부의 침실 입구는 정방형이 아닌, 사선으로 벽을 세우고 양개형 문을 설치해 유럽의 가정집에 들어선 느낌이 든다. 침실은 박공 모양을 살려 주택만의 매력을 부여했고, 고측창을 통해 채광을 확보했다. 집 안 곳곳 시선이 닿는 모든 공간이 매력적인 집이다.

❼ 2층과 3층을 연결해주는 계단실.

❽ 3층의 거실. 사선으로 열린 부부의 침실 입구가 이국적이다.

❾ 부부의 침실은 침대만으로 콤팩트하게 꾸미고, 옆으로 넉넉하게 드레스룸을 조성했다.

❿ 2층의 가족 화장실. 길게 두 개의 세면대를 설치해 편리성을 높였다.

⓫ 거실 한편에 설치한 수납장 아래에는 돌과 작은 식물, 간접 조명으로 마치 카페에 들어온 듯한 인테리어 포인트를 주었다.

⓬ 투명한 난간을 적용한 2층 테라스. 1층의 안마당과 수직으로 이어져 두 가족의 공간적 연결고리 역할을 한다.

⓭ 3층의 보이드 공간과 연결되는 영역. 높은 층고와 큰 창으로 시원한 개방감을 연출했다. 깨끗한 이미지 속 개성 있는 가구들이 공간의 완성도를 높여준다.

동쪽에서 바라본 주택. 화이트 톤의 외장재와 주변 자연의 색이 조화롭게 어우러진다.

SECTION

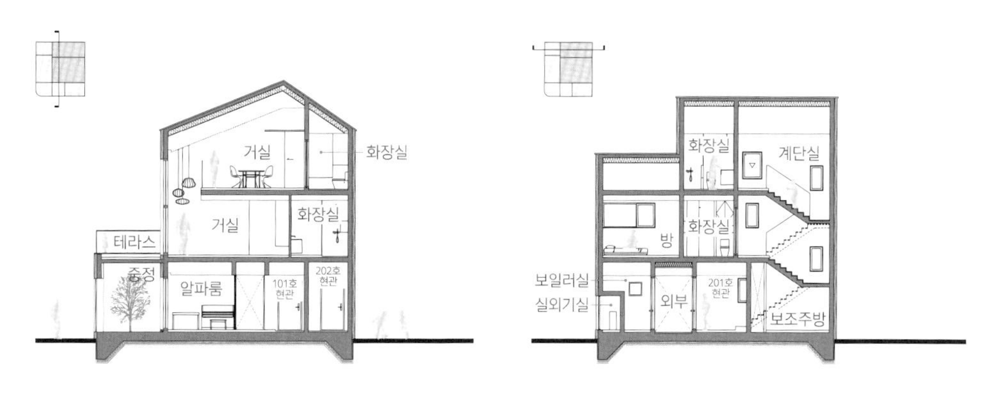

PLAN

3F - 63.07m²

2F - 84.83m²

1F - 99.89m²

가족의 삶을 담은 집
향린동산 중목구조 주택

결혼 후 처음으로
갖게 된 내 집.
가족의 꿈과 삶을 담기 위해
다양한 시도를 반영하면서도
안전과 실용이라는
기본을 놓치지 않았다.

1

층간소음 탓에 아파트 생활을 일찍 청산하고 빌라에서 전세살이를 경험했던 건축주 부부. 결혼 후 16년 만에 같은 동네에 직접 지은 집으로 내 집 마련에 성공했다. 이들이 선택한 동네는 경기도 용인 향린동산. 격자형 배치에 이웃 간격이 좁은 도심 택지지구들과 달리 자연스러운 경사지와 내부 도로를 따라 듬성듬성 주택이 자리한 여유로움이 마음에 들었다. 특히 '게이티드 커뮤니티(Gated Community)'가 잘 형성돼 보안과 방범이 철저하고 수영장이나 산책로 등 어른아이 할 것 없이 누릴 수 있는 환경이 선택에 주효했다. 집을 짓기로 하자 남편은 어릴 적 주택 경험을 소환했다. 골목 모퉁이를 돌아 라일락 냄새가 코끝을 스치면 '아, 우리 집에 다 왔구나' 알 수 있었던 유년의 기억. 그 소중한 시절을 아내, 두 살 터울의 아들 둘과 공유하고 싶었다고. 10년의 세월 동안 아파트 아닌 삶에 익숙해졌지만, 내 집을 짓는 일은 또 다른 문제였다. 설계 당시 지진에 대한 이슈가 대두되었고, 화재, 친환경 등 주택에서 비롯되는 각종 문제도 있어 걱정하던 터. 구매한 대지 바로 옆 공사가 한창인 중목구조 현장을 보고 부부는 '바로 여기'를 외쳤다. 시공을 맡은 세담주택건설의 한효민 대표는 "기둥-보 구조에 대한 신뢰, 구조재가 노출되면서 생기는 시각적인

대지위치
경기도 용인시

대지면적
614㎡(185.73평)

건물규모
지상 2층 + 다락

거주인원
4명(부부 + 자녀 2)

건축면적
122.64㎡(37.09평)

연면적
198.56㎡(60.06평)

건폐율
19.93%

용적률
32.34%

주차대수
2대

구조
기초 - 철근콘크리트 매트기초 / 지상 - 중목구조 105×105 철물공법

단열재
크나우프 에코필(중단열), 삼익산업 Rockwool 30T(외단열)

외부마감재
백고벽돌

담장재
개비온블럭

창호재
㈜이플러스윈도우 알루미늄 시스템창호, 43㎜ 3중 로이유리

철물하드웨어
더 나이스코리아 중목구조용 철물

에너지원
도시가스 + 독일 바일란트 보일러

조경석
현무암

조경
㈜세담주택건설 조경사업팀

아름다움이 중목구조의 매력"이라며, "경량목구조보다 비용은 조금 높은 편이지만, 프리컷 목재를 현장에서 조립하는 시스템, 공기 단축 등 품질이 균질하게 나오는 것이 기술적 특징"이라고 구조의 이점을 어필했다. 특히 이번 현장의 경우 일본 회사 중에서도 보수적인 구조 시스템을 유지하는 더 나이스코리아의 부산공장에서 목재를 확보, 일본의 기술력은 담보하면서 물류비는 확 줄여 현실적인 집짓기 비용을 맞추고자 애썼다.

한편, 구조를 먼저 결정한 부부는 설계과정을 거치며 서로의 취향과 기호를 재발견할 수 있었다고 남다른 소회를 밝혔다. "이제까지 전셋집만 살아서인지 제대로 인테리어할 기회가 없어서 몰랐던 거예요. 남편은 시원시원하고 모던한 스타일을, 저는 아늑하고 아기자기한 공간을 좋아한다는 걸요." 두 사람은 집은 가족의 삶을 담는 곳이라는 목표를 가지고 전형적인 아파트 구조를 탈피해 가끔 혼자만의 공간도 누릴 수 있는 독립성을 갖도록 치열하게 고민했다.

그렇게 양보하고 타협하며 완성해 나가는 설계과정에서 서로를 더 잘 알게 되고 배려를 느낄 수 있어 좋았다는 후문이다. 주택 1층은 거실 겸 주방과 안방, 2층은 서재와 아이들 방으로 구성되었다. 중목구조 부재가 드러나는 개방적인 거실 외 각자의 공간이 알차게 채워졌다. 특히, 집에서도 업무를 봐야 하는 아내를 위해 '방 속의 방' 개념을 차용해 꾸민 안방 속 미니 서재가 인상적이다. 실용적인 공간 배치 외에도 주택은 기술적으로도 주목할 만하다. 구조재 사이에는 분사형 그라스울인 에코필을, 외단열로는 락울을 적용한 것. 두 단열재 모두 무기물이면서 통기성과 단열성능 모두 잡은 불연재라 화재에 대한 염려를 덜 수 있다. 아내는 요즘 매일 한 시간씩 정원을 돌보는 재미에 푹 빠져있다. 외곽으로 화분, 관상수, 텃밭 존, 수돗가 등을 돌아보고 중앙의 잡초를 정신없이 뽑고 나면 시간이 금방 간다고. 여기에 최근 남편의 추억을 위해 라일락 나무를 심었다. 이제 매년 4월이면 이 집 주위로 라일락 향기가 퍼질 것이다. 집에 대한 남편의 기억 위 가족과의 새로운 추억이 더해지면서 말이다.

❶ 백고벽돌과 컬러강판으로 마감한 담백한 외관. 2층 박공지붕과 단층 편경사지붕이 조화를 이룬다.

❷ 도로에 면한 주택의 북측 입면. 낮은 개비온 담장을 둘러 외관과 비슷한 톤을 유지했다.

❸ 주택 가까이는 보행감이 좋고 빗물이 튀어도 벽을 훼손하지 않는 석재 데크를 깔았다. 코너에 심은 삼색 버드나무는 봄이 되면 초록에서 흰색, 다음 분홍색으로 색을 달리한다.

내부마감재
벽 - 아우로페인트, DID 실크벽지 / 바닥 - 이건 광폭 원목마루

욕실 및 주방 타일
㈜로얄토토 이태리 수입 타일

수전 등 욕실기기
아메리칸스탠다드, ㈜바스미디아

조명
디케이룩스

계단재·난간
오크 + 평철 난간

현관문
ykk 현관문

중문
스윙도어

방문
태창도어, 자작나무 제작 도어

붙박이장
용진퍼니처

데크재
방킬라이 19㎜

사진
변종석

설계
㈜유타 건축사사무소

시공
㈜세담주택건설
www.sedam.co.kr

막힘없는 시선과 정원으로 낸 큰 창 덕분에 개방감이 느껴지는 거실 겸 주방. 공학목재인 글루램을 노출한 중목구조 인테리어가 공간을 규정한다.

❹ 자연을 들이면서 시선은 차단하는 측창이 풍경화인 듯 목재 인테리어와 어울린다.

❺ '11자'형 주방 가구와 6인용 식탁으로 깔끔하게 구성한 주방

❻ 계단 옆 자투리 공간에 욕실을 두어 실용성을 높였다.

❼❽ 방 속의 방 개념의 안방. 침실은 간소하게 꾸미되, 아내를 위한 미니 서재와 욕실, 드레스룸, 세탁실을 품어 동선이 편리하다.

❾ 2층 서재. 독서를 좋아하는 두 살 터울의 아이들이 가장 좋아하는 공간이다.

❿ 넉넉하게 면적을 잡은 2층 복도. 작은 개수대와 세탁기 등을 두어 1층까지 내려가지 않도록 배려했다.

⓫ 정원생활자가 된 아내의 온실. 텃밭 테이블, 다육식물 포트, 잔디깎기, 수공구 등으로 가득하다.

POINT 1 - **중목구조 철물공법**

수치가 안정적인 글루램 목재를 미리 재단해 현장에서 조립했다. 중목구조 전용 연결철물을 사용, 구조 안정성을 높였다.

POINT 2 - **분사형 그라스울**

기존 그라스울과 달리 분사형에 밀도 높게 시공해 처짐 현상이 없다. 무기물로 불연재라는 점 역시 특징이다.

POINT 3 - **불연 외단열재, 락울**

가격은 조금 높지만, 통기성과 단열값, 불연성을 확보하면서 외단열이 가능한 제품은 드물다. 전용 화스너를 사용해 밀착 시공했다.

이웃집 정원까지 시선이 이어져 더 넓어 보이는 주택 정원

SECTION

① 주차장 ② 현관 ③ 거실 ④ 주방 ⑤ 침실 ⑥ 서재 ⑦ 욕실 ⑧ 파우더룸
⑨ 드레스룸 ⑩ 세탁실 ⑪ 가족실 ⑫ 다락 ⑬ 발코니

PLAN

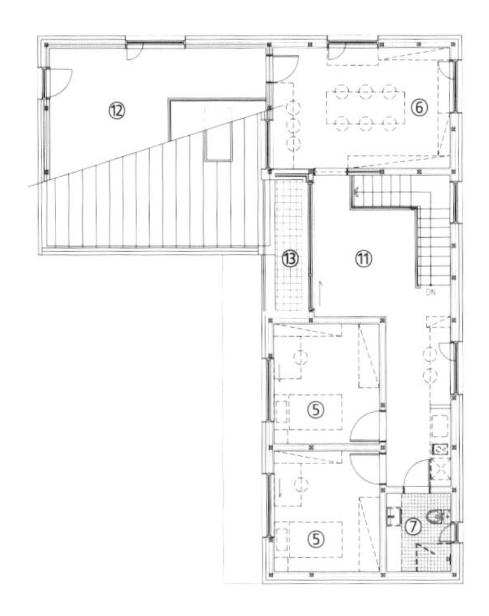

2F, ATTIC - 75.92m² + 31.32m²

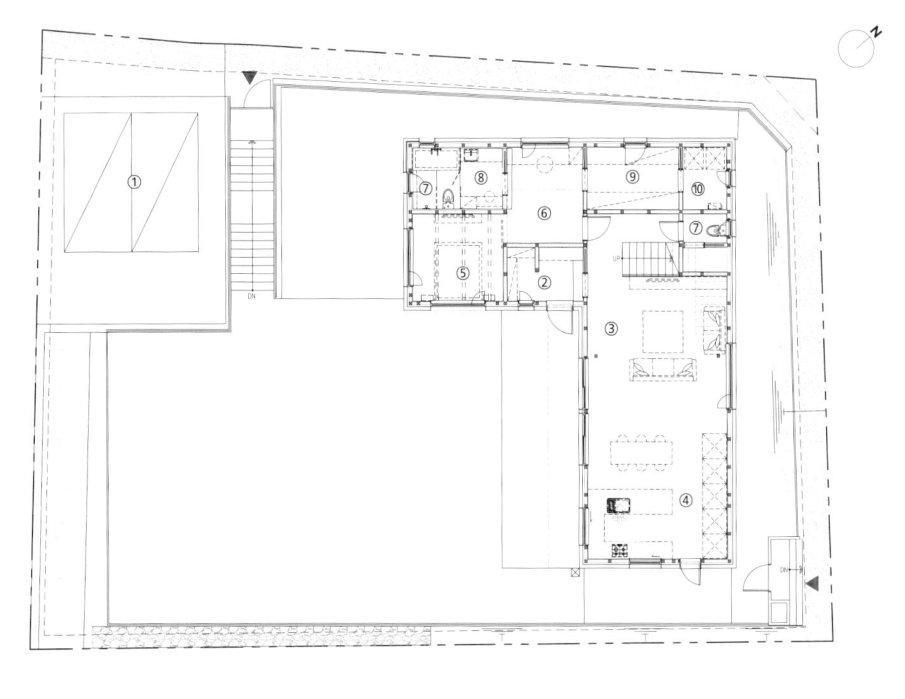

1F - 122.64m²

높은 층고로 만끽하는 단독주택의 여유
HIGH CEILING HOUSE

아파트의 삶이 답답해질
무렵, 높은 대지와 남향의
전망에 반해 단독주택을
지었다.
답답하지 않은 층고와
넓은 창으로 설계한 집은
자연의 풍경을 여유롭게
품는다.

1

마을의 오르막길 정상에서 만날 수 있는 집. 도시의 아파트 생활에 갑갑함을 느끼던 건축주 부부는 우연히 발견한 대지가 마음에 들어 땅을 팔 생각이 없었던 이전 토지주를 설득했다. 가파른 경사를 안고 있어 여러모로 걱정 많고 어려운 대지였지만, 높은 위치에서 남쪽으로 탁 트인 전망이 부부의 마음을 사로잡았다.
집짓기가 처음인 건축주 부부에게 호멘토는 좋은 파트너였다. 경사지를 극복하고 남쪽 전망을 확보하기 위해 마당 높이를 설정하는 것이 중요했기 때문에 많은 미팅이 필요했다. 가파르고 좁은 골목에 위치한 대지의 특성상 시공 과정에서 어려움도 많았다. 그때마다 건축주와 설계사무소는 밤낮없이 적극적으로 피드백을 주고받았다. 그렇게 어느 방향에서 바라보아도 경사지 라인과 조화를 이루는, 모두가 만족하는 집이 탄생했다.
첫 단독 주택에서 건축주가 놓칠 수 없었던 것은 높은 층고다. 집을 들어서면 거실 전면으로 보이는 전망과 함께 머리 위로 느껴지는 층고가 시원한 여유를 불어넣어 준다. 4m라는 높이를 실현하기 위해 실내문과 기타 가구들을 제작해야 했고, 시공 시간과 인력이 추가로 들었다. 집이 완성되기까지 예상보다 시간이 조금 더 소요됐지만 새로운 집에서 부부가 느끼는 삶의 만족도는 최상이다. 호멘토의 추천으로 목조주택을 선택한 결정도 건축주가 만족하는 부분 중 하나다. 음악을 감상할 때나 전공인 피아노를 연주할 때, 소리의 울림과 반사가 아파트와는 차원이 다르다고. 비가 온 뒤나 습도가 높을 때도 쾌적한 환경을 유지할 수 있고, 대리석 바닥

대지위치
경기도 광주시

대지면적
859㎡(259.85평)

건물규모
지하 1층, 지상 1층

거주인원
2명(부부 + 반려견 2)

건축면적
254.6㎡(77.02평)

연면적
592.59㎡(179.26평)

건폐율
29.64%

용적률
27.67%

주차대수
6대

최고높이
9.94m

구조
지하 - 철근콘크리트 온통기초 / 지상 - 경량목구조(구조재 JAS 등급, 공학목재 PSL)

단열재
수성연질폼(ICYNENE) T135, T235 / 압출법 특호 T90, T125, T135 / T90 비드법보온판 2종1호

외부마감재
외벽 - 솔리드 벽돌 타일 베이직그레이(두라스택), 합성목재 캐슬형 사이딩(뉴테크우드코리아) / 지붕 - 컬러강판

담장재
솔리드 벽돌 타일 베이직그레이 (두라스택), 미장스톤 마감

창호재
이건창호(43㎜ 양면로이 아르곤)

철물하드웨어
심슨스트롱타이

열회수환기장치
Zehnder Comfoair Q 600, ERV

생활을 할 때보다 다리와 몸 전체에 무리가 없다는 것도 살면서 느끼는 장점들이다.
비슷한 평수의 다른 집들과 달리 건축주는 방의 수를 줄이고 거실과 주방 공간을 경계 없이 일체형으로 넓게 두었다. 철재와 가죽의 빈티지한 거실 가구들이 목재 마감재와 묘한 조화를 이뤄 고급스러운 분위기를 자아낸다. TV 벽면은 침실로 향하는 중문과 하나의 벽처럼 느껴지도록 마감해 공간이 더욱 넓어 보인다. 거실 공간의 오른쪽에는 다용도실과 반려견 보들이와 콩이를 위한 반려견 전용 욕실이 나란히 있다.
TV 벽면의 중문을 열고 들어가면 침실과 드레스룸, 파우더룸, 욕실이 등장한다. 욕실 안쪽에는 사우나실이 있어 집에서도 안전하게 하루의 피로를 풀 수 있다.
지하는 계단과 엘리베이터를 이용해 내려갈 수 있는데, 계단을 따라 내려가면 코너에 피아노실이 있다. 벽면과 바닥을 원목으로 마감하고 한쪽 면은 지하주차장이 보이는 큰 창을 설치했다.

❶ 남향의 전망을 향해 있는 집의 전면. 가로로 긴 직사각형 모양의 구조를 하고 있다.

❷ 북측 도로 중간 부분의 높이를 기준으로 마당 높이를 결정했다.

❸ 아일랜드 조리대로 깔끔하게 꾸민 주방. 원목 수납장과 스틸 가전제품의 조화가 돋보인다.

내부마감재
벽 - 벤자민무어 친환경 도장 / 바닥 - BONTICELLO 원목마루 / 천장 - 벤자민무어 친환경 도장 + 오크 원목브러쉬 + 친환경 수성 바니쉬(ADLER AQUA-TSP Antiscratch G5)

욕실 및 주방 타일
윤현상재 수입타일

수전 등 욕실기기
아메리칸스탠다드, VOVO 비데 일체형 양변기, 핀란드사우나

주방 가구·붙박이장
미소디자인(호보켄 + 세라믹 상판)

조명
12Lighting

계단재·난간
합판 집성 위 오크 무늬목, 원목 오크 손스침, 평철난간

현관문
일레븐도어(원목 + AL 단열도어)

중문
위드지스 자동문

방문
오크 원목브러쉬 + 친환경 오일

데크재
화강석(발라화이트)

에너지원
LPG + 지열보일러

조경
현대조경

전기·기계
신미건설

설비
동명건축설비

구조설계(내진)
㈜위너스BDG

사진
변종석

감리
미감건축사사무소

설계
호멘토건축사사무소

시공
호멘토(HOMENTO)
www.homento.co.kr

4

POINT 1 - **5 STAR 목조건축물 품질인증**

한국목조건축협회에서 진행하는 목조건축 감리제도의 인증을 받았다. 건축주 부부는 목조주택이 주는 생활의 편리함을 만끽하는 중이다.

POINT 2 - **바닥 매립형 욕조**

욕조를 이용하기 편리하도록 바닥과의 단차를 낮춰 매립형으로 설치했다. 샤워실과 연결된 세면대 공간은 건식으로 사용해 쾌적한 환경을 유지한다.

POINT 3 - **원목 브러시 실내 도어**

높은 층고에 맞게 제작한 실내문은 원목에 브러시 작업을 거쳐 자연스러운 질감을 냈다. 반려견 전용 욕실 문에는 반려견을 위한 문을 따로 만들었다.

지하주차장은 이 집의 또 다른 포인트. 차를 좋아하는 건축주는 오롯이 자동차만을 위한 공간을 제대로 만들고 싶었다. 마당 높이에 따라 자연스럽게 지하층의 높은 층고가 확보됐고, 다양한 마감재를 활용한 인더스트리얼 인테리어로 미국의 낡은 창고같은 느낌을 연출했다.
아파트형 라이프스타일이 익숙했던 부부는 데크에 앉아 수영장과 산 뷰를 바라보고, 마당 조경을 관리하며 단독주택만의 매력을 하나둘 체감하는 중이다. 높은 층고를 안고 거실 전면에 펼쳐질 하얀 겨울날의 절경이 기대된다.

❹ 거실의 높은 층고를 유지한 이국적인 드레스룸. 3단의 넉넉한 수납공간을 확보했다.

❺ 거실에서 좀 더 개인적인 공간으로 통하는 중문. TV벽체와 일체감을 주어 닫혀 있을 때는 히든도어가 된다.

❻ 마당 너머 산 전망이 내다보이는 침실. 긴 가로창으로 개방감을 한층 더했다.

❼ 사우나가 설치되어 있는 안방 욕실. 사우나 후 샤워실로 가는 동선이 편리하다.

5

6

7

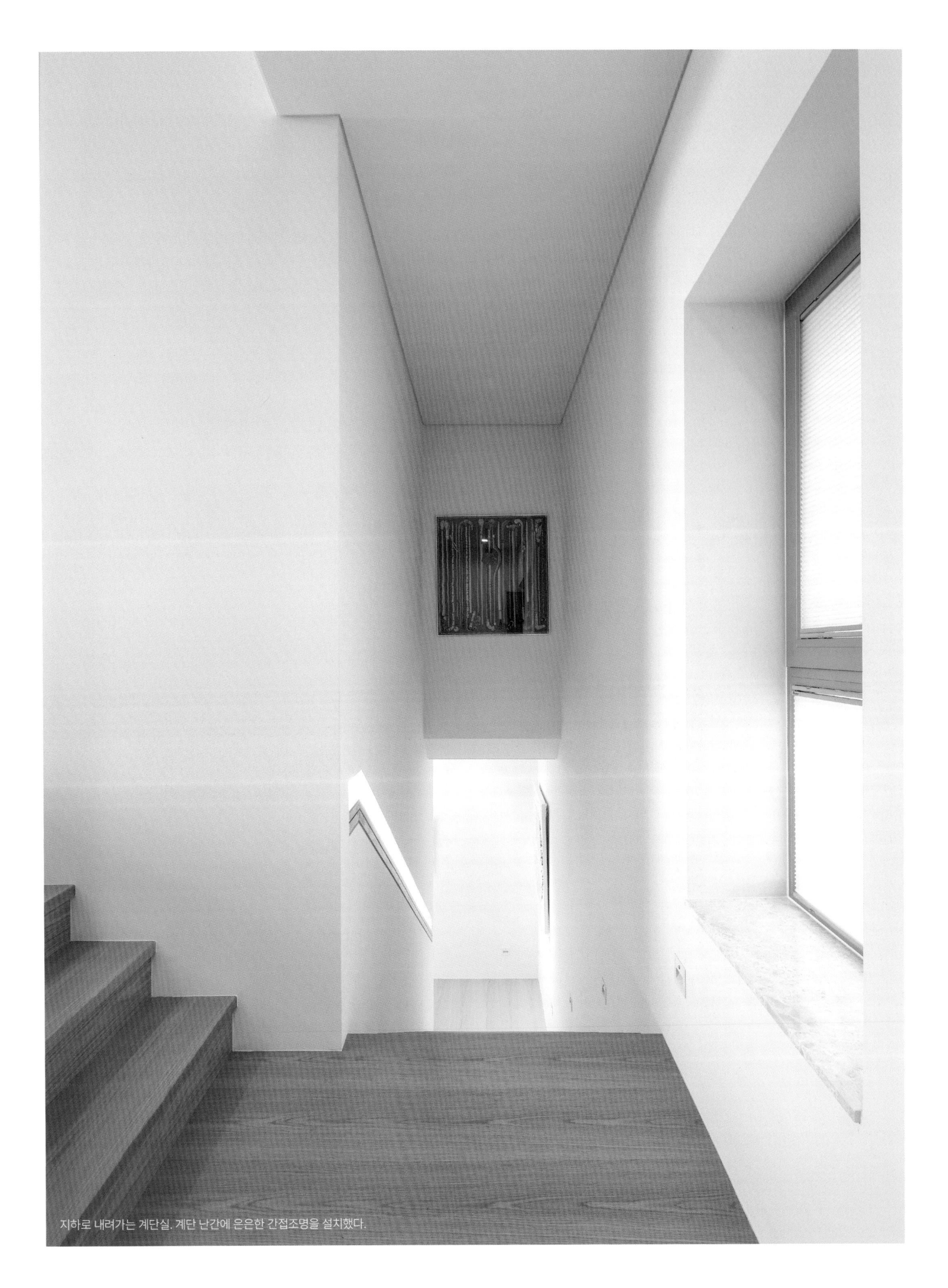

지하로 내려가는 계단실. 계단 난간에 은은한 간접조명을 설치했다.

❽ 지하로 향하는 엘리베이터와 계단실. 같은 높이의 간살창과 수납장이 정돈된 느낌을 준다.

❾ 선룸 옆 작업 공간. 반대편 부부의 침실에서부터 거실을 지나 길게 이어지는 마당과 전망을 이곳에서도 볼 수 있다.

❿ 피아노를 전공한 건축주의 연주 공간. 콘서트홀을 연상시키는 원목 마감재는 음향 효과를 내기에도 탁월하다.

⓫ 노출콘크리트 패널, 벽돌, 철재, 에폭시 코팅 바닥 등을 활용해 빈티지하게 꾸민 지하 주차장.

⓬ 천창을 내고 세 개의 폴딩도어를 두어 선룸으로 사용하고 있는 공간. 폴딩도어에는 방충망을 설치해 벌레 걱정을 덜었다.

곡선의 디자인으로 포인트를 준 야외 수영장. 산의 풍경이 한눈에 보이는 선룸과 선배드는 건축주가 애정하는 공간 중 하나다.

SECTION

① 현관 ② 거실 ③ 주방 ④ 침실 ⑤ 드레스룸 ⑥ 파우더룸 ⑦ 욕실 ⑧ 사우나실 ⑨ 다용도실 ⑩ 반려견 욕실 ⑪ 보일러실 ⑫ 수영장 ⑬ 수영장 기계실 ⑭ 주차장 ⑮ 창고

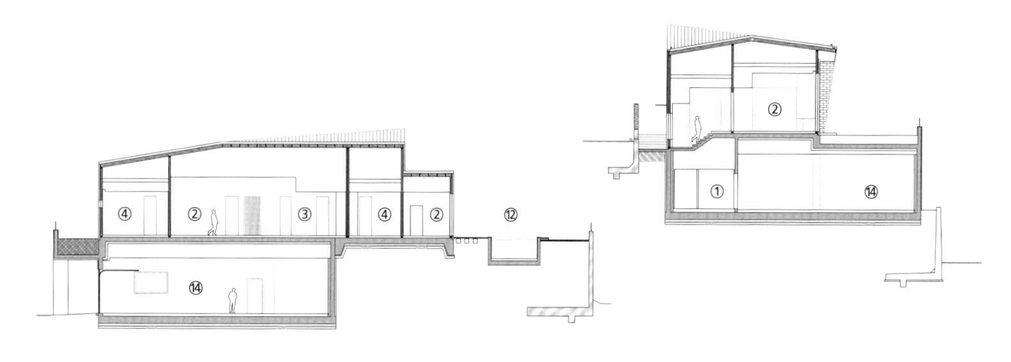

PLAN

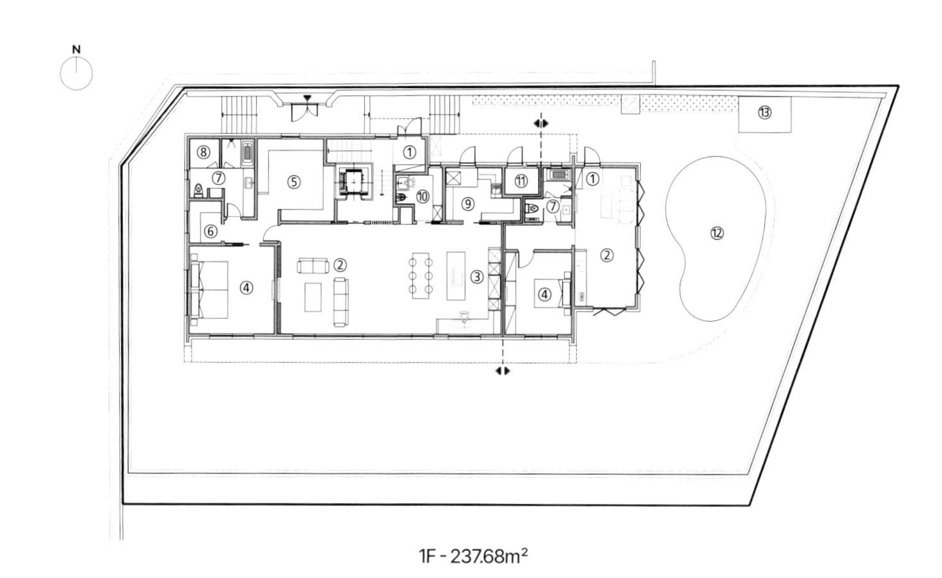

1F - 237.68m²

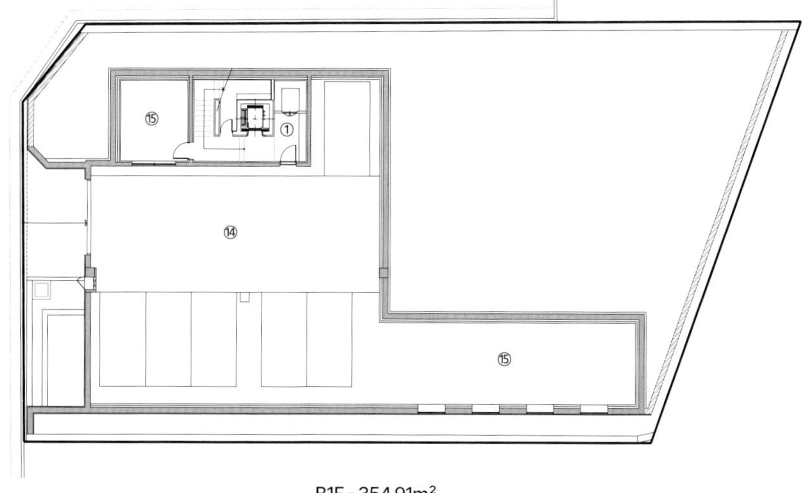

B1F - 354.91m²

가족을 위한 고민을 모아 지은 집
경주 봄날애

제대로
지은 집을 목표로
패시브 성능에
재미있는 아이디어까지 더한,
독특한 집을
찾았다.

❶ 비정형 대지를 효과적으로 구획하여 주택을 배치한 가운데, 안마당에는 애들이 놀 수 있는 모래놀이터를 두었다.

❷ 자연석 포장, 외장재 바닥, 타일 데크 등으로 관리가 필요한 흙 바닥 면적은 줄이면서 다양한 소재로 단조로움은 피했다.

❸ 데크는 타일 소재를 사용하면서도 건식으로 시공해 겨울철 하자 걱정을 덜었다.

대지위치
경상북도 경주시

대지면적
556㎡(168.19평)

건물규모
지하 1층, 지상 2층

거주인원
5명(외조모 + 부부 + 자녀 2)

건축면적
110.35㎡(33.38평)

연면적
214.20㎡(64.79평)

건폐율
19.84%

용적률
30.65%

주차대수
2대

최고높이
7.6m

구조
기초 - 철근콘크리트 매트기초 / 지하 - 철근콘크리트구조 / 지상 - 경골목구조(SIP 공법)

단열재
압출법보온판, 비드법단열재

외부마감재
벽 - 삼한 적벽돌 / 지붕 - 리얼징크 0.5T + 차음시트 3T

담장재
뉴테크우드코리아 울트라쉴드

창호재
살라만더 82㎜ PVC 창호 47T 로이삼중유리, 롤라덴(외부 롤러셔터)

열회수환기장치
SSK SD-350 + 프리필터박스(총 2대)

에너지원
도시가스, 태양광

에너지성능
단위면적당 난방요구량 - 3.1ℓ/㎡ (ENERGY#®, 2021.2.19 검증) / 기밀 - 0.53회(n50)

"주택은 오랜 꿈이었으니까요. 그런 만큼 짓는다면 스스로 납득할 정도로 잘 짓고 싶었습니다."

건축주는 5년이라는 긴 기간 집짓기를 준비해왔다. 일상에서 틈틈이 짬을 내 공부하면서 '패시브하우스'라는 개념과 단열, 기밀의 중요성을 알게 됐고, 가족과 의견을 나누며 계획을 구체화해나갔다. 예기치 못한 상황으로 첫 설계를 포기하고 공백기를 갖기도 했지만, 패시브하우스 경험이 많았던 건축사사무소 삶, 로이건축과 함께 하면서 집짓기를 이어갈 수 있었다. 본격적인 설계만 1년 가까이 걸렸다는 건축주. 이후 시공까지 이어지는 과정은 지난했지만, 누군가의 제안을 곧이곧대로 받기보다는 몸소 배우고 찾은 개념과 장치들을 세심히 담아내고, 또 현장에서 수시로 토론하고 타협하며 집을 지었다. 그렇게 반년 전, 가을바람이 선선해질 무렵 다섯 식구는 그들의 고민과 생각으로 쌓은 가족만의 집을 만날 수 있었다.

탁 트인 남향으로 앉혀진 주택은 오랜 기간 고민이 담긴 만큼 외부에서부터 재미난 요소들이 많다. 택배수납함부터 이어지는 곳곳에 드러나거나 숨겨진 수납공간들이 자리하고, 후면 현관 앞과 앞마당에는 번거로운 관리 요소를 최소화하기 위한 건식 타일 데크가 적용됐다. 앞마당에는 아이들이 마음 놓고 뛰어놀 수 있는 모래놀이터나 트램펄린, 파이어피트처럼 즐거움을 배가시키는 요소들이 놓였다. 물론, 붉은 벽돌이 주는 안정감과 후면의 독특한 곡선 마감, 사전 설계로 시공된 조경을 통해 외관의 심미성도 놓치지 않았다. 현관을 지나 실내로 들어서면 화이트와 우드 톤의 조화가 자연스러운 바탕에 탁 트인 거실을 중심으로 오른편으로는 주방이, 왼편으로는 지하 및 2층으로 오르는 계단과 침실, 유틸리티 공간들이 스킵플로어 형식으로 차례대로 놓였다. 그중 지하는 건축주가 애정하는 공간 중 하나로, 와인을 보관하는 룸셀러와 간단한 모임 공간, 그리고 영화 감상에 최적화된 A/V룸이 위치했다. 그는 "지하는 관리도 쉽지 않고, 비용도 많이 드는 공간인 것은 맞다"며, "시행착오를 여럿 거쳤지만, 그럼에도 드라이 에어리어의 조성, 충분한 방수, 단열 시공으로 방음과 환기, 채광을 부족함 없이 확보했다"고 소개했다. 더욱이 이곳에서 와인이 곁들여지는 즐거운 휴식은 다른 것과 바꾸기 어려웠다고.

1층에서 반층 오르면 아이들 독서공간과 함께 부부침실과 드레스룸, 파우더룸, 욕실, 세탁실을 만날 수 있다. 이 공간들은 서로 연결되어 순환 동선을 이루어 외출에서 돌아오면 세탁실-욕실-파우더룸-드레스룸-침실-거실로 개인 정비와 쉼이 자연스럽게 이어진다. 여기에서 반 층 더 오르면 아이들과 장모님 침실이 복도를 따라 배치되어있고, 다시 반 층을 오르면 간단한 아이들 놀이 공간과 다락을 만날 수 있다.

TECH POINT. 봄날애에 적용된 디테일 아이디어

롤러셔터 창에 설치한 롤러셔터는 일사량 조절은 기본이고, 닫혔을 때 단단히 맞물려 강풍에 의한 소음이 적고 방범효과도 기대할 수 있다.

열회수환기장치 패시브하우스의 핵심적 요소 중 하나인 열회수환기장치는 기본적으로 적용했다. 여기에 프리필터를 설치해 공기질도 잡았다.

전기차 충전기 9.6kW에 달하는 넉넉한 태양광 용량 덕분에 주택 내 전기 사용량을 충당하고도 전기차 충전 여력까지 여유롭다.

키홀가든 음식물쓰레기는 먼저 기계로 수분을 제거하고, 키홀가든에서 퇴비로 만든다. 야생동물의 훼손을 막기 위해 덮개는 다소 무겁게 제작했다.

히든 수납함 포치 옆 벤치나 받침대처럼 보이지만, 문을 열면 그 안에 에어컴프레서가 자리해있다. 외부 활동 후 들어가기 전 먼지를 털어낼 수 있다.

공기청정기 겸용 조명 아이방과 드레스룸 등 일부 공간에는 공기청정기를 겸하는 조명을 둬 열회수환기장치로 커버하기 어려운 실내 먼지 등을 관리한다.

그물놀이터 다락에는 1.5층 독서공간과 이어지는 그물침대를 뒀다. 안전을 위해 2중으로 설치해 성인 남성 5명이 올라서도 끄떡없다.

야외 개수대 파이어피트 옆에는 개수대와 콘센트, 간단한 보관함을 박스에 콤팩트하게 모아 편리하게 사용할 수 있게 했다.

내부마감재
벽 - 벤자민무어, DID, LX하우시스 합지벽지 /
바닥 - 포세린 타일, 강마루(이건마루)

욕실 타일 및 주방 타일
자기질 타일

수전 등 욕실기기
아메리칸스탠다드, 대림

주방 가구
팀오더메이드

조명
나라조명, 비츠조명

홈시어터
화인미디어

계단재·난간
애쉬 집성목

현관문
에스알펜스터 TEHNi 현관문

중문
예림 스윙도어

방문
영림도어(플러쉬, 슬라이딩)

붙박이장·세면대
팀오더메이드

데크재
보현석재 까르미 데크(페데스탈)

조경
식물의아름다움, 풍국조경

전기·기계·설비
한일전기설계감리사무소

토목
㈜국토개발

구조설계
㈜퀀텀엔지니어링

사진
변종석

시공
㈜로이건설 www.hblowe.com

설계
건축사사무소 삶
https://blog.naver.com/godsogud

낮은 용적률을 극복하면서 평면에 재미를
주기 위해 스킵플로어 구조를 채택했다.

4
5
6
7
LA CHAPELLE
HERMITAGE
1865
8

물론, 공간만큼이나 주택의 성능에도 여러모로 신경 썼다. 건축 목표와의 간극으로 패시브 인증을 따로 진행하지는 않았지만, 열회수환기장치를 도입해 기밀과 함께 미세먼지, VOC(휘발성유기화합물)을 잡았고, 단열과 기밀에 유리한 SIP 공법과, 고효율 시스템창호, 단열 현관문을 적용했다. 덕분에 한국패시브건축협회의 기밀테스트에서는 시간당 가감압 평균 0.53회라는 준수한 성적을 거두기도 했다고. 여기에 외부 전동 롤러셔터로 일사량을 조절하고, 약 10kW에 달하는 태양광 패널에서 신재생에너지를 생산한다. 덕분에 아이가 있는 집에서 이번 겨울 한 달 내내 여유롭게 써도 에너지 소비효율 약 3.1ℓ. 비용으로는 10여 만원 정도 선에서 머물렀다.

"아파트에서보다 더 감각이 풍부해진 것 같아요. 주택에 사니 자연을 유심히 관찰하게 된다고 할까요?"

가족은 주택으로 이사한 후 많은 변화를 체험하고 있다고 전했다. 날씨 변화가 더 가깝게 느껴지고, 아이들 행동도 자유롭고 밝아졌다. 일상에 불편해질 것들이 많을 것이라고 생각했는데, 슬기롭게 준비하니 오히려 아파트보다 편리한 부분이 더 많아졌다.

이제 곧 봄이 다가오면 본격적으로 정원을 가꾸고 홈캠핑도 즐겨 볼 생각이라는 가족. 계획을 즐겁게 이야기하는 모습에서 '봄날애'라는 이름처럼 집과 함께 처음 맞는 봄에 피워낼 행복의 꽃봉오리가 보이는 듯했다.

❹ 아이들도 쉽게 열 수 있게끔 무겁고 두터운 책장 대신 책 선반으로 슬라이드 도어를 만들었다. 선반을 열면 그 안에 안방이 자리한다.

❺ 공학목재(패러램)를 사용해 넓은 거실을 확보했다. 덕분에 주방에서도 아이들 독서공간과 안방까지 한눈에 닿는다. 독서공간 옆으로는 지하공간으로 향하는 계단이 자리했다.

❻❼❽ 지하공간에는 룸셀러와 수납형 와인바, 그리고 홈시어터를 갖춰 언제든 지인·가족들과 함께 집 안에서 즐거운 시간을 보낼 수 있다.

❾ 아이들과 할머니 침실이 있는 2층 계단 앞에는 세면대와 정수기를 둬 1, 2층을 오가는 번거로움을 덜어냈다.

❿⓫⓬ 세탁실-파우더룸(세면)-드레스룸-안방으로 공간을 모으고 통로를 열어 자연스러운 순환 동선을 만들어줬다.

⓭ 욕실은 높은 천장고를 그대로 살리고, 아이들과 함께 쓸 수 있을 정도로 큰 욕조를 들여 대중탕처럼 넉넉한 기분으로 목욕을 즐길 수 있다.

외벽에서 바닥까지 이어지는 외장재와 곡면이 후면에 독특한 인상을 남긴다.

SECTION

① 썬큰 ② A/V룸 ③ 응접실 ④ 와인저장고 ⑤ 현관 ⑥ 거실 ⑦ 주방/식당 ⑧ 안방 ⑨ 드레스룸 ⑩ 파우더룸 ⑪ 욕실 ⑫ 정원 ⑬ 주차장 ⑭ 침실 ⑮ 발코니 ⑯ 다락 ⑰ 복도 ⑱ 그물놀이방

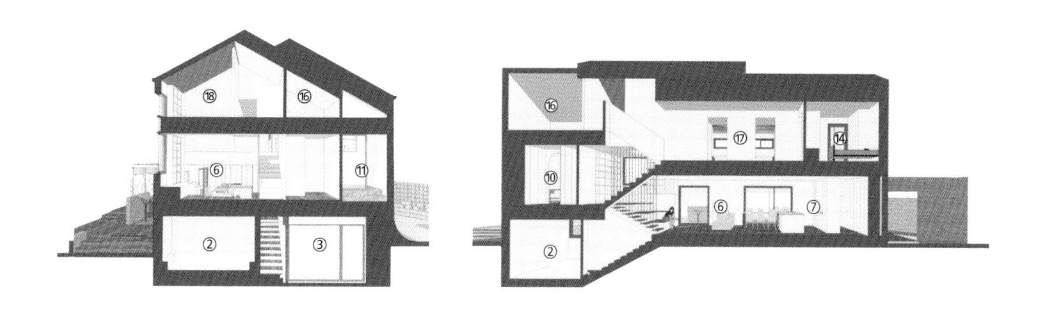

PLAN

2F - 61.33m² / ATTIC - 28.80m²

1F - 109.11m²

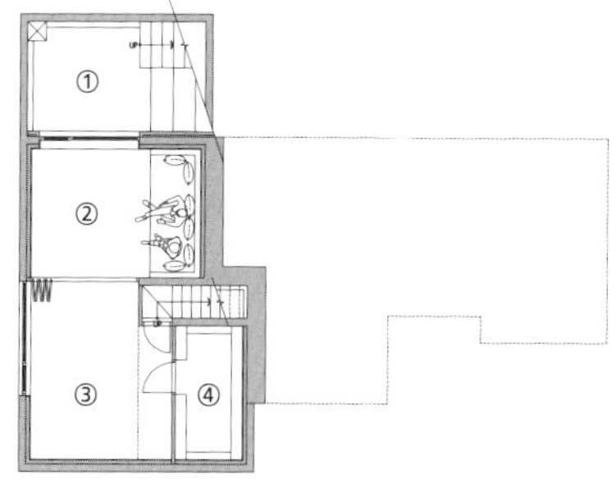

B1F - 43.76m²

지속가능한 집 그리고 삶

류헌[柳軒]

집짓기는 과거를
돌아보며 미래를
계획하는 일.
이 집은 두 번째 인생을
준비하며 지속가능한 삶을
묻는 부부에게 맞춰진
건축적 대답이다.

은퇴 후 정주할 보금자리를 고민하던 부부는 아내가 교사로 재직했던 작은 시골 마을을 떠올렸다. 도시와 멀지 않으면서도 운치 있는 풍경과 자연을 곁에 둔 삶을 상상할 수 있는, 당시에도 주말이면 종종 함께 드라이브를 하던 곳이었다. 칠봉산 줄기가 포근하게 대지를 감싸며, 남동쪽으로는 용담저수지가 아름답게 펼쳐진 조용한 동네. 집 앞에는 버드나무 가지가 나른하게 일렁이는 이곳을 선택하지 않을 이유가 없었다. 한 아파트에서 20년 이상 살았던 주거 이력에서 짐작할 수 있듯 부부는 무언가를 고를 때 가격이 조금 높더라도 오래 쓸 수 있는 것을 선택하는 사람들로, 이는 집을 짓는 데에도 변함없이 적용되는 기준이었다. 건축은 잘 모르는 분야이기에 어설프게 배우기보다 본인들을 이해할 전문가를 찾는 것이 우선순위라는 것도 잘 알고 있었다.

대지위치
경기도 용인시

대지면적
999㎡(302.19평)

건물규모
지상 2층

거주인원
4명 (부부 + 자녀 2)

건축면적
195.5㎡(59.13평)

연면적
304.44㎡(92.09평)

건폐율
19.97%

용적률
30.47%

주차대수
3대

최고높이
8.6m

구조
기초 - 철근콘크리트 매트기초 / 지상 - 철근콘크리트구조

단열재
기초 - 압출법보온판 특호 200㎜ / 벽 - 비드법보온판 2종3호 250㎜ / 지붕 - 압출법보온판 특호 300㎜

외부마감재
외벽 - STO 외단열시스템 / 지붕 - PVC 방수시트 위 쇄석 도포

창호재
독일 PVC 삼중창호(독일 패시브하우스 인증)

담장재
시멘트 종석 미장

열회수환기장치
ZEHNDER ComfoAir 550

조경
설계 - 조경상회 / 시공 - 에이원[A1]

전기
대신EMC

기계
주성엠이씨

5 ©변종석

❶ 산과 저수지를 조망할 수 있는 위치, 은퇴 이후 유유자적한 삶을 위해 고른 땅이다. 하늘에서 보면 외부 공간을 고려한 분절된 매스가 더욱 잘 드러난다.

❷ 도로에서 이어지는 현관 마당은 그늘이 오래 지는 곳이라 음지 식물 위주로 식재했다.

❸ 야외 활동이 편하도록 주방 앞 데크는 콘크리트 바닥으로 시공했다.

❹❺ 내부의 다양한 층고를 짐작하게 하는 주택의 서측면 모습. 지금은 자작나무를 비롯해 저관리형 그래스와 숙근초 등을 심어 조성한 내추럴 스타일 가든이 집과 조화를 이루며 외관을 더욱 풍성하게 만들어준다.

내부마감재
벽, 천장 - 석고보드 위 STO 씰프리미엄 친환경 도장 / 바닥 - 두오모코리아 수입 타일(이태리산), 원목마루

욕실 타일 및 주방 타일
두오모코리아 수입 타일(이태리산)

수전 등 욕실기기
아메리칸스탠다드

주방가구·붙박이장
리빙플러스

원목가구
아이네클라이네 퍼니처

조명
두오모코리아 수입 조명(아르테미데), 필립스 LED T5

블라인드
유로솔 플리티드 라인

계단재·난간
두오모코리아 수입 타일(비앙코 문양) + 도장 및 인조대리석

현관문
브롱코스트(패시브 인증 독일 수입 도어)

방문
일반 합판도어 + 래커

데크재
적벽돌, 무근콘크리트 + 기계 미장

구조
김구조

사진
Archframe, 변종석

시공
인문학적인집짓기 imuriga@naver.com

설계
엔진포스건축사사무소
www.engineforcearch.com

6 ⓒ변종석

❻ 2층 통로를 이용한 오픈 서재에서 책을 읽는 건축주.

❼ 현관 복도와 거실을 바라본 모습. 다양한 높이와 천장 설계, 간접조명 등으로 입체감 있는 공간감이 한눈에 담긴다.

건축, 시공, 가구에 이르기까지 일관된 톤앤매너의 주택 작업을 선보인 '엔진포스 건축사사무소'의 윤태권 소장은 이들에게 가이드를 제시해 줄 맞춤형 파트너로서 충분한 자격을 갖춘 전문가였다.
남북으로 길게 뻗어 완만한 경사를 이룬, 300평 정도의 작지 않은 땅. 공간이 쾌적하고 여유로웠으면 좋겠다는 건축주의 간략한 요청사항만 받아들고 윤 소장은 다양한 외부 공간을 갖춘 넓게 펼쳐진 집을 그려냈다. 충분한 대화를 바탕으로 필요한 실들을 추려내고 주택에서만 경험할 수 있는 공간감을 구현하고자 벽과 바닥뿐만 아니라 천장까지 정교하게 디자인했다. 실내는 성격이 다른 외부 공간과 자연스럽게 연계되고, 산과 저수지, 버드나무를 감상할 수 있는 최적의 조망 포인트를 놓치지 않으면서 땅이 가진 경사지의 특성도 영리하게 이용했다.
공들인 설계를 완성시키는 것은 탄탄한 시공. "집의 지속가능함이란 거주자가 하자 없이, 쾌적하게 오랫동안 지낼 수 있도록 만드는 것이고, 이에 대해 패시브하우스는 과다한 비용 없이 축적된 기술과 노하우로 문제를 해결할 수 있는 솔루션이 있다"는 윤 소장의 가치관과 제안은 패시브하우스에 준하는 설계와 시공으로 이어졌다. 하나를 사더라도 제대로 된 것을 선택하는 건축주에게도 합리적인 결정이었다.

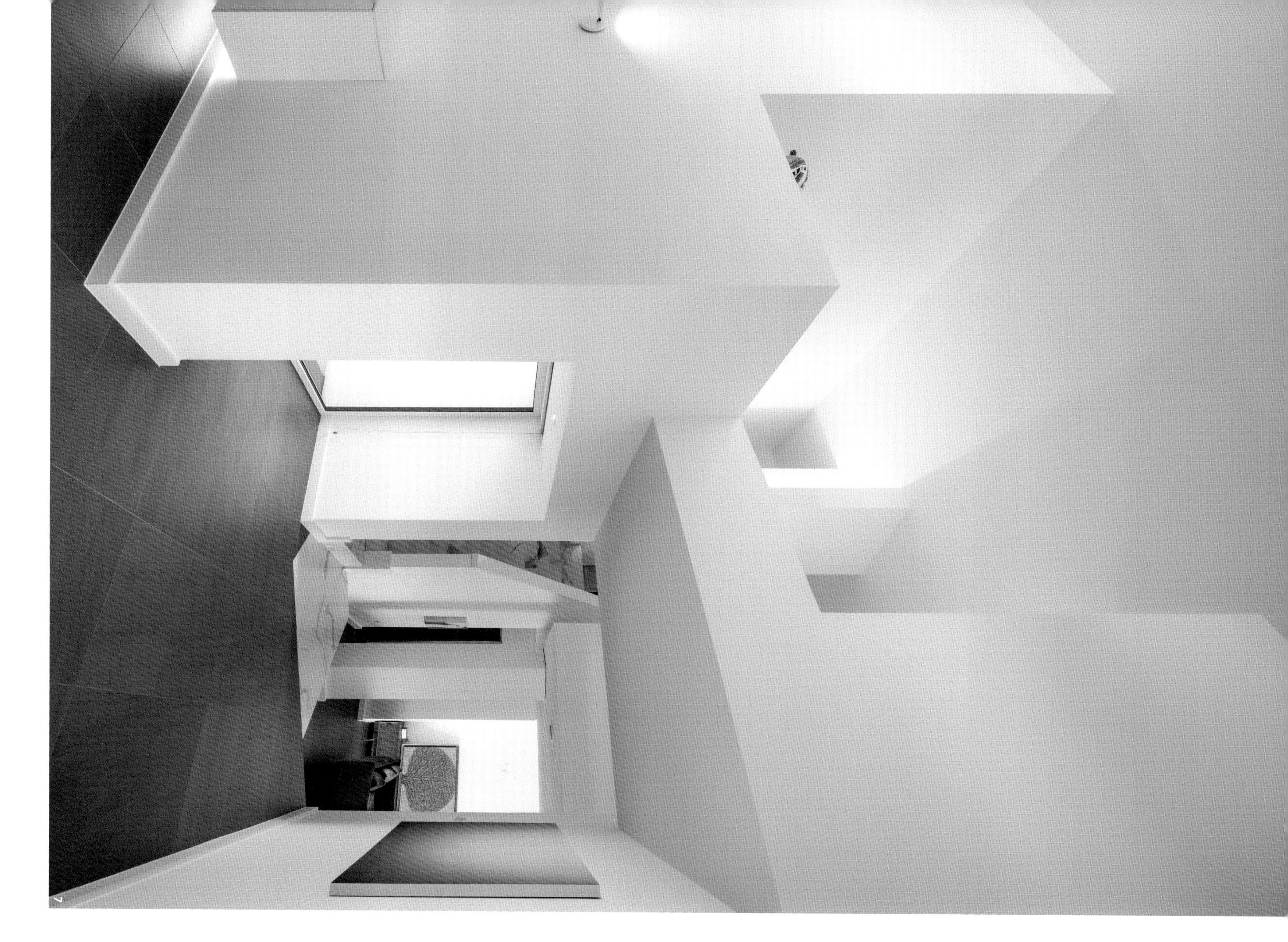

8 9 ©변종석

내부 조닝은 작은 여행을 하듯 각 실이 짜임새 있게 전개되었다. 낮은 처마 밑 현관을 통해 집 안에 들어서면 먼저 높은 천장을 가진 복도를 만난다. 그다음으로 액자에 담긴 그림 같은 원경과 근경을 고려한 창들을 지나면 2층이 짐작되는 높고 입체적인 공간이 펼쳐지고, 단차와 바닥재로 구분된 거실과 계단실의 기로에 서게 된다. 두 단쯤 아래로 내려간 거실에는 건축주의 취향이 드러나는 아트피스와 가구가 놓여 있다. 그리고, 또다시 나지막한 램프를 따라 걸어 들어가면 새로운 풍경의 주방 및 다이닝룸이 나타나는 시퀀스를 갖는다.

2층은 부부 침실과 오픈 서재, 운동실 등 프라이빗한 공간들로 채워졌다. 무릎 수술을 한 적 있는 아내를 배려해 가정용 엘리베이터를, 미세먼지뿐만 아니라 이산화탄소 농도 저감을 위해 환기장치를 두었는데, 초기 비용은 들었지만, 만족도가 매우 높은 요소들이라고.

이 모든 것들을 담아내는 다양한 높이의 변화와 두께감 있는 벽은 여러 방향에서 들어오는 자연광을 걸러주면서 공간의 깊이감을 더욱 풍부하게 하고, 적절히 배치된 간접조명은 낮과는 또 다른 밤의 무드를 연출한다. 외부 공간 역시 실내와 유의미하게 관계를 갖도록 바닥재와 식재류 등이 선택되었다. 어느 위치에 서 있어도 거기서 바라보는 장면이 근사한 데에는 이런 디테일이 숨어 있다. 그래서일까. 이사 온 이후 아내는 SNS를 시작했다. 사진 찍는 재미에 빠져 요즘은 드론 사진 촬영을 가르치는 곳도 찾는 중이다. 가족과 함께 즐기려고 당구를 익히고, 인근에서 국화 분재를 배웠나. 또한, 전지하며 남은 버드나무 가지로 틀을 만들고 목수국 잎으로 리스를 만들어 보기도 했다.

집을 짓고서 무언가 새로 배우고 시작하기에 늦은 때는 없다는 것을 몸소 경험하는 이 가족의 새로운 일상은 이제부터 시작이다.

10 ©변종석

11 ©변종석

12 ©변종석

❽ 계단실 바로 근처에는 가정용 엘리베이터를 두어 이동의 편리함을 더했다.

❾ 용도에 따라 공간을 분리해 쓰임새 있게 설계한 욕실.

❿ 거실 배치를 고려해 라운지 소파는 FOGIA, 1인용 체어는 임스 라운지 체어와 Knoll의 폴락 암체어처럼 등이 예쁜 가구들이 선택되었다. 벽에 걸린 그림은 차규선 작가의 작품.

⓫ 창을 통해 바깥을 감상하면서 가사일을 할 수 있도록 배치된 주방. 원목가구는 아이네클라이네, 의자는 한스 베그너의 와이체어, 그림은 박현선 작가의 작품이다.

⓬ 운동마니아인 남편과 두 아들이 주로 쓰는 운동실은 피트니스 센터에 버금가는 기구들로 채워졌다.

SECTION

① 주차장 ② 현관 ③ 복도 ④ 욕실 ⑤ 창고 ⑥ 게스트룸 ⑦ 거실 ⑧ 주방 ⑨ 데크 ⑩ 서재 ⑪ 침실 ⑫ 드레스룸 ⑬ 운동실

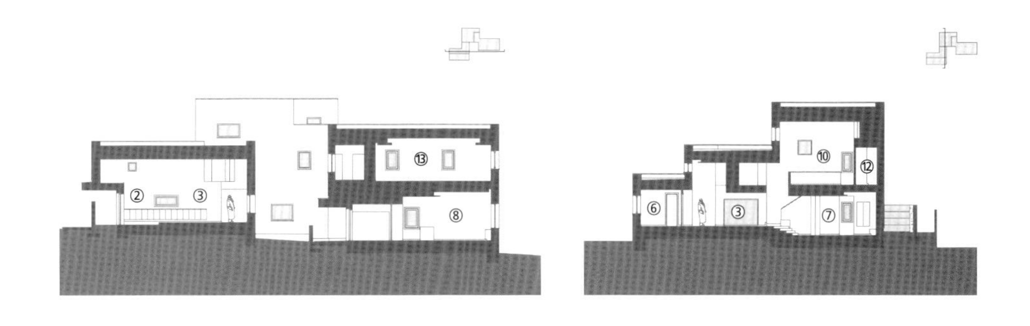

PLAN

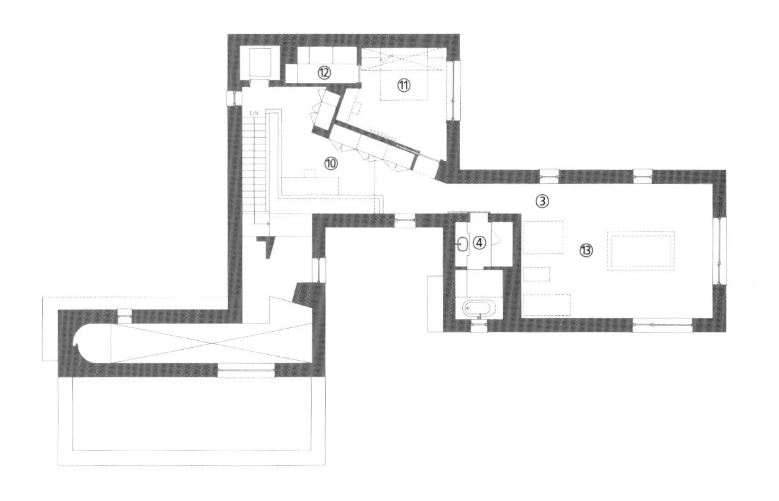

2F - 117.27m²

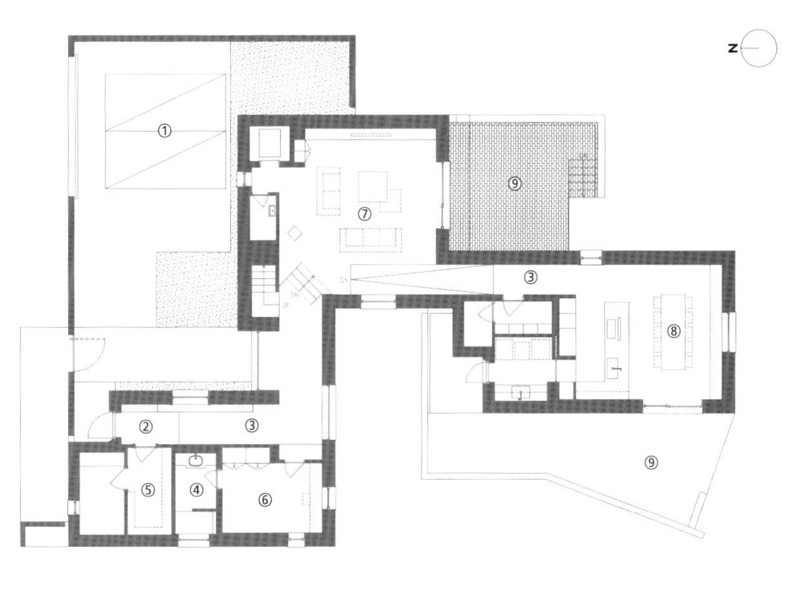

1F - 187.17m²

삼대가 사는 박공지붕집
올리비아 하우스

건축을 전공하던
대학생 때부터 엄마의
꿈은 내 집을 짓는
것이었다. 가정을 꾸린 지
12년 만에 6명의 대가족이
되었고, 얼마 전 그 오랜
꿈 또한 이뤘다.

1 ©이남선

마을의 끝자락이자 노고산으로 오르는 둘레길 초입, 여섯 식구 대가족이 이곳에 집을 짓고 이사를 왔다. 조용하던 동네가 아이들이 뛰노는 소리로 활기를 띠기 시작한 것도 이 무렵. HH Architects 한혜영 소장의 꿈도 함께 이뤄진 순간이었다.

"사무실을 개소해 주택 설계를 하다 보니 집을 짓게 된 건축주가 내심 부러웠어요. 대지 답사를 하러 갈 때는 사심을 갖고 그 땅을 바라보기도 했고요. 그렇게 더는 미루지 말자 결심한 5년 전부터 본격적으로 대지를 보러 다니기 시작했고, 기존 생활권과 멀지 않은 이곳에서 지금의 땅을 만났죠."

어린 시절 시골집에 살았던 그리운 추억을 떠올리게 하는 그곳. 게다가 20년 지기 친구 부부가 바로 옆 터에 집을 지어 이웃이 되어주겠다니 조금도 망설일 이유가 없었다. 그동안 바랐던 조건을 다 갖춘 대지 구입을 시작으로, 가족의 첫 집짓기는 일사천리로 진행되었다.

일단 한 소장은 대지가 가진 장점과 지난 몇 년 동안 삼대가 아파트에 함께 살며 겪었던 개인적인 경험, 건축가인 전문가로서의

대지위치
경기도 양주시

대지면적
404.00㎡(122.21평)

건물규모
지상 2층 + 다락

거주인원
6명(부부 + 자녀 3 + 할머니)

건축면적
104.85㎡(31.71평)

연면적
193.33㎡(58.48평)

건폐율
26.54%

용적률
48.94%

주차대수
2대

최고높이
7.97m

구조
기초 - 철근콘크리트 매트기초 / 지상 - 철근콘크리트

단열재
벽 - 수성연질폼 아이씬 90㎜ / 지붕 - 수성연질폼 아이씬 150㎜

외부마감재
벽 - 천연슬레이트 5㎜(CUPA PIZARRAS), 노출콘크리트 위 발수제 / 지붕 - 천연슬레이트 5㎜(CUPA PIZARRAS)

창호재
필로브 알루미늄 시스템창호 39㎜ 로이삼중유리

에너지원
LPG

조경석
화강석

조경
HH Architects

2

❶ 동측에는 약수터가, 남측에는 청주 한씨의 제실로 사용하는 3칸짜리 기와지붕 한옥이, 서측으로는 산이 있어 동물들이 드나든다. 특히 북측에는 친구 부부와 네 명의 아이가 함께 사는, 든든한 이웃집이 있다.

❷ 지붕과 외벽 전체를 덮고 있는 5mm 두께의 천연슬레이트는 돌 자체에서 드러나는 금속성으로 보는 각도에 따라 달리 빛나고, 건식공법이라 외장 공사가 겨울이었던 당시 상황에도 적합했다. 또한, 공기층을 형성해 단열 면에서도 유리한 외장재다.

❸❹ 주방에서 본 거실 쪽 모습. 좌측 문을 통해 주방과 외부 데크 공간이 연결되는 효과적인 배치로 동선 낭비를 줄였다.

3

4 ©이원석

전기
한길엔지니어링

설비
주성엠이씨

구조설계(내진)
터구조

내부마감재
벽 – 콘크리트 위 티쿠릴라 파넬리 도장 / 바닥 –
포르보 마모륨 2.0T

욕실 및 주방 타일
굿세라 포세린 타일

수전 등 욕실기기
대림바스, 이케아

주방 가구
제작

조명
일반등 – 소노조명 / 계단실 및 식탁등 –
유로세라믹 UMAGE ALUVIA, CLAVA DINE

계단재
애쉬목 위 티쿠릴라 파켓티 아싸 도장

스위치·전열기구
JUNG LS990

보일러
경동 콘덴싱보일러

조립식 창고
캐나다쉐드 미니

사진
변종석

시공
건축주 직영

설계
HH Architects www.hharchitects.co.kr

5

❺ 계단실과 주방 및 식당 공간. 콘크리트 마감재와 우드 소재의 계단재 및 가구가 따뜻한 집 안 분위기를 만들어낸다.

❻ 현관과 2층 홀, 그 위 다락까지 한눈에 들어오는 계단실에서의 뷰. 집을 지을 때 모티브가 되었던 '아홉칸집' 건축주, 화가 고경애의 그림이 홀 중심에 걸렸다.

지식을 종합하여 설계 방향을 정했다. 그리곤 석축까지 조성이 되어있던 대지 위에 작은 다락방을 가진 60평 내외의 2층 주택을 계획하고, 전면마당은 여유롭게 배치해 추후 활용할 수 있는 여지를 남겨 두었다.

살면서 여러 가지 변화를 시도할 수 있는 내부와 달리 외부는 처음부터 신중해야 한다. 따라서 내구성과 기능성, 미적 측면까지 모두 만족시킬 수 있는 외장재를 고르고, 단열과 시야 확보를 우선 기준 삼아 프레임 얇은 시스템창호를 선택했다. 또한, 앞뒤 마당과 모래

6

놀이터 등 외부 공간이 순환구조를 이루도록 계획하여 집을 고루 누릴 수 있게 했다.
내부는 6명의 가족이 각자의 삶을 존중받으면서, 함께 하는 시간만큼은 서로에게 집중할 수 있게 개인의 방(할머니, 부부, 첫째, 둘째)과 함께하는 방(거실, 주방/식당, 외부 데크, 공부방)으로 기능을 나누고 모든 방은 위계 없이 가로세로 3.6m의 동일한 크기를 갖게 했다. 최소한의 마감재만 사용된 담담한 배경에는 할머니의 취미로 곳곳에 자리한 화분들이 생기를 더하고, 멋스러운 디자인 가구와 소품이 한데 어우러져 자연스러운 조화를 이룬다.
이사 오길 참 잘한 것 같다는 아이들의 말에 행복은 바로 이런 것이란 생각이 든다는 부부. 모든 순간이 놓칠 수 없는 설렘이 된 것 또한 이곳에서 누릴 수 있는 기쁨이다.

7

9

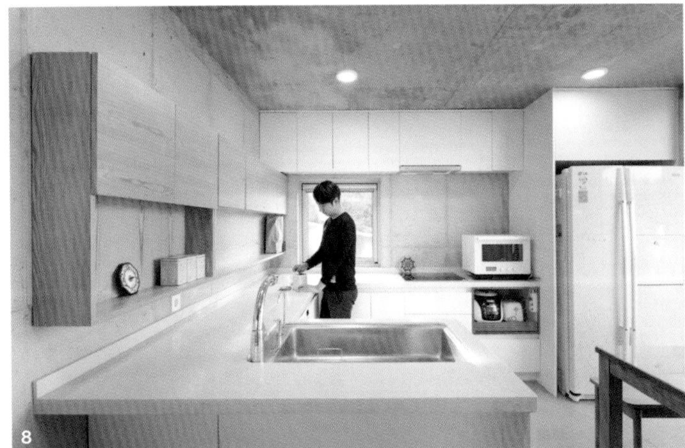
8

10

11

❼ 거실 전경. 내부 모든 공간의 벽과 천장은 콘크리트로, 친환경 도료로 여러 번 코팅하여 마감했다. 일반적으로 사용하는 거푸집을 잔손보기만 하여 쓴 덕분에 경제적이었고, 이는 공사 기간을 단축하는 데도 큰 역할을 했다.

❽ 사용자의 편의에 맞춰 'ㄷ'자로 구성한 주방.

❾ 채광 좋은 2층 홀.

❿ 늦둥이 아들과 함께 쓰고 있는 부부 침실.

⓫ 가족이 모여 책을 읽고 이야기도 나누는 2층 공부방.

⓬ 아이방. 경사 지붕에 맞춘 큰 창을 통해 늘 밝은 빛이 든다.

⓭ 드레스룸을 가운데 두고 두 아이의 방이 서로 소통할 수 있도록 연결했다.

TIP. 이렇게 짓자!

"우선순위를 정해야 좋은 집을 짓는다"

집 지을 예산이 정해진 상황에서 모든 걸 다 좋은 것으로 할 순 없다. 따라서 가장 중요한 것이 무엇인지를 명확하게 파악해 체크한 후 우선순위를 정하는 것이 결과적으로 전체를 더욱 가치 있게 만든다. 이처럼 내가 필요로 하는 집이 어떤 집인지를 잘 기록해두었다가 실현 가능한 순간이 오면 건축가를 찾아 맡기면 되는 것이다. 그리고 또 하나, 대지를 선정함에 심혈을 기울여야 한다. 내가 원하는 집을 짓기 위해서는 어떠한 대지 조건이 요구되는지 알아야 하므로, 땅을 선정할 때부터 건축가와 함께 하는 것도 방법이다.

A

B

C

SECTION

①현관 ②거실 ③주방/식당 ④욕실 ⑤드레스룸 ⑥다용도실 ⑦부부 방 ⑧공부방 ⑨할머니 방 ⑩아이방1 ⑪아이방2 ⑫홀 ⑬계단실 ⑭발코니 ⑮데크 ⑯앞마당 ⑰다락

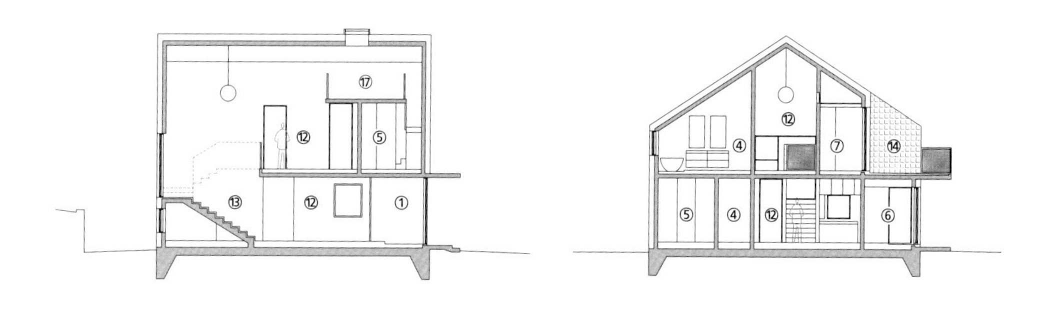

PLAN

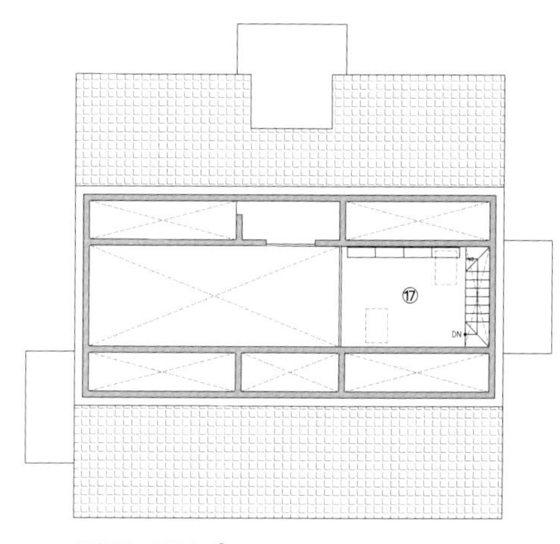

ATTIC - 7.84m²

2F - 95.65m²

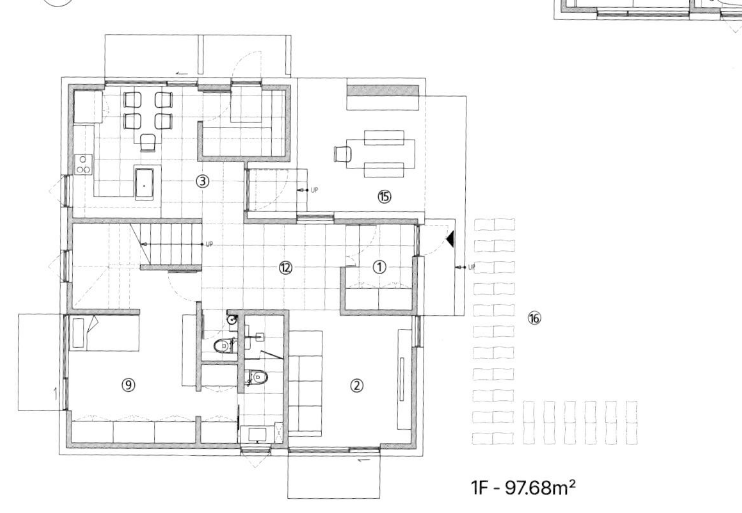

1F - 97.68m²

A - 가족의 아지트

집의 가장 꼭대기에 위치한 다락은 다양한 취미 활동이 이뤄지는 가족만의 아지트 공간이다. 두 아이의 방 사이에 있는 드레스룸의 계단을 통해서 올라갈 수 있다.

B - 완벽한 2층 화장실

변기와 샤워기가 각각 부스에 나뉘어 있고, 두 개의 세면대가 놓여 가족이 기능상 가장 완벽한 공간이라 칭하는 곳이다. 출근과 등교 준비로 바쁜 아침에도 동시에 사용할 수 있다.

C - 머물고 싶은 계단실

한혜영 소장이 가장 좋아하는 계단실. 친정어머니가 가꾸는 꽃밭이 내려다보이고, 산에 심어둔 방울토마토, 그곳에 놀러 온 새까지. 자연을 감상하는 재미가 쏠쏠하다.

숲속의 안온한 단층집
고성 목조주택

숲속에 폭 안긴 듯한
단층집에서는 책을 읽다가
낮잠을 잘 수 있는 서재와
티타임을 즐기며 식물을
돌볼 수 있는 썬룸,
앞마당과 곧바로 통하는
주방, 널찍한 데크와 벤치가
있어 꿈에 그리던 주택
생활을 이룰 수 있다.

건축주 부부는 교직에서 막 은퇴한 분들이었다. 이곳 부지에는 원래 구옥이 있었다. 당초 남편은 그냥 기존 구옥에 살 계획이었지만, 생각을 바꿔 아내가 희망했던 집짓기에 동참하게 되었다. 구옥이 있던 기존 땅의 일부를 새집을 위한 공간으로 내준 덕분에 주변의 울창한 조경에 둘러싸인 여건에서 집을 지어야 했다. 공사를 하기엔 비좁고 수목이 우거져 불편했지만, 훗날 건축주가 좋은 자연환경에 둘러싸여 생활하게 될 것을 감안해 조심스레 공사를 진행하였다.
집 자체에 집착하기보다는 주변 환경, 조경, 내 취미 생활과 함께할 수 있는 집을 오롯이 반영하였다. 오르내리기도 힘들고 관리도 어려운 2층 구조 역시 과감히 포기했다. 가끔 오는 자식들 공간을 마련해 둬야 할까 내내 고민도 했지만, 그마저도 생략했다. 이렇게 계획을 짜다 보면 집중해야 할 공간들이 더 명확해진다. 두 사람의 은퇴 후 삶이 주된 포인트였다. 오가는 지인이나 자식들은 이 집의 주인공이 아니다.

❶ 전면의 일부는 처마를 길게 빼 한여름의 햇살은 피하고 가을과 겨울의 따뜻한 온기는 깊이 받아들인다.

❷ 집 주변 곳곳에 벤치와 데크를 두어 쉼과 관리가 편리하다.

❸ 주방은 앞마당과 바로 소통할 수 있도록 개방감 있게 배치했다.

❹ 공간을 효과적으로 분리하는 가벽을 두었다.

❺ 박공 지붕면이 고스란히 드러나는 실내. 거실과 주방에는 크기가 널찍한 창을 적용해 채광과 환기에 용이하다.

대지위치
경상남도 고성군

대지면적
1,292㎡(390.83평)

건물규모
지상 1층

최고높이
5.5m

건축면적
155.52㎡(47.04평, 기존 구옥 제외)

연면적
154.77㎡(46.81평, 기존 구옥 제외)

건폐율
19.64%(기존 구옥 합산)

용적률
19.45%(기존 구옥 합산)

주차대수
해당 없음

구조
경량목구조

단열재
기초 - T60+T100 비드법 단열재 2종1호(가급) / 벽 - T140 그라스울 단열재(가급)+T50 비드법 단열재 1종3호 / 지붕 - T185 연질수성폼(가급)

외부마감재
외단열 위 콘크리트 타일, 합성목 사이딩

지붕재
POS-MAC 내부식성 강판

창호재
디크닉

내부마감재
벽·천장 – 삼화 친환경페인트 / 바닥 – 구정 강마루

욕실 및 주방 타일
포세린 타일

수전 등 욕실기기
대림바스

조명
린노조명, 공간조명

도어
성우스타게이트, 우딘도어

에너지원
기름보일러

사진
변종석

시공
제이콘(JCON)
www.jconhousing.com

설계·인테리어
홈스타일토토+TOTO건축사사무소
www.homestyletoto.com

부드럽게 톤 다운된 컬러로 마감한 주방은 오래, 늘 있어도 눈이 피곤하지 않다. 천장에는 실링팬을 적용했다.

6

7 8

부부는 동물과 식물 가꾸기를 좋아한다. 같이 하는 동식물과 함께하는 삶이 그들에겐 중요했다.

건축주 부부는 우선 온도에 예민한 식물들을 둘 썬룸과 양지바른 서재, 즐겨하는 요리를 위한 주방이 필요했다. 그래서 썬룸-거실-주방-서재가 이 집의 메인이 되었다. 그 공간들은 모두 남향에 위치해야 마땅했고, 마당 조경을 바라보는 게 자연스러웠다. 그러면 당연히 2순위로 두어야 할 것은 잠만 자는 침실과, 언제 쓰게 될지 모르는 손님방, 어쩌다 외출할 때 들락거릴 현관, 창고, 화장실, 다용도실같은 공간이었다. 그 공간들을 좋은 자리 대신 뒤로 배치한 의도가 효과적으로 반영된 설계안이었다. 주방에 있으면 응접실-거실-서재까지 물리적으로 연결되어 시야가 막히는 게 없고 조경이 시원스레 보여서 좋다. 만약 현관이 일반적인 집처럼 중간에 자리했다면 이러한 공간감이 나오기가 쉽지 않다.

❻ 취미서재의 모습. 벤치를 겸한 긴 평상은 따뜻한 오후에 때때로 낮잠이 필요할 때 도움이 된다.

❼ 아파트 욕실과 확연히 차이가 나는 점은 역시나 자연조명에 있다.

❽ 침실 앞으로 전실 공간을 두었다.

❾ 화사한 컬러의 온실은 티타임의 배경이 되기도 하고, 겨울 바람으로부터 반려식물들을 보호하는 공간이 되기도 한다.

설계자의 입장에서 이 집이 건축주 만족도가 높은 이유는, 건축주 본인이 원하는 방향을 명확히 생각하고 표현했기 때문이라고 생각한다. 그 부분이 충족되면 나머지 디자인 밸런스는 설계자에게 온전히 맡기면 된다. 지금도 마당 가꾸기를 이어갈 건축주 부부를 생각하면 마음이 따뜻해진다. 집이 주인공이 아니다. 거기서 살아갈 삶의 내용들이 중요하다.

9

숲속에 폭 안긴 듯한 모습의 주택.

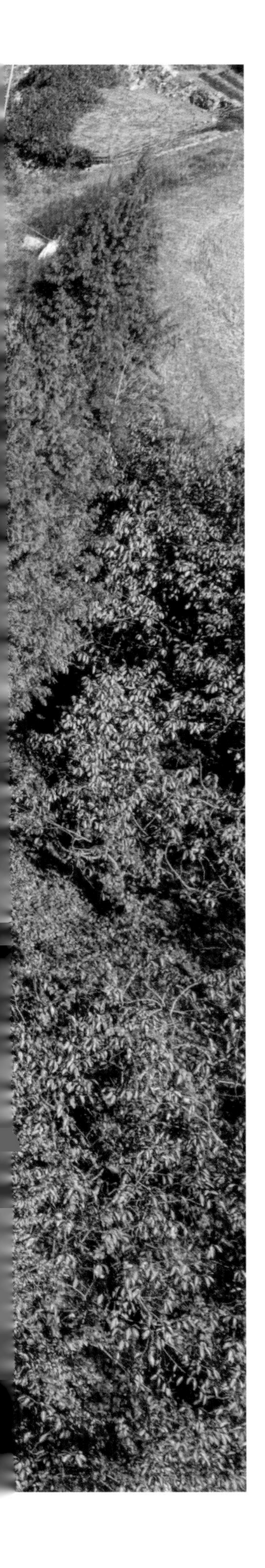

SECTION

①현관 ②거실 ③주방 ④보조주방 ⑤방 ⑥드레스룸 ⑦취미서재 ⑧다용도실 ⑨응접실 ⑩보일러실 ⑪썬룸 ⑫데크 ⑬팬트리

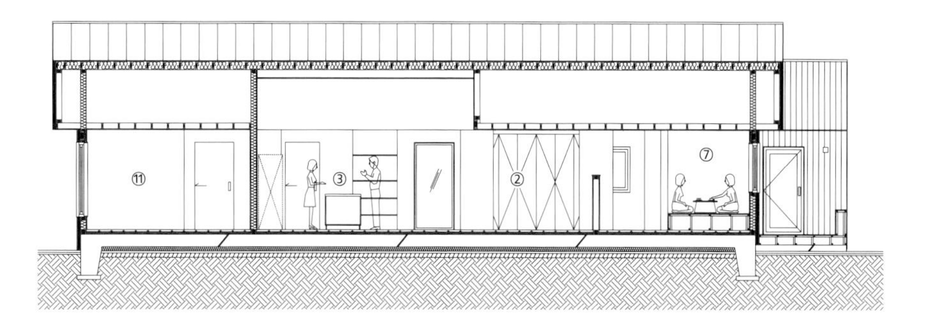

PLAN

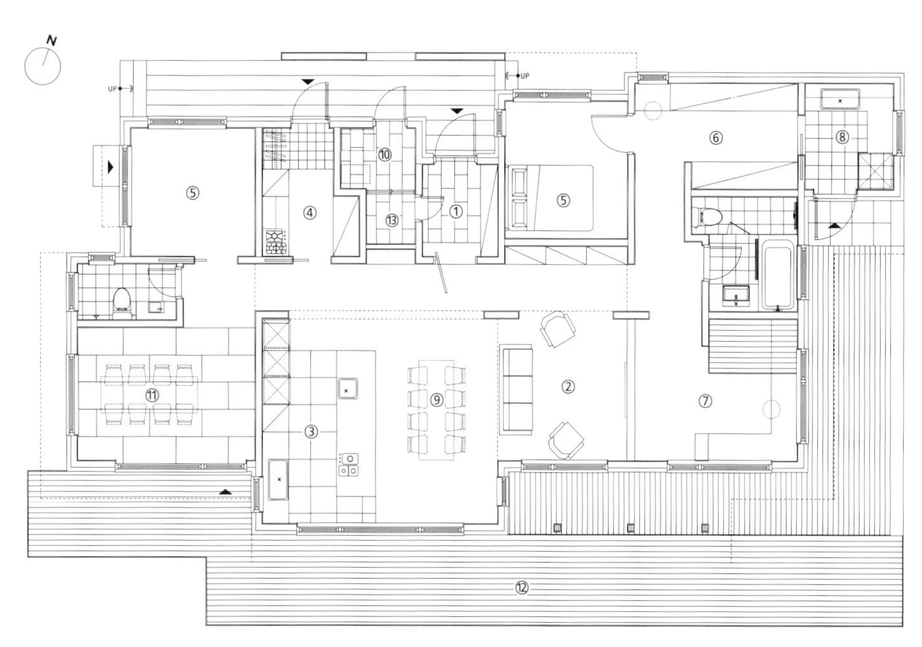

1F - 155.52㎡

세 개의 마당을 품고 누리다
이수네 집

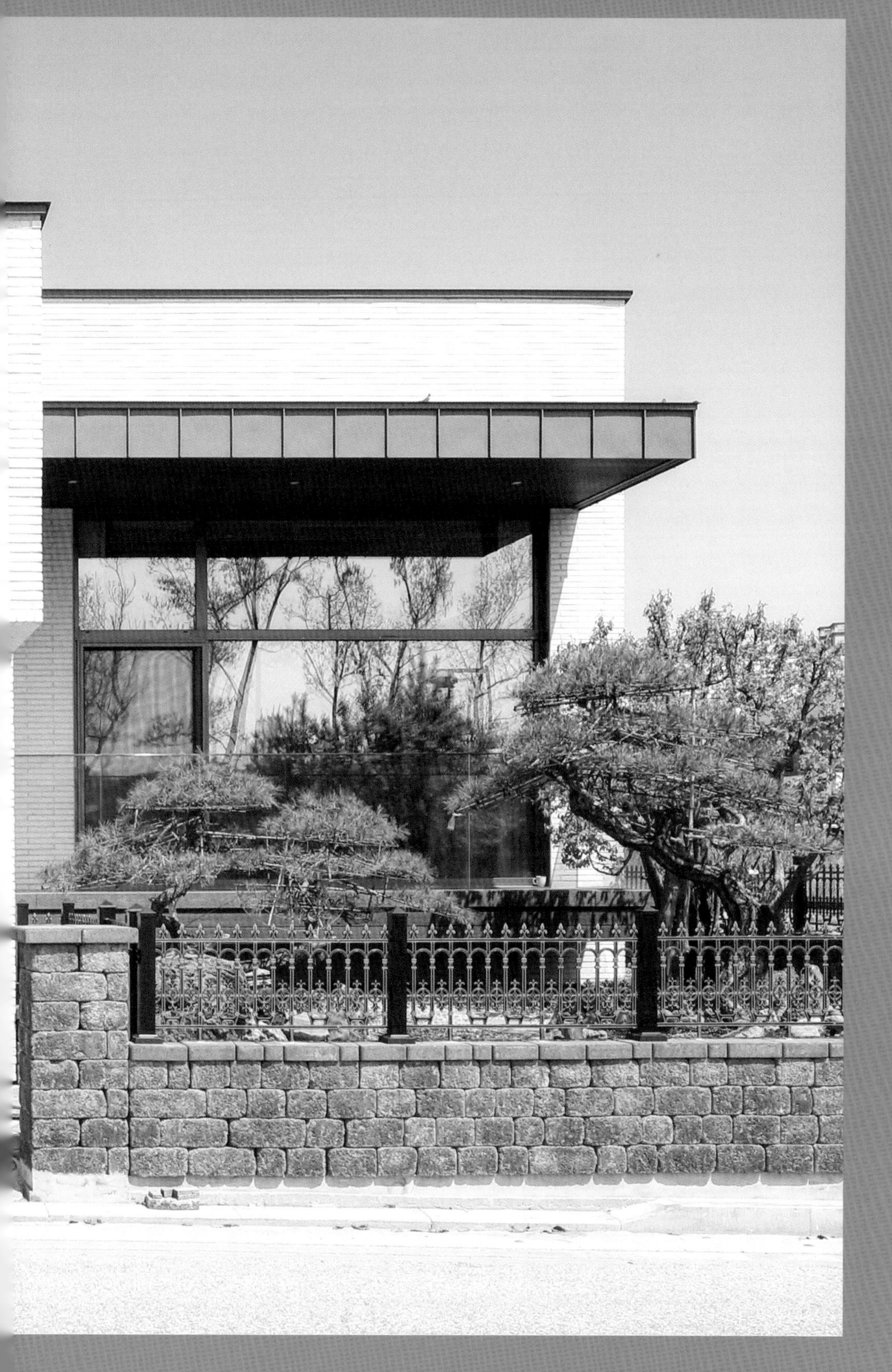

은퇴 후 돌아온 고향.
손자의 이름을 따
삼대가 누릴 커다란
행복을 담는 집을 지었다.

1

2

사업체를 운영하던 건축주 김원기 씨는 은퇴 후 부인과 함께 고향인 세종시로 돌아왔다. 오래전부터 세워뒀던 은퇴 계획에는 전원주택이 빠진 적이 없었다. 마당이 있는 삶을 누리면서도, 주변의 풍경을 느긋하고 여유롭게 즐길 수 있는 집. 동시에 먼 미래에는 아들에게, 또 손주에게 물려줄 수 있을 정도로 내실 있는 집을 원했다. 수소문 끝에 집 짓기를 도와줄 호림건축사사무소와 전문 시공사인 호멘토를 만났고, 현재를 즐기면서 미래를 담을 수 있는 집의 윤곽이 잡혀나갔다. 삼대가 누릴, 세 개의 마당이 있는 집. 손자의 이름을 딴 '이수네 집'이다.

필지는 남측으로 진입 도로와 접해 있어 조망권이 보장되는 조건이었다. 이런 풍경을 충분히 누리고, 동시에 주변으로부터의 시선을 차단하는 것이 설계의 관건이었다. 이를 위해 평면상으로 움직임이 많고 적은 두 영역을 설정해 각각 필지의 남측과 북측으로 나누어 배치했다. 이 과정에서 남측 정원과 진입 마당, 그리고 건축 공간 사이로 형성된 중정까지 세 개의 외부 공간을 계획했다. 동시에 1층을 지반 레벨보다 1.5m 정도 높게 계획해 인접 도로로부터의 시선을 차단했다. 집의 첫인상이 되는 진입 마당은 단순히 천창 등의 요소로 포치에서 그치지 않고 다양한 시각적 재미를 주는 공간이다. 현관으로 들어서면 다용도실을 통해 바로 주방으로 연결되는데 생활의 편의를

대지위치
세종특별자치시

대지면적
446.1㎡(134.94평)

건물규모
지상 2층

거주인원
2명(부부)

건축면적
172.40㎡(52.15평)

연면적
236.65㎡(71.60평)

건폐율
38.65%(법정 40%)

용적률
53.05%(법정 80%)

주차대수
2대

최고높이
8.99m

구조
기초 - 철근콘크리트 줄기초 / 지상 - 철근콘크리트

단열재
지붕 - THK220 비드법단열재 가등급 + THK50 경질우레탄폼 / 외벽 - THK145 비드법단열재 가등급 / 기초바닥 - THK190 압출법보온판 가등급 / 층간 - THK50 압출법 보온판

외부마감재
외벽 - 컬러시멘트 모노타일 / 지붕 - THK0.5 포맥스 컬러강판 돌출이음 / 처마 - 뉴테크우드코리아 캐슬형 WIDE사이딩

창호재
이건창호 AL(43㎜ 3중유리 양면로이 아르곤)

열회수환기장치
독일 Zehnder Comfoair Q 600, ERV

에너지원
도시가스, 태양광

위해 동선을 고려한 의도로 보인다. 남측 마당에 펜스와 함께 형성된 조경은 외부 시선으로부터 집을 보호하는 수단이자 건축주가 전원주택의 재미를 가장 많이 느끼고 있는 요소이기도 하다. 프라이버시가 보장되어야 하는 침실과 욕실 등은 필지의 북쪽에 배치했다. 거실에서 북쪽으로 뻗어 안방과 연결되는 중정은 두 공간을 유기적으로 연결하면서도 외부에서의 시선 걱정 없이 야외 활동이 가능하도록 만들어주며 채광을 확보하는 역할을 한다.

2층 남측으로 올라서면 제2의 거실인 가족실과 테라스 공간이 나타난다. 건축주 부부의 공간인 1층과 별도로 아들 부부와 손자가 오면 머무는 2층은 바닥재부터 1층과는 또 다른 용도와 분위기를 갖는 공간이 된다. 은퇴 후 전원주택을 꿈꾸는 이들에게 건축주는 조언한다. 아낌없는 투자와 가족간에 많은 소통을 하라고. 잠깐 머물 집이 아닌 앞으로의 미래와 대를 이을 집을 꿈꾸는 주택이라면 더욱 중요하다는 의미에서다. 가족을 향한 내리사랑과 은퇴 후의 즐거움은, 집안에 들어차는 햇살과 함께 더욱 따스해지고 있다.

❶ 필로티 형식의 연장 포치는 날씨에 상관없이 여러 활동을 할 수 있다는 장점이 있다.

❷ 여러 매스가 저마다의 각도를 가진 채 서로 연결되는 주택의 모습. 건축주가 고심해서 고른 조경과 펜스가 돋보인다.

❸ 거실은 앞 뒤로 두개의 마당과 연결되는 이 집의 핵심 공간이다. 천장 부분은 지붕의 일조사선을 따라 일부 오픈되면서도, 끝 부분에서는 곡면 처리와 간접 조명을 통해 독특한 공간감이 연출되었다.

3

내부마감재
벽 - 벤자민무어 친환경도장, 실크벽지 /
바닥 - Teak광폭원목마루, 강마루

욕실 및 주방 타일
윤현상재 수입타일

수전 등 욕실기기
아메리칸스탠다드

주방 가구
미소디자인

거실 가구
건축주 소장

조명
12Lighting led

아이방 가구
건축주 소장

계단재·난간
계단재 - 합판집성 36T + OAK무늬목 +
착색도장 / 난간 - 강화유리

현관문
㈜커널시스텍

중문
와이우드홈즈 양방향 스윙도어

방문
우드원코리아 우드제작도어 + 우레탄도장

붙박이장
미소디자인

데크재
뉴테크우드코리아 울트라쉴드

조경
건축주 직영, 에덴소나무

전기·기계
SMENG 그린 전기

설비
홍익설비

사진
변종석

시공
호멘토(HOMENTO)
www.homento.co.kr

설계·감리
호림건축사사무소
https://blog.naver.com/jlett

거실 부분에서 보이는 남측
마당은 조경을 통해 외부로부터의
프라이버시를 보호하며 풍경을
만든다.

❹ 간살과 창을 통해 다채롭게 꾸민 복도.

❺ 중정과 마주보는 방향으로 와이드창을 둔 1층 침실.

❻ 2층 계단실에는 커팅한 유리 난간이 개방감을 더한다.

❼ 거실과 비슷한 색상의 커튼으로 연출해 통일감을 준 2층 가족실. 아들 부부와 손자가 놀러오면 함께 시간을 보내는 곳이다.

❽ 서재로도 쓰이는 2층의 침실은 가족들이 방문했을 시 머무는 곳이면서, 미래에는 더욱 다양한 용도로 쓰일 것을 기대하는 공간이다.

❾ 중정은 외부로부터의 시선이 차단되어 온전한 휴식을 누릴 수 있는 공간이 된다. 집 안 어디에서나 소나무를 향해 시선이 트여 있어 편안함을 더한다.

남쪽의 막힘없는 전망과 마주한 주택의 모습. 독특하게 배치된 지붕선들을 타고 햇빛이 중정을 향해 흐르는 듯한 모양새다.

SECTION

①현관 ②거실 ③침실 ④욕실 ⑤세면실 ⑥주방 ⑦가족실 ⑧드레스룸 ⑨중정 ⑩세탁실 ⑪복도 ⑫다용도실 ⑬보일러실 ⑭테라스

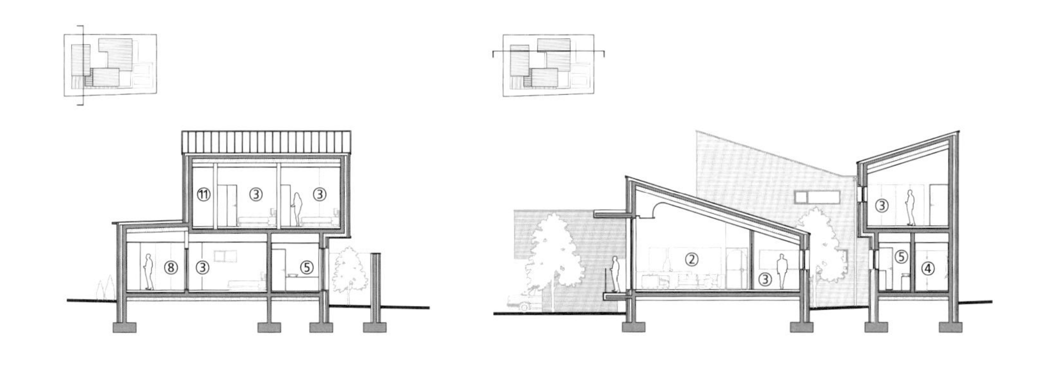

PLAN

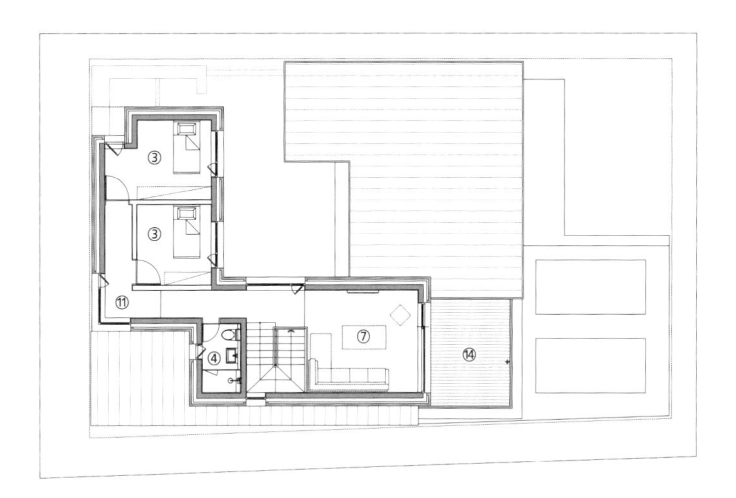

2F - 71.14m²

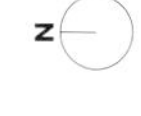

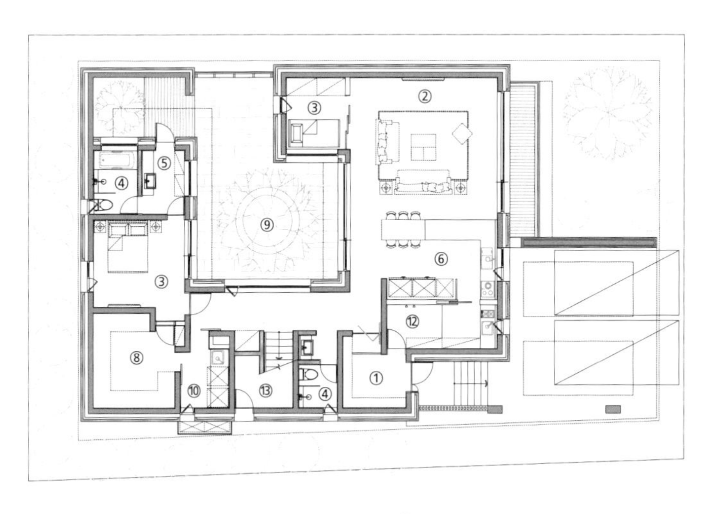

1F - 165.51m²

도심 속 느린 삶에 대하여
TWO ROOF HOUSE

갑갑했던 도심 생활에서
근사한 자연과 마주할 수 있는
집을 갖는다는 것.
그렇게 집은 가족에게 더없이
편안한 안식처가 되어준다.

©박영채 2

❶ 도로 쪽 입면에는 유동 인구로부터 사생활을 보호받을 수 있는 장치를 계획해야 했다. 따라서 목재 루버를 통해 시선을 어느 정도 가릴 수 있는 대문 및 담장을 설치했다.

❷ 환기와 채광을 중요하게 생각하는 건축주 요구에 따라 남측에는 큰 창을 배치하고, 북측 후면 옹벽 쪽에서는 집을 3m 이격해 혹시 모를 습기와 환기 문제를 해결하였다.

❸ 2층 테라스에서는 주변의 멋진 풍경을 볼 수 있다. 그 아래 1.5층에는 가족을 위한 수공간을 두고, 1층 정원에는 다양한 수종의 나무와 잔디를 심었다. 특히 정원은 부부 침실에서 바로 진입 가능하다.

대지위치
서울시

대지면적
420.30㎡(127.14평)

건물규모
지상 2층

거주인원
2명(부부)

건축면적
207.83㎡(62.86평)

연면적
297.34㎡(89.94평)

건폐율
49.45%

용적률
70.74%

주차대수
2대

최고높이
8.72m

구조
기초 – 철근콘크리트 매트기초 / 지상 – 철근콘크리트(벽), 콘크리트 슬래브(지붕)

단열재
벽 – THK120 압출법보온판(외단열), THK30 열반사단열재(내단열) / 지붕 – THK220 압출법보온판

외부마감재
외벽 – 치장벽돌쌓기, 지정석재 마감 / 지붕 – THK0.5 컬러강판

담장재
THK40 적삼목루버

에너지원
도시가스

창호재
이플러스 시스템창호 / 갈바후레싱

조경석
화강석

전기·기계·설비
정연엔지니어링

토목
보강엔지니어링

건축주에게는 오래전 부모님으로부터 물려받은 풍경 좋은 대지가 있었다. 늘 이곳에 마당 있는 주택을 지어 살길 원했지만, 집을 건축할 용기를 내는 것조차 쉬운 일은 아니었다고. 문화 분야에서 일하고 있는 그는 평소 잘 알고 지내던 디자이너를 통해 mlnp architects 이명호 소장을 소개받았다. 건축주의 이야기를 경청해주고 원하는 바를 반영하기 위해 노력하는 모습은 '내가 원하는 집을 훌륭하게 구현해 줄 건축가'란 확신이 들기 충분했다.

집이 놓일 대지는 북악산, 한양도성 등 아름다운 풍광을 바탕으로 남쪽으로 열린 좋은 입지 조건을 갖추고 있었다. 일단 북측의 인접도로보다 낮은 경사지를 이용하여 도로에서 2층으로 바로 진입하는 방식을 택하였고, 이로 인해 마당에서 보면 2층이지만 도로에서 보면 단층건물처럼 보이는, 위치에 따라 다양한 모습을 보여주는 집을 설계하게 되었다. 이는 인접도로가 넓지 않은 상황에서 보행자의 시선에 위압감을 주는 건물이 아니라 골목에서 조금은 친근한 집으로 보이고 싶었던 건축가의 의도에도 잘 부합했다. 주택의 형태는 약간의 리듬감을 주어 매스를 나누고, 두 개의 경사 지붕으로 구성하였다. 특히 외부마감재를 층별로 나눠 땅에 견고하게 자리 잡은 1층은 석재로 구성해 안정적인 기단의 느낌을 주었고, 2층은 시간이 지나도 질리지 않는 벽돌로 마감하여 주변과 잘 어우러질 수 있도록 했다.

내부마감재
벽 - 벤자민무어 친환경 도장 / 바닥 - 신명마루 원목마루 SM-OAK BR / 걸레받이 - H:80 갈바 위 도장

욕실 및 주방 타일
대제타일 District Marengo

수전 등 욕실기기
아메리칸스탠다드

주방 가구
Arclinea

조명
NEWLITE

스위치
르그랑 아테오

현관문·중문
주문 제작

계단재·난간
오크 원목 + 평철 난간

방문
영림 도장용 페이퍼 도어, 도무스 도어 핸들

붙박이장
주문 제작

데크재
방킬라이

구조설계(내진)
드림구조

사진
변종석, 박영채

시공
동아A&C https://dongaanc.com

설계
㈜엠엘앤피아키텍트 건축사사무소
(mlnp architects)
http://mlnparchitects.com

거실에서 반 층 내려와 만나게 되는 주방 겸 식당 공간. 창을 통해 가제보가 있는 너른 마당과 감나무, 그리고 돌담을 바라보면 마음이 더할 나위 없이 평온해진다고.

©박영채

4 ©박영채

❹ 부부가 원하는 라이프스타일에 따라 내부는 퍼블릭(거실, 서재)·세미퍼블릭(주방, 식당)·프라이빗(미디어룸, 침실) 공간 등 크게 셋으로 나뉘고, 이는 스킵플로어로 단 차이를 만들어 분리했다.

❺ 서재 위 다락에서 본 주방 쪽 모습

❻❾ 식당 아래에는 한식 미닫이문으로 포인트를 준 다목적 미디어룸이 자리한다. 그 옆문을 통해 나가면 너른 수공간이 있다. 추후 수영장 등 다양한 용도로 사용할 계획이다.

❼ 전망 좋은 곳에 위치한 서재 위 다락. 창 너머로 북악산과 한양도성이 그림처럼 펼쳐진다. 채광을 위한 큰 천창이 있어 언제나 환한 공간이다.

❽ 드레스룸에서 바라본 부부 침실. 사용자를 고려해 동선에도 많은 신경을 썼다. 침실 창 너머 부속 공간으로 만든 베란다 겸 온실은 건축주가 가장 좋아하는 장소이기도 하다.

5 ©박영채

6

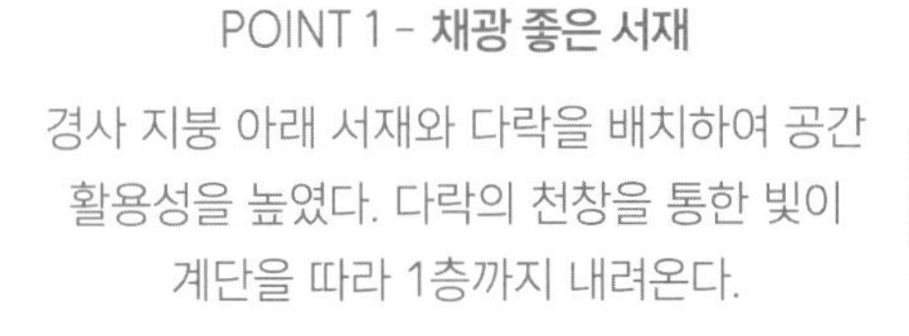

POINT 1 - **채광 좋은 서재**

경사 지붕 아래 서재와 다락을 배치하여 공간 활용성을 높였다. 다락의 천창을 통한 빛이 계단을 따라 1층까지 내려온다.

POINT 2 - **2.5개 층 높이의 책장**

스킵플로어로 연결되는 계단 부분 벽면을 책장으로 구성하여 계단실과 일체화하고, 층별 연결공간의 통일성을 만들었다.

POINT 3 - **용도에 따라 분리된 욕실**

부부 침실 내 욕실 공간. 매일 사용만큼 보다 쾌적하게 사용하기 위해 세면대와 욕조, 화장실을 분리하고 사용의 편의를 높였다.

7

8

©박영채 9

전통적인 가족 관계를 넘어 새로운 사회적 관계를 만들어갈 수 있는 집. 이러한 건축주의 바람에 따라, 이곳은 공용의 공간이 주가 된다.
우선 주택은 물리적으로 2층이지만, 스킵플로어 방식을 채택하여 4개 층과 같은 다양한 단면의 공간 구성을 꾀하였다. 자녀는 독립하고 부부만 거주하는 주택이라 진입도로와 이어진 2층 공간은 부부의 취미생활과 손님을 맞을 수 있는 거실, 서재 그리고 식당을 단 차이를 두어 배치했다. 프라이빗한 마당이 접한 1층은 두 개의 침실과 다목적 미디어룸, 그리고 게스트룸으로 구성된다. 이를 통해 1층은 부부의 사적인 공간으로, 2층은 지인들과 다양한 활동이 가능한 공적인 공간을 만들었다. 또한, 각 층과 방마다 남향과 바깥 전경을 바라보는 외부 공간을 두어 어느 장소에서든 쉽게 외부와 연결될 수 있게 하였고, 전체적으로는 북악산과 한양도성을 향한 큰 창을 곳곳에 구성하여 집 안에서도 자연을 잘 느낄 수 있게 배려해주었다.
"유럽의 살롱문화가 이뤄졌던 공간을 모방해보고 싶었는데, 친구 혹은 공통의 취향이나 관심사를 가진 사람들이 모여 영화감상도 하고, 공부도 하고, 식사도 하니 꿈이 이뤄진 것 같아 너무 좋습니다. 함께 어울려 보내는 시간이 우리에겐 집을 짓고 얻게 된 커다란 즐거움 중 하나예요."

입주한 지 6개월이 채 되지 않았지만, 원했던 집의 용도대로 자리 잡아가는 것을 보며 매일 만족하고 있다는 부부. 주택에서의 생활은 생각했던 것보다 훨씬 더 가족을 행복하게 만들어주고 있었다.

스킵플로어로 공간 활용을 효율적으로 하고 있는 가운데, 계단실에 일체형 책장 벽면을 세워 색다운 조형감을 선사한다.

SECTION

①현관 ②거실 ③침실 ④욕실 ⑤창고 ⑥미디어룸 ⑦보일러실 ⑧발코니
⑨드레스룸 ⑩세탁실 ⑪야외 미디어가든 ⑫수공간 ⑬마당 ⑭테라스
⑮주방/식당 ⑯다용도실 ⑰주차장 ⑱서재

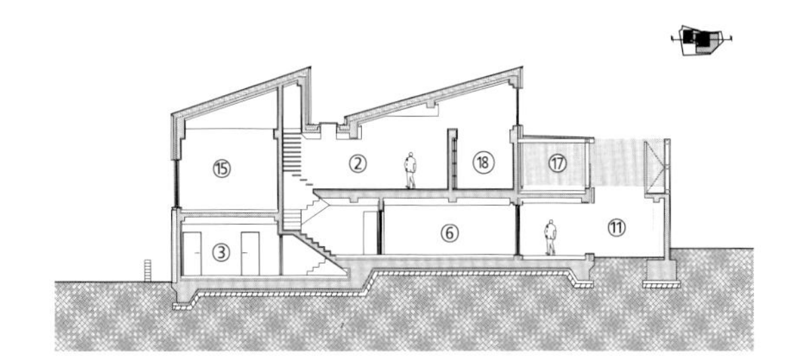

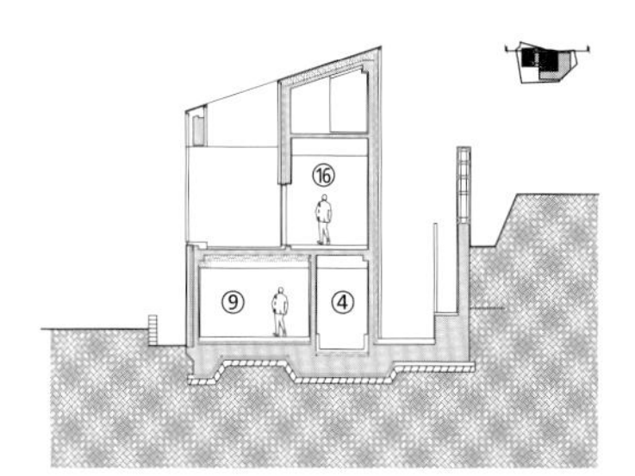

PLAN

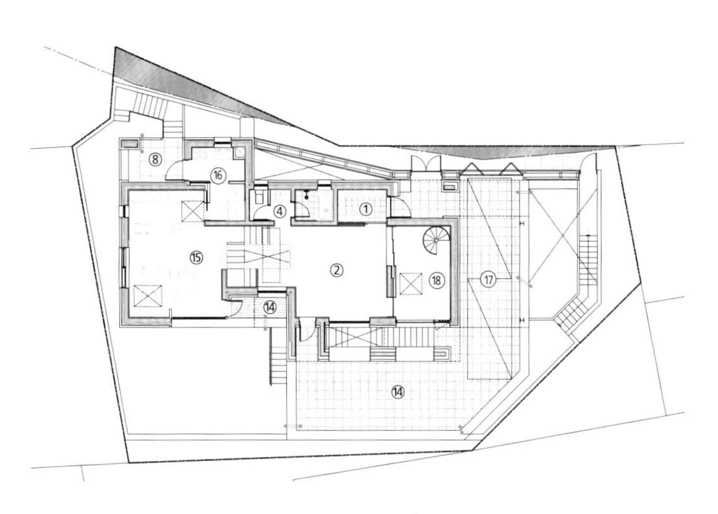

2F - 120.14㎡

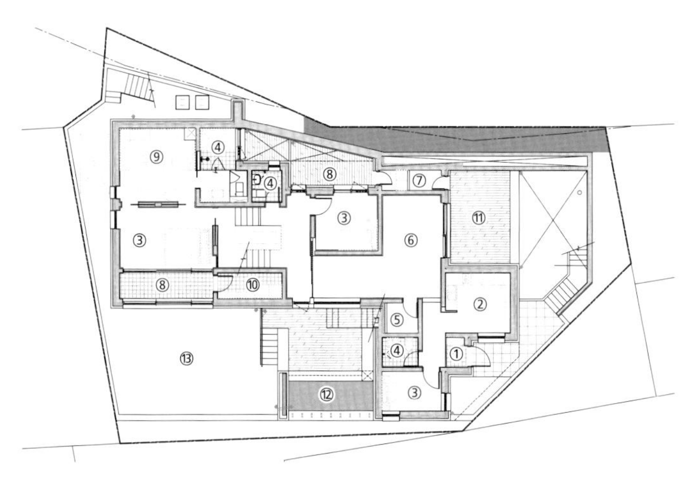

1F - 177.20㎡

부모님을 위해 지은 단독주택
GREEN LIFE IN THE CITY

부모님의 노후를 위해
아들과 딸이 직접 짓고
인테리어한 집.
창을 통해 골프장 필드로
펼쳐진 푸른 잔디를
집 안에 한가득 담아냈다.

❶❷ 주택의 남측은 프라이빗한 북측과는 달리 다양한 창을 내 조망을 확보했고, 외관 디자인도 창 모양으로 설계해 입체적인 모습을 띨 수 있도록 했다.

❸ 도로와 주차장과 접하는 주택 입면. 현관 입구 쪽은 목재 사이딩으로 마감해 미색 벽돌과는 다른 물성의 느낌을 주었다.

아들과 딸이 어렸을 적, 어머니가 운영하신 4층 유치원 주택에서 살았던 네 식구. 하지만, 이후 이사한 아파트 생활은 답답하기만 하고 주택에 대한 가족의 그리움은 점점 커져만 갔다. 아들과 딸은 결혼 후 분가해 아파트 생활을 이어갔으나 부모님만큼은 주택에서 노후를 보내길 간절히 바랐다고.

"우리 가족은 주택 생활에 대한 끈을 놓지 않았어요. 저와 남동생은 현실적으로 여건이 어려우니 노후를 준비하는 부모님과 놀러 올 손주들을 위해 마당을 품은 주택을 짓기로 결심했죠."

주택은 드넓은 잔디를 보유한 골프장 내 단독주택 단지 '페어웨이 빌리지'에 지어졌다. 골프가 취미였던 아버지가 때마침 이곳 대지를 분양받은 것이 계기가 되었고, 건설 회사를 운영 중인 아버지와 아들 상헌 씨가 의기투합해 직접 집을 짓기로 결심했다.

다소 낯설었던 주택 설계는 전문가의 도움이 필요해 건축가를 찾던 중 사위의 친구였던 '플로 건축사사무소'의 최재원 건축가와 인연이 닿게 되었다. 청라국제도서관을 설계해 인천광역시 건축상 대상을 받은 최재원 건축가의 역동적이고 다이내믹한 설계 방식에 가족들은 크게 매료되었고, 그 역시 아름다운 골프장 뷰에 반해 설계 제안을 흔쾌히 받아들였다.

3층으로 구성된 주택의 북측은 다른 주택과 도로와 면하기 때문에 조금 더 프라이빗한 생활이 가능하도록 처마가 있는 현관 입구와 최소한의 창만을 설치하고, 반대편인 남측은 골프장의 잔디가 가득 펼쳐진 풍경을 그대로 담을 수 있도록 법적으로 허용 가능한 폭을 최대한 활용해 다양한 표정을 가진 창을 두도록 설계했다. 또한,

대지위치
인천광역시

대지면적
414.2㎡(125.29평)

건물규모
지상 3층

거주인원
2명(부부)

건축면적
124.20㎡(37.57평)

연면적
241.64㎡(73.09평)

건폐율
29.99%

용적률
58.34%

주차대수
2대

최고높이
11.6m

구조
기초 - 철근콘크리트 매트기초/ 지상 - 철근콘크리트 / 지붕 - 철근콘크리트 평지붕

단열재
압출법보온판 특호 100T, 경질우레탄보드 2종2호 130T, 경질우레탄보드 2종2호 150T

외부마감재
외벽 - 백고벽돌, 고흥석 잔다듬 30T / 두겁 - 화강석 50T, 합성목재 사이딩(뉴테크우드) / 현관 - 이페원목 사이딩((주)인터우드)

창호재
이건창호 ESS190, AWS70, 43T 삼중유리

에너지원
도시가스

조경석
(주)이노블록

©tabial 2

3

주택은 모든 층에 마당을 두었는데, 덕분에 각 층의 높이에 따라 다른 매력을 풍기는 자연 풍경을 즐길 수 있게 되었다. 비록 주택 외관은 단순한 박스형 매스이지만, 창과 보이드 공간을 적절하게 활용함으로써 구조적으로 디테일이 가미된 주택이 완성될 수 있었다. 주택의 1층은 부모님이 주로 시간을 보내는 공용 공간으로, 거실과 주방 남측의 파노라마 창을 통해 넓은 시야를 확보하고, 야외 데크 정원으로 나갈 수 있는 유기적인 통로 역할을 한다. 주택의 장점을 최대한 활용하고자 거실 중심 위로는 2층 천장까지 층고가 개방된 보이드 공간을 만들어 개방감을 더하고, 조명을 달아 빈 공간을 예술적인 조형미로 채웠다. 계단을 올라간 2층은 부모님의 공간으로, 책을 읽고 공부하는 어머니를 위해 서재를 따로 마련했고, 평소 관상하기를 즐기는 아버지를 위해 안방과 연결된 외부 데크 공간에 야외 수조를 설치했다. 3층은 자주 방문하는 자녀 가족들과 지인들을 위한 공간으로, 게스트룸과 소거실 등을 배치했다. 소거실 옆 창으로는 또 다른 외부 데크 공간이 나타나는데, 주택 외관의 창 구조를 통해 다른 층과는 차별화된 시각적 미를 선사한다.

알차게 구성한 설계만큼 시공 역시 꼼꼼하게 진행되었다. 공사를 전담했던 아들 상헌 씨는 추위 때문에 주택살이를 걱정했던 어머니를 위해 특히 단열에 힘을 주었다고.

"패시브하우스를 목표로 등급이 높은 단열재 위주로 사용해 집 안의 열이 외부로 빠져나가지 않도록 했어요. 마감재 시공을 할 때도 기밀하고 촘촘하게 작업하여 외풍을 막아 최대한 따뜻한 집을 만들려고 노력했죠."

내부마감재
벽 - 벤자민무어 페인트 울트라스펙, 무광 / 바닥 - 이건마루(라르고 마레)

욕실 및 주방 타일
두오모앤코

수전 등 욕실기기
대림요업, 더죤테크, 아메리칸스탠다드, 그로헤, Treemme, 동양특수목재㈜ 히노끼 욕조

주방 가구
한샘, ㈜휴먼디자인

조명
톰 딕슨, 아르떼미데, ㈜알코조명, 드콜렉트

계단재
동양특수목재㈜ 화이트 오크

현관문
㈜메탈게이트

붙박이장
디자인선

데크재
㈜뉴테크우드코리아

전기·기계
㈜성지이앤씨, 서부전력㈜

설비
㈜성지이앤씨, ㈜삼손공영

구조설계(내진)
㈜씨아이에스엔지니어링

인테리어 디자인
bnd partners 김바래 대표

사진
변종석

설계
㈜플로건축사사무소
http://floarchitects.kr

시공
정일종합건설㈜

1층 거실 일부 층고를 높여 개방감을 고조시킨 보이드 공간에는 딸 주현 씨의 아이디어로 톰 딕슨의 멜트 조명을 달아 풍선이 떠있는 듯한 효과를 연출했다.

4

5

6

7

공사 기간, 코로나19가 겹치면서 일부 공사가 지연되고, 고난도의 기술 작업이 요구돼 어려움도 겪었지만, 만족해하시는 부모님을 보면 지난날의 고된 시간도 보람차게 느껴진다.

주택의 인테리어는 딸 주현 씨가 지휘봉을 잡았다. 남측으로 들어오는 햇볕과 자연 풍경을 살리기 위해 내부 역시 환한 화이트 톤으로 구성하였고, 우드 소재를 가미해 따뜻한 온기를 불어넣었다. 가구와 소품 등은 부모님의 의견을 반영해 직접 가구 매장을 다니고 비교해가며 선택했고, 주택과 조화를 이룰 수 있도록 최적의 장소에 배치하는 등 누구보다 세심하게 신경 썼다.

"넓은 자연을 담은 집, 그리고 아들과 딸이 만들어서 더욱 특별하다"는 부부. 집짓기를 계기로 더욱 끈끈해진 가족애를 느낄 수 있었다고. 물리적 거리도 가까워져 자녀 가족들과 자주 시간을 보내는 요즘, 다시 한번 주택에서 가족과 행복한 나날을 보내고 싶었다는 그들의 오랜 꿈은 이제 현실이 되었다.

8

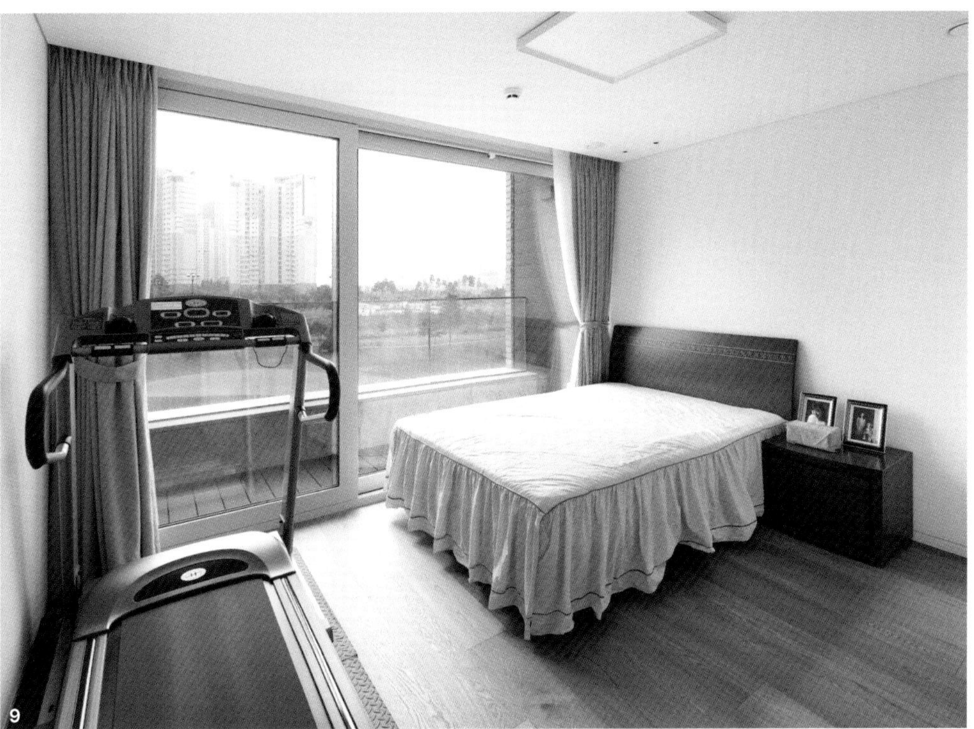

9

10

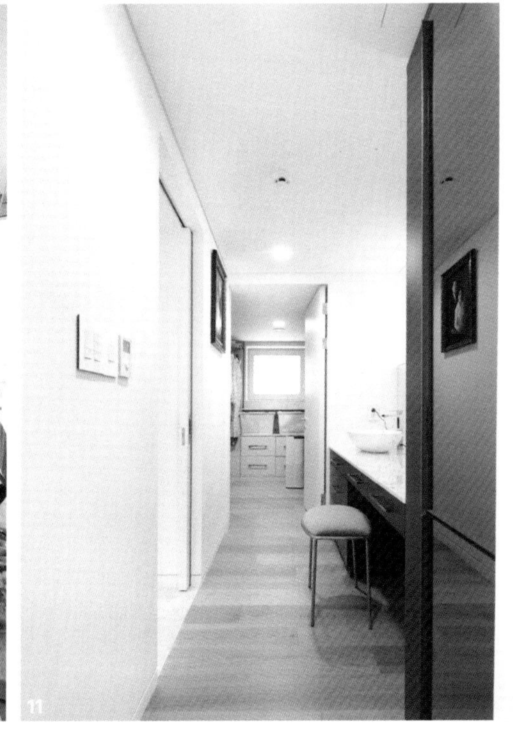

11

❹ 목재 도어 너머로 하얗게 정제된 현관. 한쪽에는 앉아서 신발을 신고 벗을 수 있도록 작은 벤치를 두어 편의성을 높였다.

❺ 현관에서 바라본 거실의 전경. 넓은 창 너머로 초록빛 가득한 골프장 잔디 풍경이 펼쳐진다.

❻ 화이트와 그레이 투톤으로 포인트를 준 주방. 주방 안 슬라이딩 도어를 열면 보조주방 및 다용도실과 연결된다.

❼ 식사를 즐기는 다이닝 공간. 벽면에는 김상구 판화가의 작품이 전시되어 있는데, 다채로운 색상의 판화는 집 안에 은은한 컬러감을 부여한다.

❽ 어머니가 저녁에 주로 시간을 보낸다는 2층 서재

❾ 자녀 가족들이 주로 머물다 가는 3층 게스트룸. 창 밖으론 발코니 공간을 마련해 바깥 경치를 즐길 수 있게 했다.

❿ 2층 안방의 침실. 창을 통해 외부 데크 공간과 연결된다.

⓫ 침실에서 바라본 드레스룸과 파우더룸. 좌측에는 계단실 복도와도 연결된 양면 입구 욕실을 배치해 순환형 동선 구조를 구축했다.

12

13

SECTION

① 현관 ② 게스트룸 ③ 욕실 ④ 거실 ⑤ 주방 ⑥ 보조주방 ⑦ 다용도실 ⑧ 데크 ⑨ 서재 ⑩ 안방 ⑪ 드레스룸 ⑫ 세탁실 ⑬ 작은 거실

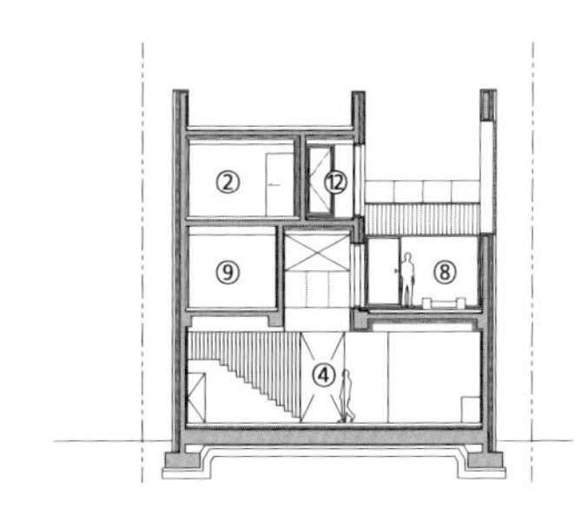

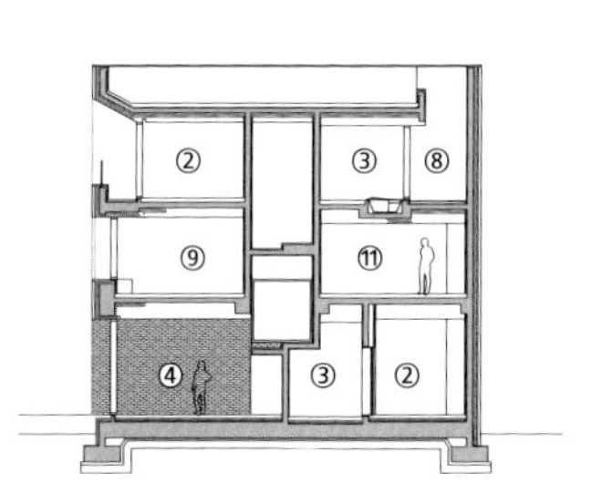

PLAN

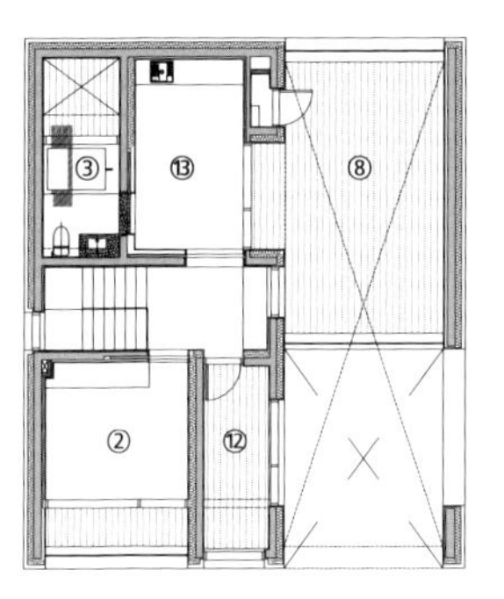

3F - 57.05m²

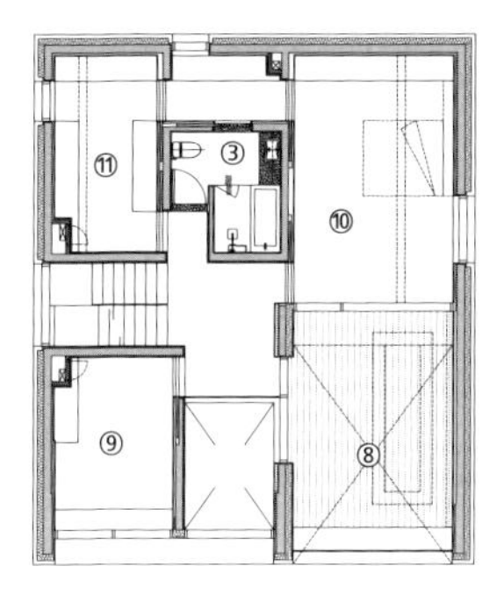

2F - 74.34m²

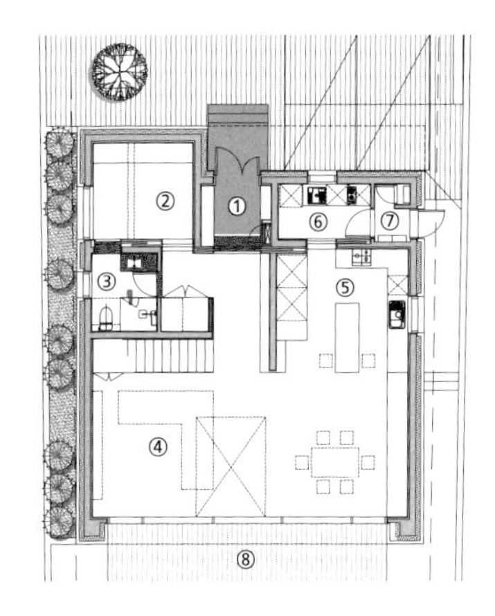

1F - 110.25m²

⓬ 입체적인 외관 창 디자인을 통해 보이는 3층의 야외 데크 공간. 모든 방향의 시야를 확보해 다양한 풍경을 눈에 담는다.

⓭ 위에서 바라본 2층 데크. 얕은 수조를 설치해 운치 있는 수공간으로 꾸몄다.

⓮ 유리 난간으로 개방감을 더한 계단실. 창 너머에는 직접 심었다는 배롱나무가 보인다.

⓯ 바닥 구조를 낮춰 히노끼 욕조를 설치한 3층 욕실. 창과 연결된 작은 외부 공간은 위로 길이 열려 있어 욕조에서 하늘을 바라볼 수 있다.

닮지 않은 채로 등을 맞대며 살기
송하우스

주택 단지 한가운데,
팔을 뻗어
손을 내미는 듯한 형상의 주택.
하나의 필지지만
다른 조건을 가진 형제가
함께 살고 있다.
동과 서로 나누어지며
다른 삶의 방식을 담아내는
집은 듀플렉스 주택의
좋은 모범이자
대지를 건축으로 활용하는
방법에 대해 고찰하게
만드는 예시이다.

형제에서 두 가족으로, 목적이 다른 두 공간과 하나의 집

송하우스의 개요는 형제의 전혀 다른 라이프스타일에서 출발한다. 함께 회사를 운영하는 형제이지만, 형은 다양한 취미 생활과 많은 손님을 접대하는 생활에, 동생은 단란한 가족생활에 더욱 집중한다. 형제는 언제나처럼 서로의 왕래를 유지하면서, 닮지 않은 삶을 존중하며 유지하고 싶었다. 취향을 담아 깔끔하고 정갈한 주택은, 동과 서로 긴 대지의 모양을 따라 양 끝으로 뻗어지듯 형성됐다. 한때 유행한 완벽한 반전형 땅콩집과 거리가 먼 형태는 형제가 가진 신뢰를 통해 어렵지 않게 만들어진 결과다. 상대적으로 안락하고 간결한 구조인 동측의 집에서 아이가 있는 동생 가족이 지내고, 조금 더 바깥으로 가능성을 가진 채 열리는 서측 집에서 형 가족이 살게 됐다. 처음부터 형제는 단순히 면적으로 서로의 영역을 지정하길

대지위치
경기도 화성시

대지면적
410.5㎡(124.18평)

건물규모
지상 2층

거주인원
5명(형 부부, 동생 부부 + 자녀1)

건축면적
203.84㎡(61.66평)

연면적
473.83㎡(143.33평)

건폐율
49.66%

용적률
79.23%

주차대수
5대

최고높이
9.71m

구조
기초 - 철근콘크리트 매트기초 / 지상 - 철근콘크리트

단열재
페놀폼 90, 120, 140mm

외부마감재
외벽 - 점토벽돌(삼한C1)/ 지붕 - 오리지널 징크

창호재
레하우 86mm, 로이3중유리(KCC)

열회수환기장치
경동나비엔 TAC551

에너지원
도시가스, 태양광패널

조경석
리비오스톤

담장재
삼한 C1 점토벽돌

The Sharp
2514
2505
2515
2516
BROTHER
YOUNGER BROTHER

내부마감재
벽, 천장 – 친환경수성페인트 / 바닥 – 포세린 타일(수입), 강마루(국산)

욕실 및 주방 타일
포세린 타일(수입)

수전 등 욕실기기
아메리칸스탠다드

주방 가구·붙박이장
제작 가구

조명
이리코조명, 남광조명

계단재·난간
오크, 평철난간

현관문
제작 현관문

중문
제작 도어

방문
제작 도어

데크재
방킬라이, 페데스탈스톤

전기·기계·설비
㈜코담기술단

토목
탑토목 엔지니어링

구조설계(내진)
시너지구조엔지니어링

감리
건축사사무소 수

사진
박종민

시공
㈜공감건설

설계
이타건축사사무소 http://etaa.kr

1

원치 않았고, 설계를 맡았던 이타건축의 김재경 소장이 이 의견을 받아들이며 숫자가 아닌 각자의 장점을 가지는 결과로 완성됐다.

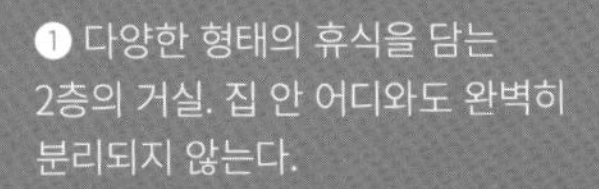

❶ 다양한 형태의 휴식을 담는 2층의 거실. 집 안 어디와도 완벽히 분리되지 않는다.

❷ 거실에서 바라본 주방과 다락부. 가벽 형태로 분리된 다락이 공간 포인트가 된다.

일과 휴식이 교차되는 집, 둘을 엮어내는 실외 공간

서측 형네 집은 휴식 공간인 안방을 줄이고, 취미실과 거실 다락에 집중했다. 외부 공간 등으로 작아진 1층에 자는 공간을 집중하고 2층에는 다양한 일상을 위한 공간을 꾸렸다. 이어 두 개의 다락과 주방, 거실까지 모든 공간은 완전히 구획되지 않고 수평·수직으로 개방되듯 이어지며 질리지 않는 놀이터 같은 공간이 탄생했다.

2

어린이가 있는 동측 동생네 집은 부모와 아이, 오직 세 명에게 초점이 맞춰진 집이다. 서재나 응접실 등 일상에서 비중이 낮은 공간의 추가를 지양하고, 60평 실내에 방은 2개만 구성한 뒤 아이를 위해 거실과 가족실, 다락 등을 내어주는 방식이다. 기둥이나 벽의 간격을 최대한으로 벌려 아이가 자라나며 바뀔 다채로운 미래 계획에 미리 대응한다. 인근에서 가장 큰 필지인만큼 이웃집들 사이에서 중심축이 되는 송하우스는 무게감 있는 재료들과 과감한 매스로 존재감을 갖추었다. 두 세대로 분리된 실내를 따라 외부 공간도 가벽과 재료를 통해 시선으로 분리되지만 답답하지 않은 마당의 역할도 한다. 함께 모여 외부 공간을 활용할 수도, 반대로 각자의 공간을 위해 닫힐 수도 있다. 목적을 다르게 설정할 뿐, 서로를 완전히 분리하지는 않은 채로, 등을 맞대며 두 라이프스타일을 유연하게 연결하는 사례다.

7

8

10

❸❺ 집의 뾰족한 서쪽 끝까지 이어지는 서재 공간. 코너창과 함께 나선형 계단을 두어 시선을 이끈다.

❹ 보조 주방을 갖춰 편리한 주방 공간.

❻ 다락에는 천창을 두어 어두운 분위기를 최소화하고 문이 없는 작은 공간을 만들어 다양한 활용 가능성을 가지도록 했다.

❼ 시원시원하게 열린 1층. 상하부장을 최소화하여 아일랜드 하나만을 둔 주방이 인상적이다.

❽❾ 2층은 방을 최소화하고 폴딩 가벽을 활용해 필요한 만큼 열리며 채광을 받을 수 있다. 추후 가족들의 취향 변화에 따라 다양하게 변주될 가능성까지 고려했다.

❿ 서측 집과 마찬가지로 다락에 천창을 두었다. 여기에 2층으로 열린 천장을 두어 연결되는 감각과 함께 아이를 위한 그물침대를 두었다.

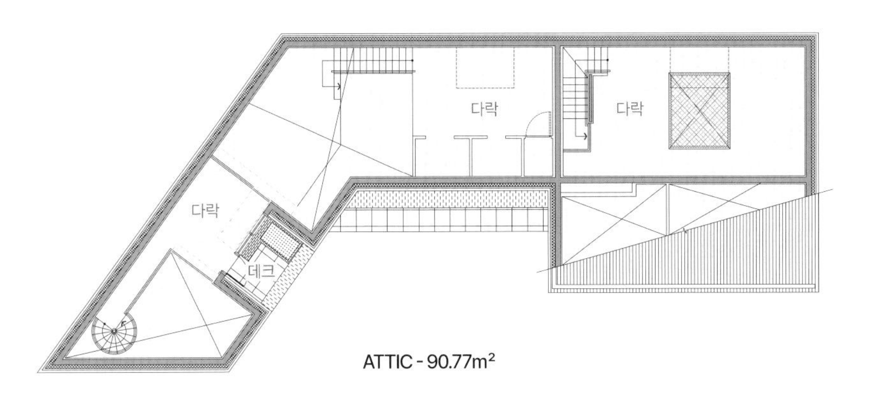

ATTIC - 90.77m^2

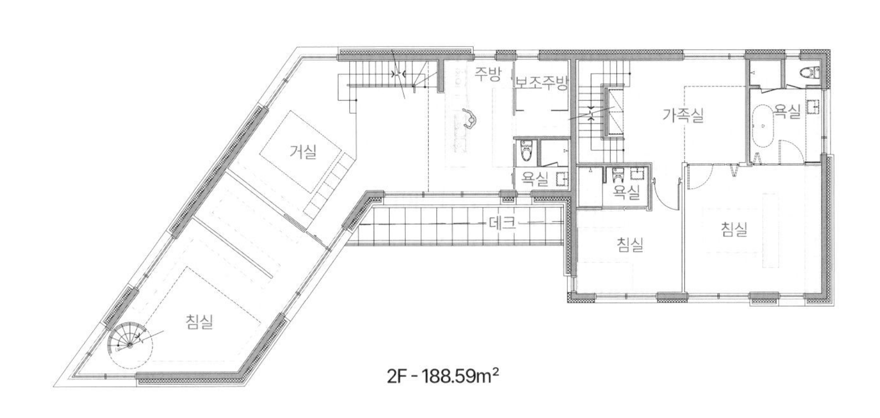

2F - 188.59m^2

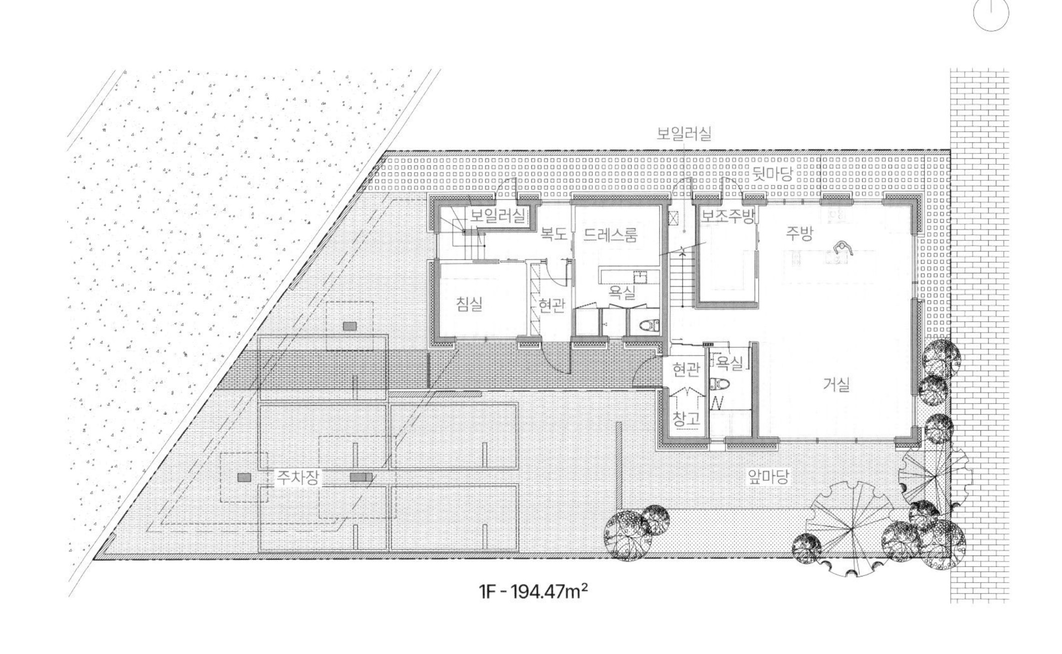

1F - 194.47m^2

가족에 꼭 맞춰 지은 집
용인 벽돌집

숲 옆 단지에
지어진 옛 교회처럼
단단한 집.
그 안에 가족의 꿈을
세련되게 풀어냈다.

건축주는 '가족이 모두 모여 사는 단단한 벽돌집'이라는 이상향을 늘 마음에 품고 있었다. 어느 순간에 찾아온 계기가 있었다기보다는 오래전부터 천천히, 그러면서 착실히 준비해온 꿈이었다. 중요한 진전 중 하나인 필지 매입은 4년 전. 정갈하게 정리된 땅 사이에서 덜 주목받았던 가장자리였지만, 숲을 품은 이곳은 그가 꿈꾸던 집이 그려지기에는 최적의 장소였다.

❶ 현관문은 두 매스가 포개지는 사이에 NT패널로 마감된 포치를 이루며 아늑하게 자리잡았다.

❷ 대문 바로 앞도 방치하지 않고 소소한 웰컴가든을 꾸려줬다.

❸ 2층 테라스에서 내려다 본 마당. 데크로 마감하고 화단을 둘러 활동과 관리가 편리하다.

대지위치
경기도 용인시

대지면적
312.50㎡(94.54평)

건물규모
지하 1층, 지상 2층 + 다락

거주인원
4명(부부 + 자녀 2)

건축면적
140.59㎡(42.53평)

연면적
368.15㎡(111.36평)

건폐율
44.99%

용적률
67.43%

주차대수
4대

최고높이
12.37m

구조
기초 - 철근콘크리트 매트기초 / 지상 - 철근콘크리트

단열재
외벽 비드법 2종 180㎜, 내단열 압출법 1호 30㎜ 지붕 비드법 2종 220㎜

외부마감재
외벽 - 적고벽돌, KMEW AL사이딩, NT패널 / 지붕 - 징크 돌출잇기(Titanium-Zinc)

담장재
평철 난간 + 뉴테크우드코리아 울트라쉴드

창호재
이건창호 PVC 시스템창호(35T 삼중유리)

에너지원
도시가스보일러

조경석
이노블록 등

조경
더라임토목조경

공사 착수 1년 전부터는 매번 박람회에 들러 재료들을 공부했고 여러 시공사와 미팅을 가졌다. 주택과 같을 순 없겠지만, 기계 설계 일을 하며 공장 신축을 경험해봤던 건축주는 시공사를 선정할 때 설계·시공 능력과 현장 조율 능력, 회사의 성장성 등을 고려하며 많은 고민을 거쳤다. 그러던 어느 날, 잡지를 보며 마음에 들어 갈무리해둔 주택들에서 자주 보이던 '마고퍼스 건축그룹'에 전화를 걸었고, 확신이 생겨 집짓기에 손을 잡았다. 그렇게 1년 여간 설계와 시공을 거친 건축주 가족. 작년 12월, 드디어 평생 기다렸던 꿈을 현실로 만나게 되었다.

주택은 완만하게 경사진 비정형의 토지 위에 올라섰다. 땅 모양에 맞추기 위해 쉽지 않은 디자인 설계가 요구되었지만, 덕분에 단조로운 다른 필지와 다르게 독특한 건물 매스가 나올 수 있었다. 이런 방향성이 두드러지는 부분이 주택 동측면으로, 직선이 강조되는 전면과 달리 경건한 교회처럼 둥근 입면이 주택을 부드러우면서 무게감 있게 감싼다. 도로와 대지의 레벨차이로 자연스럽게 생긴 진입로에도 다채로운 표정을 남겼다. 도로와 바로 닿는 부분의 웰컴가든으로 시작해 현관 앞에서는 생활 친화적이면서 단정한 또 다른 마당이 펼쳐진다. 외장으로는 붉은 벽돌을 중심으로, 블랙 컬러강판과 NT패널 등으로 포인트를 줬다. 덕분에 벽돌이 이어지는 외관에서 자칫 단조로울 수 있는 부분에 재치 있는 표정을 남길 수 있었다.

내부마감재
벽 - LX하우시스 친환경 실크벽지 / 바닥 - 오크 원목마루 10T

욕실 및 주방 타일
바스디포 수입 타일

수전 등 욕실기기
그로헤, 아메리칸스탠다드

주방 가구
메인 주방 - 우레탄도장 도어, 엔지니어스톤 / 보조 주방 - PET 도어, 인조대리석

조명
논현 인라이트

계단재·난간
지정무늬목 + 평철 난간

현관문
YKK AL현관도어

중문
주문 제작 도어

방문
무늬목 제작 도어 + 무라코시 하드웨어

붙박이장
우레탄 도장, PET 도어 주문 제작, 자작 합판, 무늬목 주문 제작

데크재
뉴데크우드코리아 합성목재

사진
변종석

설계·시공
㈜마고퍼스종합건설
www.magopus.co.kr

5

6

실내로 들어서면 전면으로 계단과 그 너머 식당과 주방을 마주하게 된다. 1층의 왼편으론 부부 침실이, 오른편으로는 천장이 오픈돼 깊은 느낌을 주는 거실이 놓였다. 보이드 공간은 건축주가 요구했던 부분 중 하나로 "실내 면적을 생각하면 아쉬울 수 있지만, 최대한 풍성한 공간감을 얻고 싶어 포기하기 어려웠다"고 그 이유를 전했다. 보이드 공간은 단순히 천장을 높이는 것 이상으로, 2층의 둥근 돌출 공간과 곳곳에 자리한 구조용 원형 기둥과 어울려 클래식한 감성을 더한다. 외부에서 인상을 남겼던 둥근 입면은 실내에서도 그대로 표현됐다. 1층에서는 식당으로, 2층에서는 서재로 쓰이는 공간들인데, 주택만의 독특한 인상을 남기면서 안으로는 가족 소통과 독서에 집중하고, 바깥으로는 주택 뒤로 펼쳐진 숲을 파노라마처럼 담아낸다.

2층으로 오르면 가족실을 사이에 두고 두 아들의 방이 각각 자리했다. 작은아들 방은 테라스와 연계해 내·외부의 자연스러운 연결과 전환을 도모했고, 큰아들 방은 둥근 서재와 연결해 줬다. 한층 더 올라 만나게 되는 다락방은 평소 아내의 민화 작업실로 쓰이는데, 2층과 마찬가지로 테라스와 연결돼 마을 전반을 살피는 뷰를 선사한다.

집 이곳저곳을 소개하던 중 그래도 아쉬운 점을 묻자 "우리 가족만의 집을 더 빨리 짓지 못해 주택이 주는 즐거움을 늦게 누리기 시작한 것"이라는 건축주. 집짓기는 재미있었고, 집이 새롭게 전해준 매일의 일상과 푸른 녹음에서 오는 힐링에 더없이 만족스럽다고. "다음에 또 집을 짓는다면 그땐 더 재밌게 지을 수 있을 것 같다"는 농담 섞인 말에서 건축주의 만족감을 조심스레 엿볼 수 있었다.

❹ 천장을 오픈해 웅장함까지 느껴지는 거실.

❺ 식당과 마주하게끔 배치된 아일랜드 주방. 식당에는 라운드된 공간에 맞춰 원탁을 두었다.

❻ 2층 홀에서 내려다 본 거실

❼ 천장고가 높아 공간감이 확대된 거실 천장을 올려보면 방사형 선이 조형감과 함께 시원한 느낌을 더한다.

❽ 홀의 라운드 바닥과 둥근 기둥이 클래식한 감성을 더한다.

❾ 필요한 가구만 최소한으로 둔 안방. 머리맡 가까운 벽에 코너창을 둬 아침에 눈을 뜨자마자 초록을 눈에 담을 수 있다.

❿ 서재는 둥근 벽을 따라 책상도 맞춰 짜 넣었다. 벽면에 책상 상판이 들어갈 홈을 내놓아 안정성을 높인 것은 덤이다.

⓫ 지하 A/V룸. 영화를 보기도 하고, 때로는 게임이나 악기 연주를 즐기기도 한다.

⓬ 다락은 민화를 즐기는 아내의 작업실로 쓰인다. 한켠에 그녀의 민화가 그려진 가구가 보인다.

숲에 들어서면 재미있는 뒷면이 나타난다. 단정하고 둥근 매스, 적고벽돌과 블랙 AL사이딩이 경건한 교회같은 느낌을 준다.

SECTION

① 현관 ② 주방 ③ 식당 ④ 거실 ⑤ 메인침실 ⑥ 침실 ⑦ 서재 ⑧ 드레스룸 ⑨ 욕실
⑩ 가족실 ⑪ 다락 ⑫ 홀 ⑬ 다용도실 ⑭ A/V룸 ⑮ 보일러실 ⑯ 테라스 ⑰ 주차장

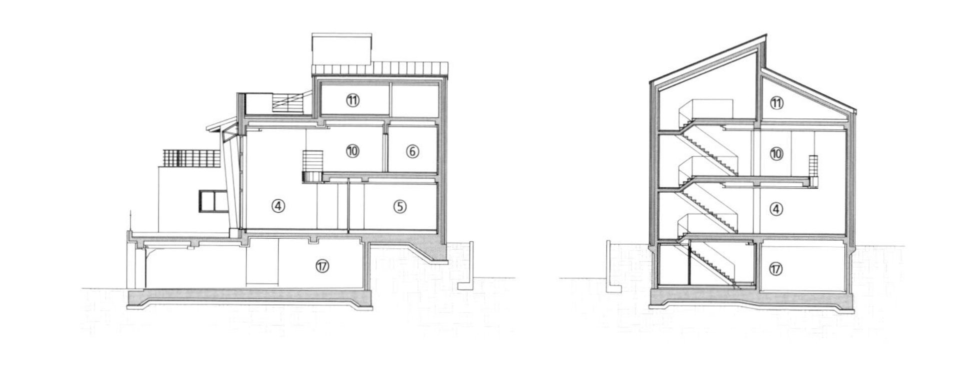

PLAN

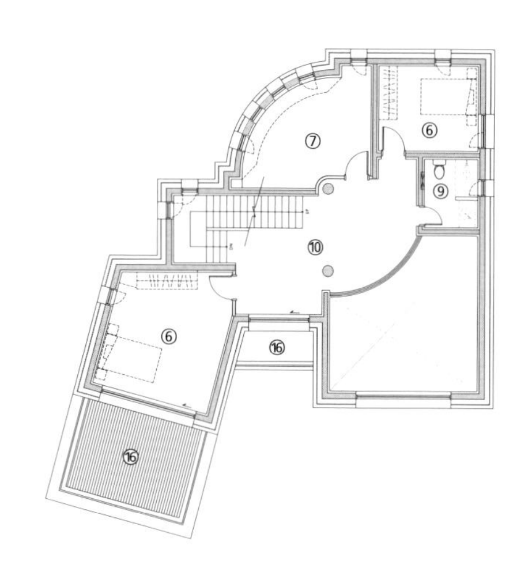

2F - 85.12m²

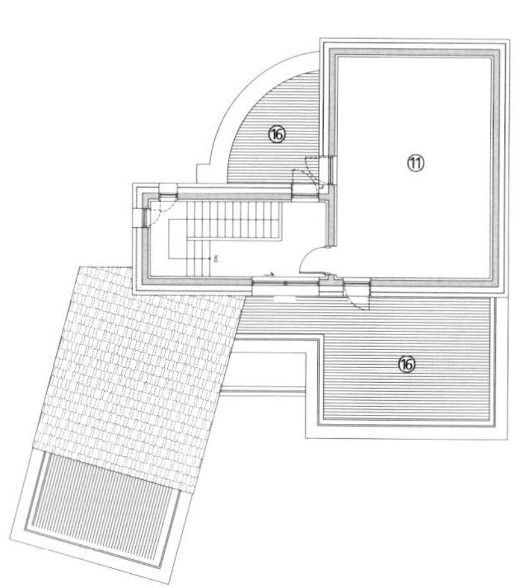

ATTIC - 39.69m²

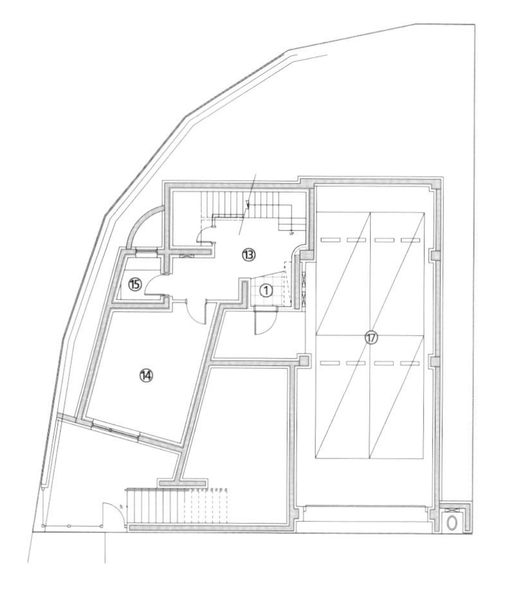

B1F - 157.44m²

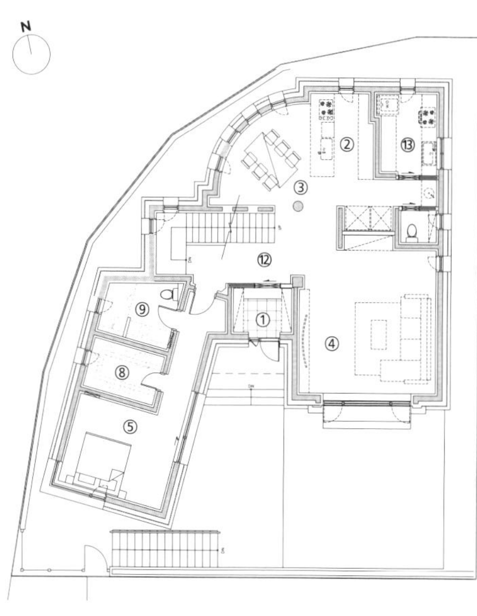

1F - 125.59m²

너른 마당 속 가족의 행복
광주 두마당집

40여평 복층 주택 속에
세 가족과 반려묘의
행복을 담기 위한 고민은
다채로운 공간 구성이라는
결과로 이어졌다. 따뜻한
나무의 색감과 프라이빗한
중정 속에 담기는 햇살이
매력적인 집. 열정적인
건축주와 노련한 건축가가
만나 시너지를 낸 가족의
드림하우스를 만나다.

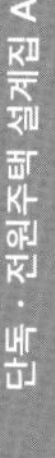

건축주 부부는 맞벌이 부부로 자녀 한 명을 두고 있다. 집을 짓기로 마음먹고 외곽의 전원주택 토지까지 두루두루 알아봤으나, 현실적인 기반시설이나 출퇴근 문제 등이 걸림돌이 되었다. 그러다 결국 광주 시내에서 분양하는 토지를 계약하게 되었다. 가격은 비싼 편이었으나 워낙 입지가 좋았기 때문에 만족하였다. 건축주는 평소 눈여겨 봐왔던 우리에게 주택 디자인을 의뢰하게 되었다. 건축주 부부가 희망하는 점과 우려되는 부분을 해결할 방법에 대해 심도 있게 의견이 오고 갔다. 먼저 40여 평 가량의 크지 않은 복층집을 계획하되, 아이의 행복한 주택 살이가 가장 중요한 출발점이기에 아이와 친구들이 즐겁고, 가족들 모두 재미있게 지낼 수 있는 집을 원했다. 다만, 인근에 자리 잡은 타운하우스가 훨씬 높은 지대에 들어서 땅의 입지가 주변 시선에 노출되기 쉬운 게 문제였다. 여기에 건축주가 추가로 원하는 부분이었던 서재와, 다양한 용도로 쓰일 수 있는 숨겨진 공간, 그리고 반려묘도 함께 재미있게 지낼 만한 공간구조까지 가지각색의 고민들이 모인 끝에 가족의 집이 완성되었다.
집의 구성은 크게 1층은 거실, 주방, 썬룸, 중정으로 이어져 내외부 동선이 자유로운 공용공간으로, 2층은 아이방과 부부침실만 있는 사적공간으로 분리하였다.

대지위치
광주광역시

대지면적
422㎡(127.66평)

건물규모
지상 2층

건축면적
84.15㎡(25.46평)

연면적
164.7㎡(49.82평)

건폐율
19.94%

용적률
39.03%

주차대수
1대

구조
경량목구조

단열재
벽 - T140 단열재(가급) 그라스울 + T50 비드법 단열재 1종3호 / 기초 - T60 + T100 비드법 2종1호 단열재(가급) / 지붕 - T185 연질수성폼(가급)

외부마감재
외단열 위 콘크리트 타일, 합성목사이딩

지붕재
POS-MAC 내부식성 강판

창호재
디크닉

철물하드웨어
심슨 스트롱타이

에너지원
도시가스

❶ 교차되는 지붕 구조체와 난간 등에 다양한 모습으로 적용된 목재는 이 집의 메인 콘셉트 컬러 역할을 하며 아늑한 가족의 집을 완성한다.

❷ 오각형의 창이 돋보이는 침실. 커튼박스를 방 전체로 연장해 라인 조명을 위한 공간으로 구성했다.

❸ 아이방에는 공부를 위한 책상이 책장과 함께 넉넉한 규모로 구성됐다. 일부 오픈된 천장 공간이 시각적으로 지루하지 않은 인상을 준다.

2

3

일단 아이와 즐겁게 지낼 수 있는 2층 공간을 전제로 아이의 영역을 넓게 잡았다. 2층 부부침실을 제외하면 나머지 공간은 아이 공간으로 채웠다.
아이방도 취침 영역, 놀이 영역을 구분하고 다락을 마련해 놀러 오는 친구들과 추억을 쌓을 수 있도록 하였다. 익스트림 장치인 그물망 바닥은 건축주의 가장 큰 요구사항이었다.
서재와 숨은 공간은 계단의 레벨을 활용했는데, 위쪽은 서재, 아래는 스킵다운하여 숨은 공간을 두었다. 우려되었던 프라이버시 확보 문제는 집을 둘러싸는 가벽을 설치하고 그 가벽이 자연스레 채광은 받아들이고 시선을 차단할 수 있는 적절한 높이로 집을 두르게 하였다. 그 덕분에 프라이빗한 중정 마당과 아들과 아빠가 축구도 할 수 있는 너른 앞마당을 가지게 되었다.

내부마감재
벽, 천장 - 삼화친환경페인트 / 바닥 - 구정 강마루

타일
포세린 타일(국산+수입)

수전 및 욕실 기기
아메리칸스탠다드, 이누스

조명
공간조명, 수입조명

도어
성우스타게이트, 영림도어

주방가구
에넥스, 영가구

사진
변종석

인허가
TOTO건축사사무소

시공
㈜제이콘종합건설
www.jconhousing.com

건축/인테리어 디자인
홈스타일토토
www.homestyletoto.com

4

❹ 단차가 발생한 부분에도 틈새 수납을 포함해 공간을 효율적으로 활용했다.

❺ 다양한 방향으로 낸 창으로 햇빛을 받아들이는 거실.

❻ 그물망 침대는 새로운 감각으로 풍경을 즐길 수 있는 뷰포인트이자 휴식공간이다.

❼ 주방은 별도의 다이닝 없이 큰 아일랜드에 의자와 와인냉장고를 포함해 오래 머무를 수 있는 공간이다.

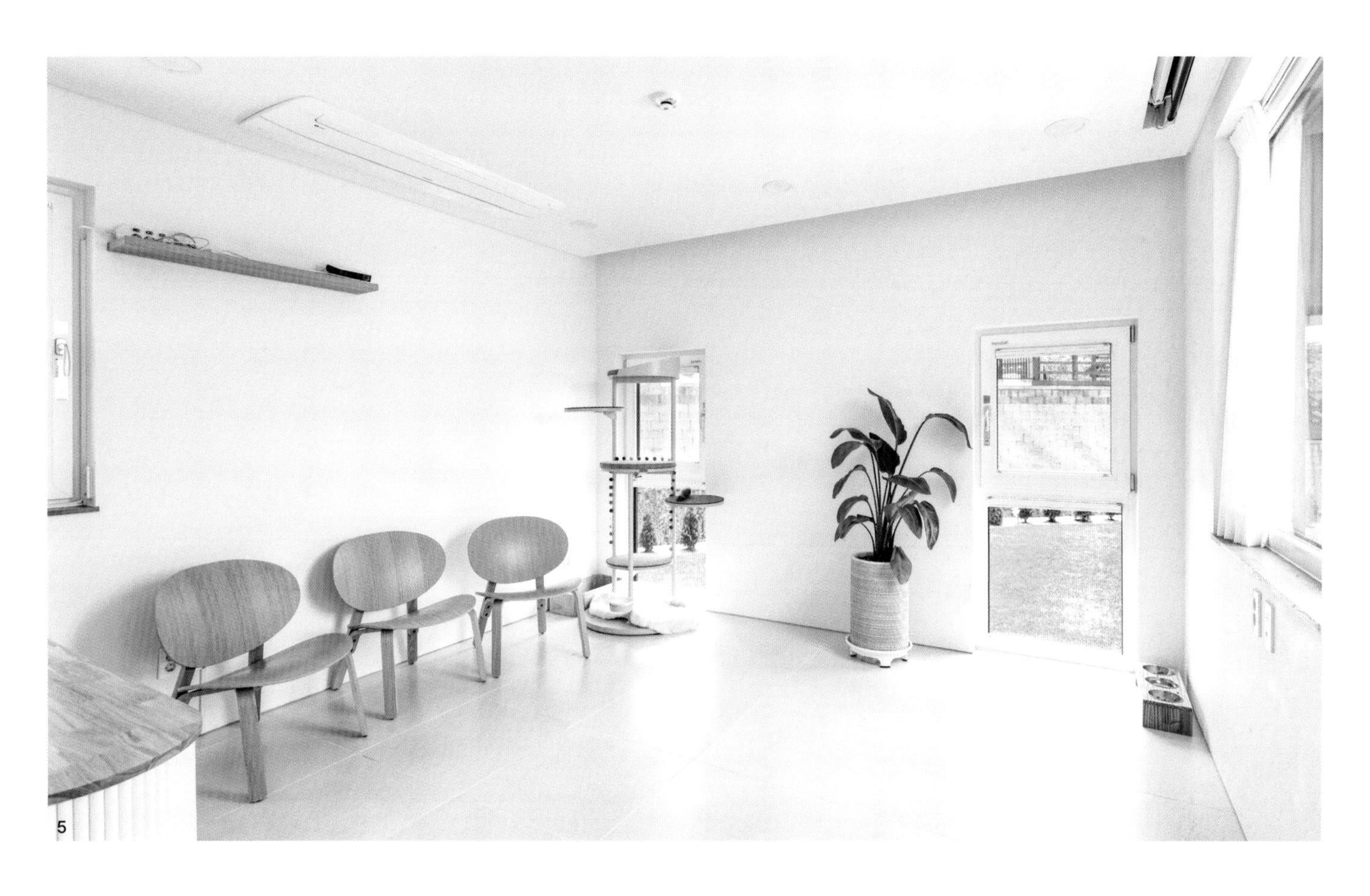
5

공부와 건축주 부부는 설계자의 방향 제시에 대부분 동의하였다. 아울러 인테리어 자재나 조경 아이디어에 관해서는 직접 발로 뛰며 지속적인 공부를 하였고, 실제 적용에도 참여하였다.
중정 공간도 제대로 쓰일 수 있게끔 타프도 설치하고 썬룸에 바비큐 식탁을 두는 등 적극적으로 집을 데코레이션 하였다. 설계의 큰 방향은 설계자에게 맡기고 건축주 부부는 전등, 패브릭, 가구, 소소한 소품으로 본인들 취향에 맞게 꾸며 시너지를 낸 바람직한 집짓기 현장이었다. 〈글_ 임병훈〉

6

7

자갈과 데크로 구성한 마당에 타프를 설치해 더욱 아늑한 야외 휴식 공간을 만들었다.

SECTION

①현관 ②거실 ③방 ④주방 ⑤응접실 ⑥서재 ⑦드레스룸 ⑧세탁실 ⑨다용도실 ⑩팬트리 ⑪보일러실 ⑫중정 ⑬데크

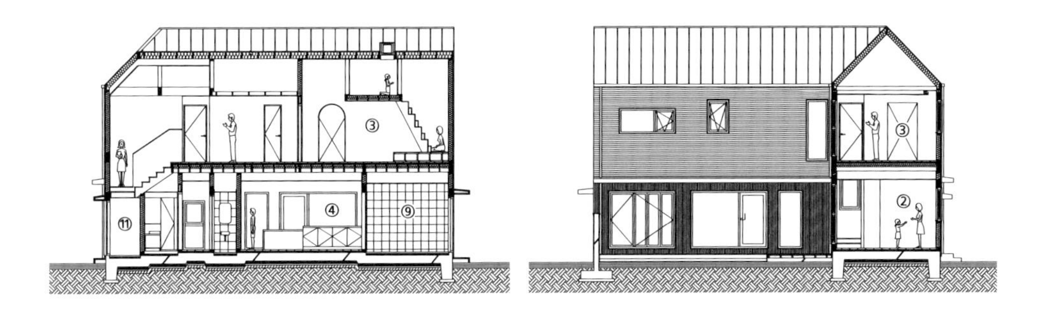

PLAN

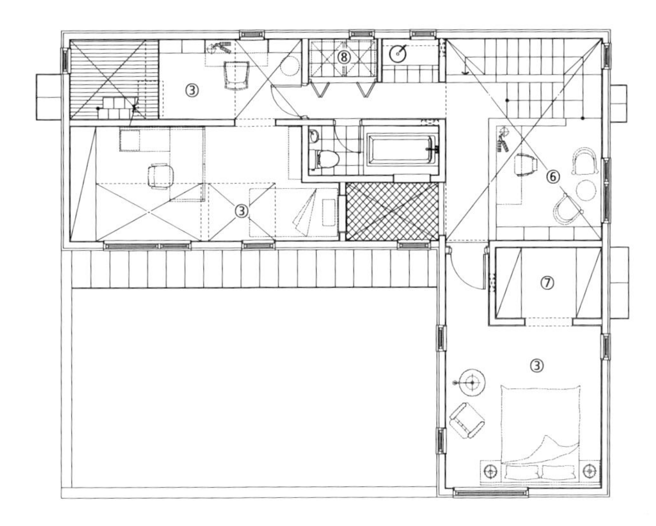

2F : 80.55m²

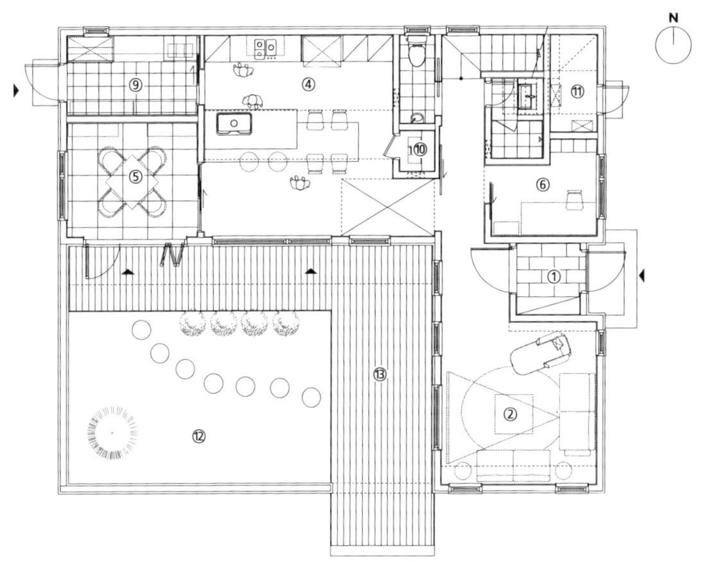

1F : 84.15m²

햇살과 취향을 모두 담아내다
마당 깊은 스틸하우스

언덕 위에 조화롭게 그려진
부부의 보금자리.
견고하고 친환경적인
스틸하우스 구조와
직접 가꾼 정원으로
38년 동안 간직했던
전원생활의 꿈을
이루었다.

1

2

넓게 트인 하늘과 땅을 모두 담는 길 위로 보이는 안성의 '안성맞춤 타운'. 산수화처럼 언덕 위 장식된 집들 가운데 유난히 볕이 잘 드는 위치에 건축주 박경식, 황정숙 씨 부부의 보금자리가 있다. 남서향으로 열려 햇빛을 가득 받는 2층 주택. 건축업에 종사하는 남편 박경식 씨는 이 안성 스틸하우스라는 답을 찾기까지 오랫동안 고민했다.

전원생활은 아내 황정숙 씨의 오랜 꿈이었기에, 경식 씨는 직접 발품을 팔아 집을 준비했다. 마음에 꼭 맞는 필지 찾기는 어려웠지만 마침내 찾아낸, 시야가 가려지지 않는 언덕 위의 남서향 필지. 주택 단지라서 외롭지 않고, 안성 도심과 하남 스타필드 등의 주요 인프라 접근성도 좋았다. 안성에 대한 좋은 느낌은 금호스틸하우스의 전시장을 보며 확신으로 바뀌었다. 마침 안성에 많은 스틸하우스 작업을 진행했던 시공사라 필지에서 시선을 조금만 옮겨도 눈으로 볼 수 있는 결과물들이 많았다. 시공 기간은 반년보다 짧은 수준으로 단축하면서 원하는 주택 구조를 쉽게 만들 수 있었다. 동시에 안전하고 친환경적인 것이 가장 마음에 들었다.

대지위치
경기도 안성시

대지면적
570㎡(172.42평)

건물규모
지하 1층, 지상 2층

거주인원
2명(부부)

건축면적
107.24㎡(32.44평)

연면적
175.5㎡(53.08평)

건폐율
18.81%

용적률
21.95%

주차대수
2대

최고높이
8m

구조
기초 - 철근콘크리트 매트기초 / 지상 - 스틸하우스 포스코 포스맥 KSD3854(스틸스터드 140SL, 90SL 등)

단열재
비드법단열재 2종2호 125㎜, 그라스울 R19, R30, 두습방습단열재 스카이텍

외부마감재
외벽 - 점토치장벽돌 / 지붕 - 스페니시 기와

담장재
단조난간

창호재
ACE PSA윈도우 47㎜ 3중유리(에너지등급 1등급)

에너지원
LPG(경동 나비엔 가스보일러)

정원과 사람, 그리고 집이 조화를 이루는 실속 있는 노부부의 집. 시공사는 이런 건축주 부부의 주문에 맞게 시공에 착수했다. 관건은 아내 황정숙 씨가 생각한 정원의 스타일이 반영될 수 있도록 하는 것이었다. 이미 다양한 건축주들의 의뢰와 취향을 반영한 집을 만들어왔던 시공사이기에 이 또한 어렵지 않게 완성되었다. 이윽고 5개월여의 시간을 거쳐, 부부는 정원이 있는 전원주택에 들어서게 됐다. 아내의 말처럼 "38년의 꿈이 이뤄지는" 순간이었다.

❶ 벽돌은 자연스러운 붉은 색감으로 주변 풍경과 어우러진다. 세심하게 관리한 정원의 색채가 돋보인다.

❷ 정원 너머로 보이는 전망. 가려지는 이웃집이 없어 시원스럽다.

❸ 마당에서 현관으로 향하는 진입로. 조경석으로 낸 길을 따라 잔디가 있는 정원이 펼쳐진다.

❹ 주택 뒤로 산을 두고 있어 고요함을 간직하고 있다. 지붕과 외장 벽돌, 정원 각각의 색이 어우러진다.

❺ 마당 한쪽에는 직접 가꾼 텃밭이 자리잡고 있다. 정원과는 또 다른 부부의 재미라고.

내부마감재
벽 - 실크벽지 / 바닥 - 강마루 / 천장 - 친환경 도장

욕실 및 주방 타일
수입 타일

수전 등 욕실기기
영림 바스

주방 가구
영림 키친

조명
주문 제작

계단재·난간
자작나무, 강화 유리

현관문
일레븐더블 도어

중문
영림임업 슬라이딩 도어

방문
영림임업 ABS 도어

붙박이장
영림임업

데크재
화강석

전기·기계
세림전력

구조설계
곤 구조기술사무소

사진
변종석

설계
선 건축사사무소

시공
빛뜨란 금호스틸하우스
www.kumhosteel.co.kr

거실 천장은 박공형 지붕을 따라 트고 목재 마감으로 안정감을 줬다. 화이트와 우드 톤이 어우러지는 거실에서는 주방과 정원 어디에라도 시선이 닿도록 계획해 개방감을 확보했다.

주택은 스틸하우스의 기본에 충실하되 건축주가 중요시한 '조화'라는 주제에 맞게 지어졌다. 치장벽돌은 건축주가 직접 선택한 색상으로, 주변 풍경과 자연스럽게 어울린다. 박공지붕과 스페니시 기와 또한 건축주의 주문 사항이었는데 빗물에 강한 것과 동시에 전체적인 실루엣이 주변 풍경과 잘 어우러진다. 내부 면적은 작지만 개방감을 가지도록 계획했다. 1층 천장은 박공선을 살려 오픈했다. 거실 창문 위에는 가로로 긴 창을 하나 더 내어 개방감을 한층 더했다. 덕분에 현관을 들어서서 자연스레 오른쪽으로 시선을 돌리면 집 전체가 한눈에 들어온다.

내부는 화이트 톤을 중심으로 자작나무 목재마감을 해 편안한 분위기다. 동시에 바닥에는 어두운 색의 강화마루를 깔아 집으로 드는 빛과 그림자 모두와 어울린다. 2층으로 올라서면 밑의 서재 공간과 동일하게 구성된 손님방이 자리하고 있다. 종종 놀러오는 자녀들과 손주들을 위한 공간이다. 경식 씨는 특히 계단실을 가장 좋아하는 곳으로 꼽았다. 도시의 어린이들에게 시골 2층집 계단을 오르내리는 특별한 경험을 선물해주고 싶은 할아버지의 마음이었다.

아파트에서 주택으로 온 뒤 가장 만족하는 것은, 집 안 어디에서도 정원을 볼 수 있다는 점. 이전의 아파트 생활에서도 옥상에 정원을 가꿨을 정도로 부부에게 정원은 의미가 남다르다. 정원은 아내 정숙씨가 꾸준히 여러 조경 관련 책을 읽으며 공부한 뒤 의뢰해 더욱 만족스럽게 완성됐다. 꽃, 텃밭, 새집. 마당은 부부의 취향을 담고도 남는다. 부부는 이미 초여름, 뒷마당에서 손주들을 위한 수영장을 설치해 한차례 마당의 즐거움을 누렸다고.

알차게 꾸려진 꿈의 집이 부부를 만족시켰느냐고 묻는다면 물론이다. 고민을 더해 지었기에 후회도 없다. '안성맞춤'이라는 말처럼 꼭 들어맞는 집에서, 앞으로 창문 너머 만날 새로운 계절과 시간들을 함께 기대해본다.

❻ 주방과 거실을 낮은 가벽으로 분리했다. 덕분에 거실의 TV나 현관 등 집 안 곳곳에 시선을 둘 수 있다.

❼ 동선을 고려해 거실과 안방, 드레스룸이 제각기 통하도록 문을 냈다.

❽ 계단 밑 공간을 활용해 노란색 벽지로 포인트를 준 그림책 진열대를 두었다. 주방 쪽 남는 공간에는 벽의 역할을 겸하는 장식장을 설치했다.

❾ 블루 계열과 화이트 톤이 어우러진 주방.

❿ 2층으로 향하는 계단 옆에 세면 공간을 뒀다. 계단 난간은 오르는 이의 편의와 안전을 위해 코팅 처리한 유리로 구성했다.

⓫ 자녀들과 손주들을 위해 준비해둔 2층 손님방은 머무르기에 불편함이 없다.

⓬ 2층 난간에서 바라본 거실의 모습. 복층 형식으로 구성되어 높은 층고의 공간감을 누릴 수 있다.

정원을 가꾸는 건축주 부부

ELEVATION

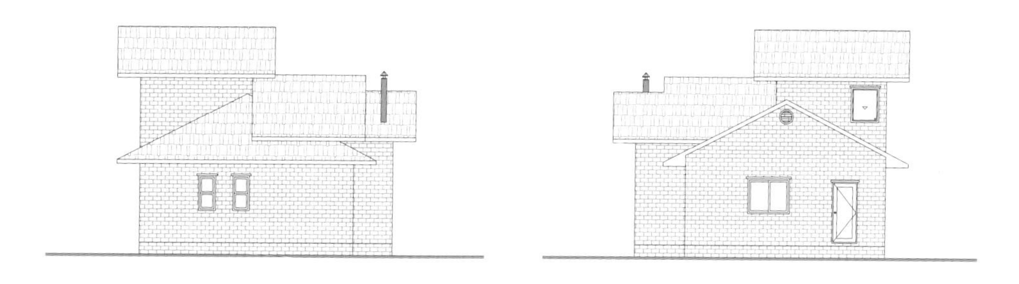

PLAN

① 현관 ② 주방/식당 ③ 거실 ④ 세탁실 ⑤ 방 ⑥ 안방 ⑦ 욕실
⑧ 드레스룸 ⑨ 손님방

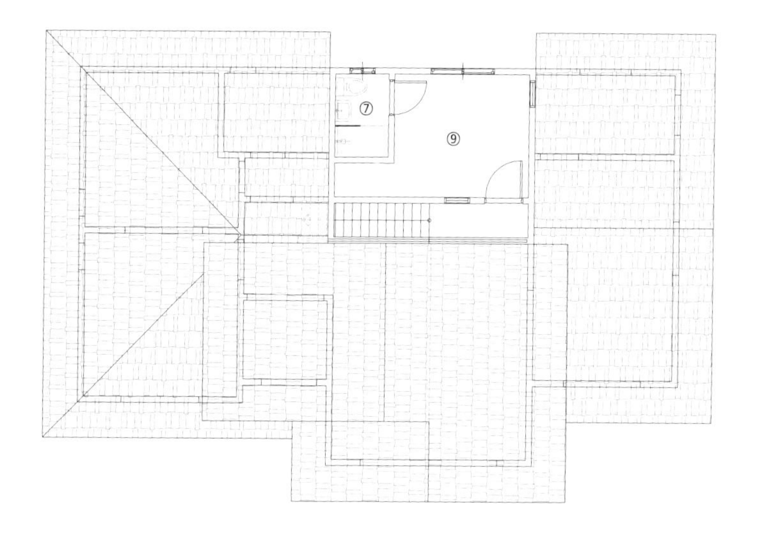

2F - 17.86m²

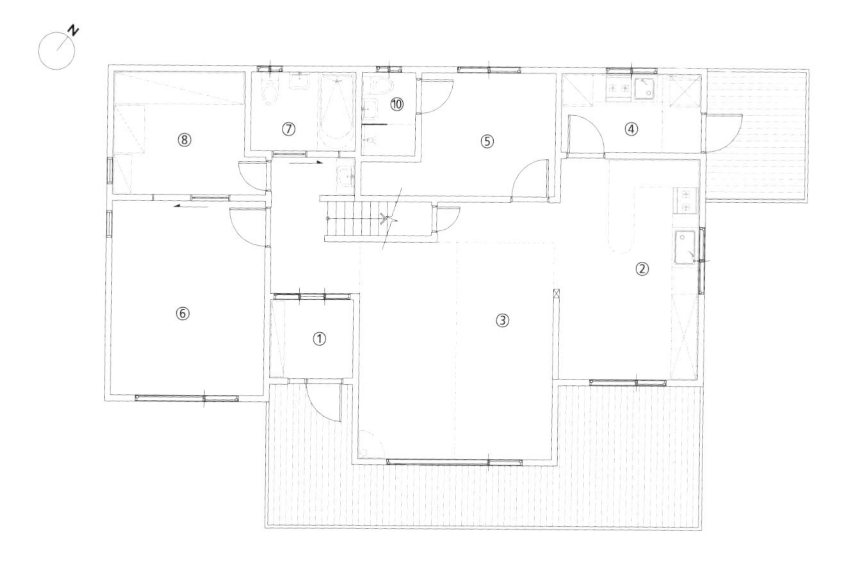

1F - 107.24m²

다섯 식구가 사는
대전 안마당집

지하 주차장과 A/V룸,
운동장 같은 테라스까지.
아파트에서는
결코 누릴 수 없는 주택의
다채로운 공간이
이 집에 모두 담겼다.

대전광역시 유성구의 한 블록형 주택단지에 자리 잡은 집. 공원과 야산에 둘러싸인 풍경 좋은 터는 약간의 경사 덕분에 지하층을 둔 2층 주택이 가능했다. 세 자녀를 둔 젊은 부부는 층간 소음을 피해 주택을 택했지만, 출퇴근과 자녀 교육 문제로 도시 편의도 누려야 했다. 아파트 같이 편리한 집, 세 아이의 꿈을 위한 다채로운 공간이 주택 설계의 출발점이었다.
설계를 맡은 김윤환 건축가는 "오랫동안 편안하게 지낼 수 있는 다양한 형태의 공간으로 주택에 사는 재미를 선사하고자 했다"고 밝혔다. 그리하여 마당과 테라스가 있는, 햇살 좋은 집이 그려졌다.

❶ 단지 초입에 위치한 덕분에 방범에 더욱 유리하다. 출구 바로 곁에 주차장 출입구를 냈다.

❷ 경사를 활용해 옆 필지에서는 지상층만 보인다. 안쪽으로 마당을 내어 프라이버시를 확보했다.

❸ 수공간이 있는 널찍한 안마당. 전동 조절되는 어닝으로 여름철 복사열을 피할 수 있다.

대지위치
대전광역시

대지면적
303.80㎡(92.06평)

건물규모
지하 1층, 지상 2층

건축면적
147.75㎡(44.77평)

연면적
425.90㎡(129.06평)

건폐율
48.63%

용적률
76.20%

주차대수
3대

최고높이
10.21m

구조
기초 - 철근콘크리트 매트기초 / 지하 - 철근콘크리트구조 / 지상 - 기타 강구조(스틸하우스)

단열재
비드법보온판 나등급 THK110, THK16 / 그라스울 나등급 R21(THK140), R32(THK240) / THK20 열반사단열재

외부마감재
외벽 - 고흥석 버너구이, 지붕 - 포스맥징크 거멀접기

담장재
큐블록 Q3 시리즈

창호재
이건창호 70㎜ 알루미늄창호(THK43 일면로이 삼중유리)

에너지원
도시가스, 태양광

전기·기계
이일전기

설비
동호설비

3

다채로운 기능을 가진 지하층 구성

도로 모퉁이 땅이라는 대지 조건을 따라 각진 부위를 곡선형으로 디자인했다. 자칫 딱딱해 보일 수 있는 벽돌집은 덕분에 부드러운 인상을 가진다. 여기에 하부는 고흥석 패널로 마감하고, 상부는 백고벽돌을 시공해 밝고 따뜻한 느낌이 들도록 했다. 프라이버시 확보를 위해 마당을 집의 가운데 들이기로 하고, 거실과 주방, 별채의 안방이 마당을 에워싼 형태로 잡아갔다. 내부 모든 실에서 중정을 바라볼 수 있게 큰 창호를 배치하고, 전망 좋은 자리에는 눈높이에 맞춰 가로로 긴 창을 내 액자처럼 연출했다. 경사지를 활용한 지하층은 도로에서는 거의 노출된 상태. 덕분에 채광과 환기에 큰 부담 없이 실 구성이 가능했다. 현관과 전실, 복도를 통해 이어진 A/V룸과 다용도실로 구성되었고, 특히 주차공간은 아이들이 배드민턴까지 칠 수 있을 정도로, 층고를 높이고 면적을 넓혀 다목적으로 쓰고 있다.

내부마감재
벽 - 친환경 페인트, LX하우시스 실크벽지 / 바닥 - 복합대리석, 현대 L&C 센트라 강마루

욕실 및 주방 타일
포세린 타일

수전 등 욕실기기
아메리칸스탠다드

주방 가구
원목 주문 제작(나무로)

조명
반디조명

계단재·난간
38㎜ 애쉬원목, 평철난간

현관문
이건창호 원목도어

중문
이건 라움 슬라이딩 도어

방문
영림 ABS도어

붙박이장
한샘

데크재
합성데크

A/V룸 흡음재
목모보드

구조설계(내진)
단구조

사진
변종석

설계
명작 건축사사무소 김윤환

시공
㈜포스홈종합건설
www.iposhome.co.kr

LED 평판조명과 매입등으로 디자인을 잡아 리듬감 있게 연출한 천장. 덕분에 시선이 분산되지 않고, 중후한 원목 가구에 더 무게감이 실린다.

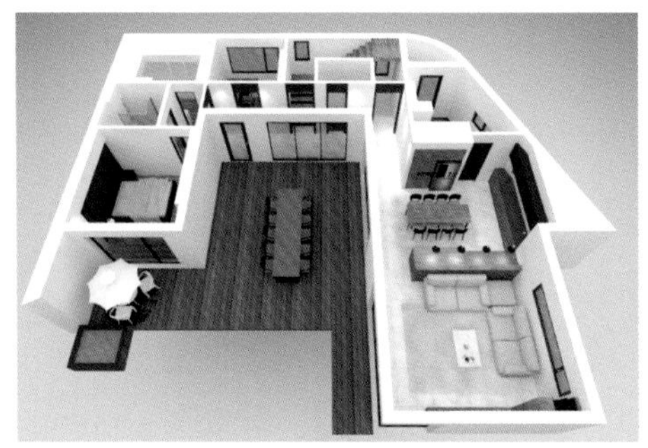

지진에 안전하고 쾌적한 스틸하우스 공법

집은 지하층 철근콘크리트 구조에 2층까지는 스틸스터드로 지어졌다. 스틸하우스는 건축주에게 생소했던 공법이었지만, 지진에도 안전한 친환경 주택이라는 점이 마음을 사로잡았다. 특히 시공사의 오랜 건축 노하우가 집약된 만큼 믿음이 갔다고.

"스틸하우스는 공사기간이 짧고 튼튼하고, 무엇보다 시멘트 독성이 없다는 점이 신생아를 데리고 입주해야 하는 조건에 맞았어요. 그리고 어떤 공법으로 짓느냐보다 어떻게 잘 짓느냐가 더 중요하잖아요."

4

5

6

❹ 전실은 현무암 판재를 아트월 삼아 감각적으로 연출했다.

❺ 지하층에 마련한 A/V룸. 볼륨을 높여 음악과 영화를 감상할 수 있는, 가족 모두의 인기 공간이다.

❻ 동쪽에 낸 창 덕분에 아침부터 따뜻한 햇살이 가득 들어오는 부부 침실

❼ 주방 앞 거실은 우측 통창으로 안마당을 조망한다.

❽ 2층 가족실은 아이들과 함께 하는 공부방 역할도 겸한다. 너른 테라스가 이어진 햇살 좋은 공간이다.

❾ 주방에서는 큰 창을 통해 안마당 데크가 한눈에 담긴다. 알루미늄 슬라이딩 도어를 밀면 널찍한 다용도실이 등장한다.

❿ 중정에 설치된 스카이어닝을 통해 실내 같은 외부 공간을 만들었다.

⓫ 현관부는 센서 조명 대신 길쭉한 평판 조명을 매입하고 별도의 동작감지 센서를 설치했다.

소소한 재미를 선물하는 집다운 집

실내 인테리어는 건축주 취향에 맞춰 군더더기 없는 깔끔한 스타일로 구성했다. 화이트를 기본 바탕으로 하고, 펜던트 대신 면과 선으로 이루어진 천장 일체형 조명을 택해 보다 확장된 공간감을 보인다. 인테리어 디자인을 총괄한 포스홈 강정훈 팀장은 "넓은 창호와 원목 주방이 이미 포인트 역할을 충분히 하고 있다"며 "자칫 경계질 수 있는 오픈 주방을 더 넓어 보이도록 시각적 효과를 유도하는 데 초점을 맞췄다"고 설명한다. 공용 공간 바닥은 포세린 타일로 마감해 여름엔 시원하고, 겨울에는 바닥 열이 식지 않아 냉난방비 절감에도 효과적이다. 벽면 일부는 원목이나 현무암 같은 천연 소재로 꾸며 전체적인 조화도 놓치지 않았다.

가족은 주차장과 A/V룸, 널찍한 데크와 발코니 등 아파트에선 누릴 수 없는 주택 공간을 마음껏 활용하고 있다.

"아빠가 퇴근할 때 고기를 자주 사 와요(하하). 그래서인지 가족간 대화도 늘었고, 아이들에게 잔소리를 안 하니까 더 화목해졌다고 할까요? 이런 소소하지만 값진 행복을 주는 집입니다."

SECTION

①현관 ②A/V룸 ③주차장 ④다용도실 ⑤창고 ⑥보일러실 ⑦거실 ⑧주방 및 식당 ⑨안방 ⑩서재 ⑪욕실 ⑫데크 ⑬발코니 ⑭테라스 ⑮방 ⑯가족실 ⑰드레스룸

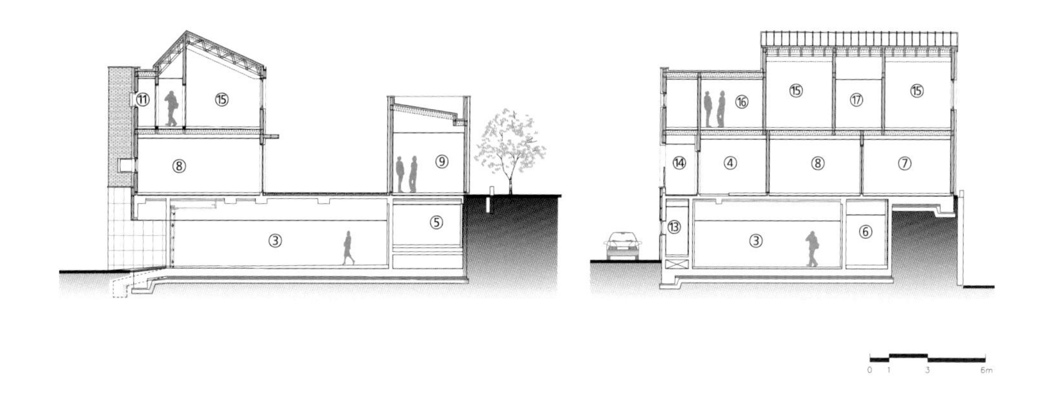

PLAN

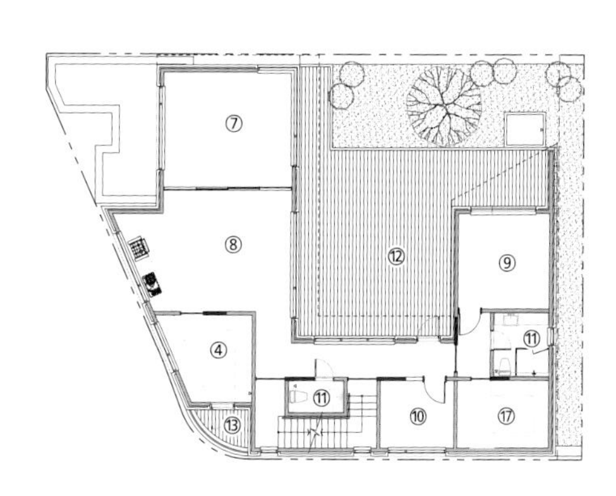

1F - 145.68m²

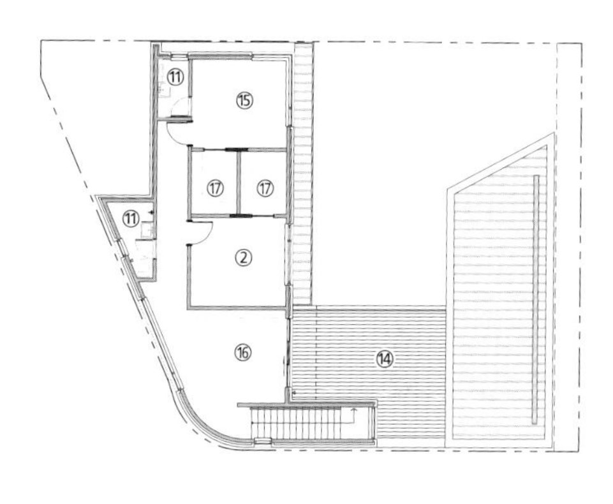

2F - 85.82m²

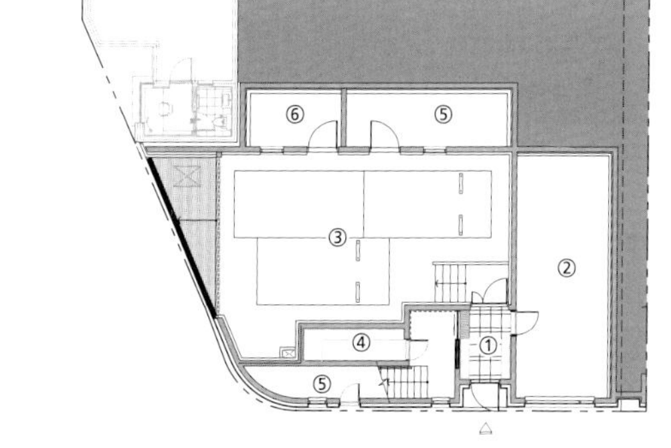

B1F - 194.40m²

⓬ 2층 복도에 가로로 긴 창을 통해 보이는 계룡산의 멋진 산세

⓭ 가족실과 이어지는 2층 테라스

⓮ 경사진 지붕이 그대로 드러나는 2층 침실. 시스템 에어컨과 천장 박스 등 마감 디테일에 신경 쓴 모습을 여실히 볼 수 있다.

단독·전원주택 설계집 A1

자재 및 시공 파트너사

Bêkjo

백조씽크

60년을 한결같이, 씽크만 생각했습니다.

Only think, sink 라는 기업 슬로건을 바탕으로 유해물질을 발행하지 않는 친환경적인 기업, 스크래치, 오염, 변색 등의 문제점을 최소화하고 급변하는 시장상황 속에 최고의 품질, 최고의 제품, 최고의 고객 만족을 위해 끊임없이 노력하며 명문장수 기업에 이르렀습니다.

최고의 제품을 위한 혁신을 멈추지 않으며 변화를 두려워 하지 않는 정신으로 전 세계 주방혁신을 이끌겠습니다.

Only Think! Sink!

인셋언더 씽크볼 시리즈

- 소비자의 니즈를 반영하여 다양하게 디자인된 **인셋, 언더형 프레스 SINK**
- 0.6T~1.0T의 STS304 자재를 사용하여 다양한 형태로 고객의 취향에 따라 주방을 개성있게 표현 할 수 있는 씽크볼
- R값이 둥글어 **세척 및 관리에 용이**함.

콰이어트 씽크볼 시리즈

- 설거지 시 발생되는 소음을 현저히 줄인 **국내 최초 개발 콰이어트 SINK**
- 원형형태의 균일한 연마방식을 통한 **유러피안 표면 마감 처리**로 빈티지와 모던함을 동시에 느낄 수 있으며, 현재 유럽시장에도 수출되고 있는 씽크볼
- 일반 씽크볼보다 **약 20~25% 소음 감소** 확인

써큘러 라운드 피니쉬

프리미엄 씽크볼 시리즈

- **두께 1.2T**의 **헤어라인 소재**를 사용한 100% 핸드메이드 **프리미엄 SINK**
- 직사각형의 정교한 디자인을 가져 **세련되면서 고급스러운** 유러피안 스타일을 느낄 수 있는 씽크볼
- **5R 모서리 가공**으로 씽크볼 세척 시 편리함을 더함.

헤어라인

PREMIUM SINKBOWL 국내 최고급 퀄리티 하이브리드 싱크볼

Calm:forte [깜 : 뽀르떼]

'조용하면서(Calm) 강하다(Forte)'
소재, 디자인, 기능성까지 모든게 완벽해진 씽크볼

콰이어트 [Quiet]

싱크볼의 바닥은 물론 측면까지 **3중 특수패드**를 부착하여 씽크볼 사용시 발생하는 **진동과 소음을 최소화** 하였습니다.
(특허등록번호 10-20817110000)
QUIET 패드를 적용한 싱크볼은 일반적인 대화 수준인 60dB로 조용합니다.

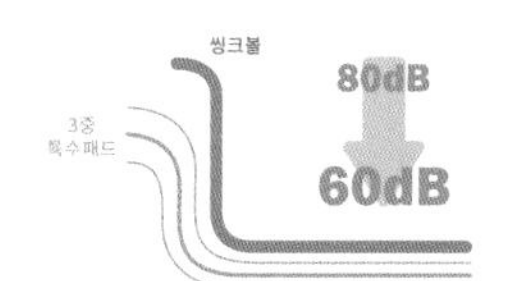

엠보 [Embossed]

싱크볼에 접하는 식기류의 면적을 최소화하여 흠집을 감소시키며, 눈에 띄지 않아 깨끗한 싱크볼을 유지할 수 있습니다. **(내스크래치성)**
물 얼룩이 쉽게 떨어져 세척이 간편하며, 물 얼룩을 시각적으로 최소화할 수 있습니다. **(내오염성)**
물이 튀는 소리를 억제할 수 있는 구조로 조용한 설거지 환경을 만들어 줍니다. **(내소음성)**

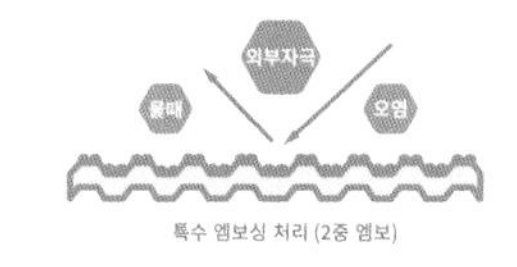

특수 엠보싱 처리 (2중 엠보)

코팅 [Coating]

표면 경도가 9H(연필경도) 이상으로 소재 표면의 긁힘을 최소화하여 제품의 **내구성을 향상**시킵니다.
가혹한 기후나 자연조건에도 화학적 변화를 하지 않으므로 표면 부식 및 변색, 탈색이 되지 않습니다.
대부분의 화학약품에도 침식되지 않아 손상을 막을 수 있습니다. (알칼리에 강함)

Index

단독·전원주택 설계집 A1

HOUSE DESIGN FOR LIVING

초판 1쇄 인쇄 2024년 7월 14일
초판 1쇄 발행 2024년 8월 3일

전원속의 내집 엮음

발행인 이 심
편집인 임병기
편집 신기영, 오수현, 조재희
디자인 이준희, 유정화
마케팅 서병찬, 김진평
총판 장성진
관리 이미경, 이미희

발행처 ㈜주택문화사
출판등록번호 제13-177호
주소 서울시 강서구 강서로 466 우리벤처타운 6층
전화 02 2664 7114
팩스 02 2662 0847
홈페이지 www.uujj.co.kr

출력 ㈜삼보프로세스
인쇄 케이에스피
용지 한솔PNS㈜

정가 74,000원

ISBN 978-89-6603-072-9